레테야 레테야 헌집줄게 새집다오

지은이 레테 사진 핑테

중앙books
JoongAng Ilbo

PROLOGUE

내가 꿈꾸던 집은 어떤 집이었을까…. 최신 가전제품과 값비싼 가구들이 즐비한 최첨단의 화려한 집을 상상해 본 적은 한 번도 없었어요. 작지만 꽃이 가득한 마당과 텃밭도 있고 집 안에는 내가 만든 가구가 놓인 그런 소박한 집을 항상 꿈꿔왔던 것 같아요. '간절히 원하면 이루어진다' 는 말처럼, 마당 있는 작은 집에 대한 열망이 머리끝까지 차오를 무렵 꿈에 그리던 낡은 집을 만났답니다. 마당에는 햇빛이 가득하고 신선한 바람이 들고 나는 집, 우물과 텃밭이 있고 작은 지하실까지 딸린 그 집을 만났을 때, 제가 처음 셀프 인테리어를 시작할 무렵의 열정이 되살아나기 시작했어요.

하지만 오래된 집을 새집으로 리모델링하는 큰 공사는 아무리 제가 셀프 인테리어 전문가라 할지라도 무리일지 모른다는 두려움에 직접 해볼 용기를 내지 못했죠. 그래서 처음엔 여기저기 인테리어 업체를 알아보고 견적을 내보았어요. 견적을 받고 보니 별것 아니라고 생각했던 공사에도 많은 돈이 들더군요. 그렇게 많은 돈을 들여도 내가 원하는 딱 그 스타일대로 세심하게 잘 만들어준다는 보장도 없었고요. 그래서 용기를 내보기로 했어요. 직접 내 집 리모델링 공사를 해보기로요. 어떤 일이든 시작이 두려울 뿐, 일단 저지르고 보면 두려운 마음은 싹 달아나는 법! 공사를 시작하고 보니 걱정할 시간도 없이 열정적으로 변해 있는 나를 발견하게 되었지요. 스스로 발품 팔아 정보를 모으고 철저하게 준비해서 진행한 끝에, 드디어 내 마음에 쏙 드는 집을 완성했답니다. 리모델링 비용은 예상의 반으로 줄었는데도 말이죠.
내가 했다면 여러분들도 할 수 있다는 생각이 들어요. 공사의 모든 과정과 경험을 기록하고 정리하는 일이 실제 공사보다 더 힘들었지만, 내 스타일대로 집을 꾸미고 싶어 하는 분들에게 희망과 용기를 드릴 수 있기를 바라며 이 책을 썼답니다.

'괜히 집만 망치면 어떡하나, 과연 내가 할 수 있을까' 라는 두려움에 쉽게 시작하지 못하는 분들께 과감하게 용기 내보라고 말씀드리고 싶어요. 레테의 안내를 따라서 조금씩 해보세요. 누구나 처음부터 완벽하지는 않아요. 용기 내어 도전하다 보면 곧 자신이 꿈꾸던 집을 만들 수 있게 된답니다.

첫 책을 냈을 때 13만 명이었던 네이버 셀프 인테리어 카페 '레몬테라스' 회원수가 어느덧 100만 명을 넘어섰네요. 그만큼 많은 사람들이 셀프 인테리어에 관심을 가지고 있다는 의미겠지요. 첫 책 〈5만원 인테리어〉에 저렴한 비용으로 집을 꾸미는 비법이 담겨 있다면, 〈레테야 레테야 헌집줄게 새집다오〉에는 스스로 인테리어 디자이너가 되어 헌 집을 새 집으로 바꾸는 리모델링 비법과 저렴한 비용으로 공간을 변신시키는 법, 리폼을 통해 가구와 소품을 변신시키는 노하우, 가구 만들기에 이르기까지 많은 내용이 총망라되어 소개되어 있어요. 이 책이 새로운 인테리어 스타일만 눈요기하는 화보에 그치지 않고, 스스로 인테리어를 하고 싶지만 엄두가 나지 않거나 어떻게 할지 몰라 고민인 분들께 유용한 정보가 되기를 바랍니다.

레테보다 더 많은 일을 하면서도 힘든 내색하지 않고 늘 뿌리 깊은 큰 나무처럼 나를 지켜준, 나에게 늘 첫 번째인 사랑하는 핑테 님께 감사를 전합니다. 한 달이나 기꺼이 방을 내준 큰언니네 가족, 제가 주택으로 이사 온 걸 기뻐하시며 매번 야생화를 한아름 가져다주신 부모님, 책을 쓴다는 이유로 잘 해드리지도 못했는데 늘 살펴주시고 배려해주신 시부모님, 원고 수정만큼 마음고생도 많았던 편집자 재희 씨, 가벼운 마음으로 놀러왔다가 페인트칠이며 리폼 작업을 도와야 했던 '절친' 장동진 실장님, 공사기간 내내 도움을 주셨던 삼화홈데코 아기곰푸우 팀, 이외 도움 주신 모든 분들께 감사를 드립니다.

마지막으로 변함없는 성원과 지지를 보내주시고 이 책이 나오기를 끈기 있게 기다려준 레몬테라스 회원 분들께 감사의 마음을 전합니다.

레테
2010. 1. 4

contents

part 1
인테리어 기초

part 2
리모델링 준비

part 3
공정별 작업

part 4
공간별 공사 일기

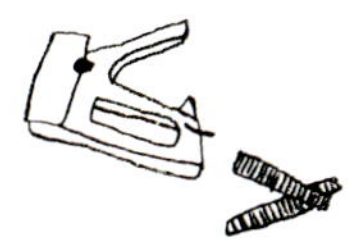

part 5
공간 변신

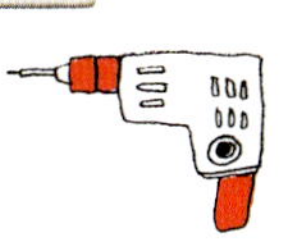

part 6
리폼

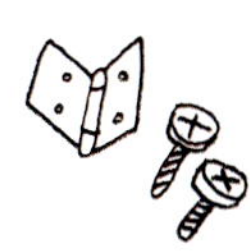

part 7
D.I.Y.

★ 이 책에서 레테가 제시하는 방법과 가격은 여러 가지 변수로 인해 실제와 다를 수 있음을 밝힙니다.

★ 이 책은 한글 맞춤법 통일안에 따릅니다. 다만 편의를 위해 인테리어 현장에서 통용되는 용어와 특정 제품명을 일부 사용했습니다.

  예)스텐 자석, 데크, 젯소, 메꾸미, 딱풀 등

★ 도면 일러스트에 기입한 수치는 mm 기준입니다.

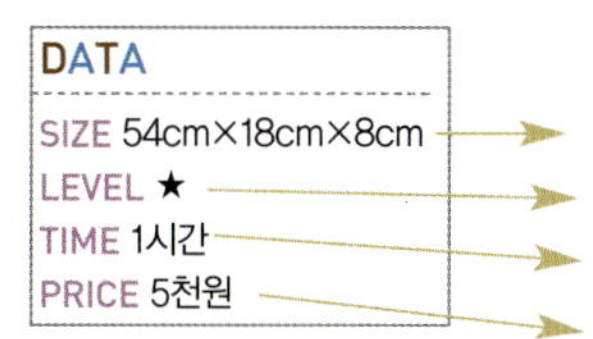

DATA		DATA 보는 방법
SIZE 54cm×18cm×8cm	→	SIZE 아이템의 크기. 가로×세로×너비(높이) 입니다.
LEVEL ★	→	LEVEL 난이도. 별의 수가 많을수록 난이도가 높습니다.
TIME 1시간	→	TIME 작업 소요 시간. 숙련도에 따라 다를 수 있습니다.
PRICE 5천원	→	PRICE 작업에 소요되는 비용. 사용하는 재료에 따라 다를 수 있습니다.

레테, 부암동에 둥지를 틀다

언제부터인가 아파트가 싫었다. 그래서 아파트를 전원주택처럼 꾸미기로 했다. 4년 넘게 집안 구석구석 손 안간 곳이 없을 정도로 애정을 갖고 꾸몄다. 그래도 흙에 대한, 마당에 대한 열망은 사그라지지 않았다.

봄이 오기 전에 이사를 가고 싶었다. 꼭 이사를 가야 할 이유가 있는 것도 아닌데 조급한 마음이 들었다. 작은 마당이 있는 집이 내게 손짓하고 있었다. 고추나 상추를 심을 수 있는 텃밭이 있고 문을 열면 신선한 바깥공기를 맘껏 마실 수 있는, 마음 놓고 하늘을 바라볼 수 있는 그런 집을 원했다.

어린 시절, 시골에서 자라서 그런지 흔한 풀이나 야생화만 봐도 반가웠다. 흙이 그립고 벌레마저 사랑스러웠다. 그것들과 어우러지는 삶이 내가 먼 미래에 꼭 이루고 싶은 꿈이었다.

시간이 날 때마다 핑테 님과 난 시골의 전원주택지, 낡은 옛집 등을 보러 다녔다. 실제로 부동산에 들러 시세를 물어본 적도 여러 번 있었다. 하지만 서울과 멀리 떨어진 데다가 교통 불편과 보안상의 문제를 생각하니 쉽사리 결정을 내릴 수 없었다.

그러던 중에 작년 말부터 종로 삼청동이나 효자동쪽으로 갈 일이 많아졌다. 서울 한 복판임에도 불구하고 시골의 정취가 남아 있었다. 박스형 아파트에서는 찾아볼 수 없는 묘한 친밀감이 나의 마음을 사로잡았다. 차 한 대 주차하기 힘들 정도로 좁은 골목길과 낡아서 금방이라도 허물어질 것만 같은 오래된 집들이 어느새 선망의 대상이 되어버렸다.(사실 오래된 집이지만 알고 보면 매우 비싼 집들이었다) 그 뒤로 시간만 나면 무작정 삼청동, 청운동, 효자동 쪽을 돌아다녔다. 또한 인터넷에서 종로구 일대의 매물을 검색하는 게 하루 일과가 되어버렸다. 종로구에는 정말로 많은 동네가 존재했다. 청운동, 효자동, 신영동, 옥인동, 누상동…. 이 낯선 동네 이름들을 보면서 얼마나 부럽고 가슴 떨렸는지…. 최신식 저택이 아니라 그저 마당과 텃밭이 딸린 옛 정취가 묻어나는 작은 집이면 정말 좋겠다고 생각했다.

강의가 끝난 뒤, 평창동에 가려다가 중간에 길을 잘못 들어 부암동에 다다랐다. 청와대를 지나 언덕길을 오르자 언젠가 인터넷 기사에서 보았던 동네의 모습이 한눈에 들어왔다. 기사 제목이 '서울 같지 않은 동네, 부암동'이었던가? '커피프린스 1호점'과 '내 이름은 김삼순'이라는 드라마 촬영지로 유명한 곳, 북악산과 인왕산 사이에 자리 잡은 시간이 멈춘 동네, 많은 수식어가 붙은 동네였지만 내 첫 느낌은 바로 내가 찾던 동네라는 것이었다. 오랜 시간 동안 개발 제한 구역으로 묶여 있었기에 옛모습을 고스란히 간직하고 있는 곳이었다. 아파트 한 채가 없을 만큼 시골과 다름없는 풍경이었지만 그래도 서울 한복판에 존재하는 동네였다. 그 점이 단박에 내 마음을 사로잡았다. 그 후로 난 부암동에 대한 상사병에 걸리고 말았다.

가구수가 적어 부동산 매물도 많지 않았다. 며칠에 걸쳐 부암동에서 신영동까지 발품을 팔며 부동산을 찾아다녔다. 그러다가 첫눈에 우리 집이라는 느낌이 드는 집을 찾았다. 작지만 아늑한 데다가 마당도 있고 텃밭도 있었다. 무엇보다 담을 낮추면 전망이 무척 좋을 것 같았다. 집이 너무 오래돼서 많은 부분을 수리해야 했지만 그 점이 나에게는 오히려 반가운 일이었다. 나는 살던 집도 내놓지 않은 상태에서 무턱대고 계약을 하고 돌아왔다. 부암동과 그 집을 보았을 때, 내가 다시는 아파트로 돌아갈 수 없다는 걸 알았기에….

마당에서 내려다보니 왼쪽의 인왕산부터 멀리 북한산 아래 구기동에 위치한 상명대까지 보였다. 옛날 집이라 창도 작고 담도 무척 높았다. 마당에는 별채까지 있었다. 전망을 전혀 고려하지 않고 지은 집이 분명했다. 나는 이 집을 보자마자 머릿속으로 내 집을 그려나가기 시작했다. 상상만해도 가슴이 뛰어 계약한 날부터 입주할 때까지 밤에 잠이 오지 않을 정도였다. 그렇게 공사가 시작되었다. 내 얼굴과 목은 새까매졌고 주근깨도 늘었다. 영원히 끝나지 않을 것 같았던 힘든 리모델링 공사가 드디어 끝났다.

그리고 부암동으로 이사를 했다. 동네 입구에 있는 창의문과 오래된 슈퍼, 정겨운 골목들, 신비로운 백사실 계곡과 인왕산, 북악산이 온전히 우리 동네가 된 감격적인 순간을 맞이했다.

LETE 레테의 **거실**

#1

예전에 쓰던 가구들을 하나도 버리지 않고 가져왔어요. 예쁘게 리모델링한 새집에 어울리는 멋진 가구를 사고 싶었지만 소파와 테이블이 아직 쓸만해서 버릴 수 없었어요. 소파는 결혼할 때 장만한 것인데, 노란색 컬러가 좀 지루한 감이 있어 블루 톤의 옥스포드와 베이지 체크 천으로 소파 커버링을 했어요. 여러 가지 색깔로 리폼했던 테이블은 전체 분위기에 맞게 블랙으로 페인팅을 했더니 새것 같네요.

2

거실 새시는 마당의 데크와 바로 연결되도록 설계했어요. 양문형 여닫이 방식의 새시를 선택해서 문을 열면 바로 자연을 느낄 수 있죠. 레테의 집에 에어컨이 필요 없는 이유가 바로 여기에 있답니다.

3

소파 맞은편 벽에는 작은 TV를 놓아두었어요. TV가 앤티크하게 보이도록 빨강색 나무 커버를 씌우고, 받침대는 옛 정취를 느낄 수 있도록 단순하게 꾸몄어요. 침실문은 양문형으로, 문을 열어두면 햇살이 가득 들어오고 거실에서도 인왕산 절경을 볼 수 있어요.

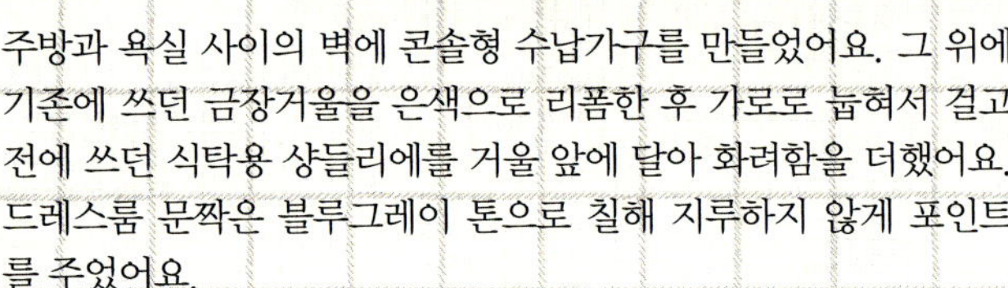

#4

주방과 욕실 사이의 벽에 콘솔형 수납가구를 만들었어요. 그 위에 기존에 쓰던 금장거울을 은색으로 리폼한 후 가로로 눕혀서 걸고 전에 쓰던 식탁용 샹들리에를 거울 앞에 달아 화려함을 더했어요. 드레스룸 문짝은 블루그레이 톤으로 칠해 지루하지 않게 포인트를 주었어요.

#5

모든 벽은 벽지를 쓰지 않고 퍼티+화이트 페인팅 작업을 했어요. 철에 따라 분위기를 바꾸고 싶을 때, 손쉽게 페인팅할 수 있도록 만들기 위해서죠. 콘솔 수납장 옆에 세면대를 설치해서 거실에서 손을 닦고 물을 쓸 수 있게 설계했어요. 마룻바닥에 물이 많이 튀지 않도록 가볍게 손 닦는 정도의 용도로만 사용하고 있는데, 무척 편리해요.

#6

화이트 톤을 베이스로 직선적인 느낌을 살려 문짝 디자인을 했어요. 공간을 활용하기 위해 욕실과 서재에는 미닫이문을 설치했어요. 현관은 중문을 설치해 분리하고, 전기를 절약할 수 있도록 구역을 나눠 전등을 달아주었어요. 소파 옆 공간에는 낡은 학교 책상을 두어 사이드 테이블로 사용하고 있답니다.

레테의 다이닝룸 *LETE*

원래 아주 작은 침실이었던 주방 옆 방을 다이닝룸으로 만들었어요. 방이 작아 다른 용도로 쓰기는 어려웠거든요. 벽을 과감히 트고 주방과 다이닝룸 사이에 아일랜드 테이블을 배치해 독립적이면서도 소통이 가능한 공간을 만들었답니다. 4인용 식탁이 꽉 찰 만큼 작은 공간이라 되도록 장식은 자제했어요. 결혼할 때 장만한 까사미아 줄리엣 시리즈 식탁은 본래 화이트였지만 지저분해져서 그레이 톤으로 리폼했어요.

#2

다이닝룸 한쪽 벽으로는 전에 리폼한 철망 장식장을 두었어요. 고생해서 리폼한 가구라 정도 많이 들어 그냥 사용하기로 했어요. 작은 공간에 들어맞는 크기인데도 의외로 많은 물건을 수납할 수 있는 기특한 녀석이랍니다. 그 옆에는 결혼 전에 핑테 님이 쓰던 TV를 페인팅해서 놓았어요. 주방 공간에서 TV도 보고 게임기와 연결해 게임도 할 수 있어 좋아요. 식탁의 위치를 염두해두고 전등의 위치를 정했답니다.

#3

맞은편 공간은 화초를 기르는 실내 정원이에요. 식물을 워낙 좋아하다 보니 마당이랑 텃밭에서 키우는 것도 부족해 실내에서 화초를 키우게 되더라고요. 쓰지 않는 나무판자를 잘라 화분 받침대를 만들고, 깨진 그릇들을 화분 대용으로 사용하고 있어요.

#5

다이닝룸의 창문은 원래 굉장히 작았어요. 그래서 풍경이 보이고, 햇빛도 잘 들어오게끔 큰 창을 두 개 냈어요. 하나로 크게 내지 않고 두 개로 냄으로써 창밖 풍경이 액자에 담긴 그림처럼 보이도록 만들었답니다. 을지로를 며칠째 헤집고 돌아다닌 끝에 찾아낸 포인트 전등 3개를 식탁 위에 설치했어요.

#4

주방과 다이닝룸 사이의 벽을 철거하고 그 자리에 아일랜드 테이블을 만들어 설치했어요. 수납공간이 많지 않기 때문에 많은 물건을 수납할 수 있도록 만든 테이블이랍니다. 옐로우 계통의 타일을 벽부터 상판까지 시공해 포인트를 주었어요. 밥솥과 토스트기, 믹서 등 전자제품이 완벽히 수납되도록 만들었어요. 반대편에는 스툴 두 개가 쏙 들어가는 공간도 있어요.

#6

다이닝룸 쪽에서 본 아일랜드 테이블이에요. 주방과 다이닝룸을 연결함과 동시에 독립적인 공간으로 구분을 해주는 역할도 해요. 아일랜드 테이블로 인해 동선도 편해졌고 두 공간 모두를 활용할 수 있어 요리하기도 좋아요.

레테의 부엌

#1

컨트리하면서도 소박한 싱크대를 갖고 싶었어요. 마음에 드는 디자인이 없어 고심 끝에 싱크대를 직접 만들었어요. 공간이 작은 탓에 효율적인 배치와 수납, 기능을 모두 고려한 최적의 디자인을 뽑아야 했답니다. 쓸모없는 상부장을 과감히 없애고, 선반을 설치해 그 때그때 사용할 그릇들을 올려두니 너무 편리하더라구요. 레테 옐로우 컬러와 그린 색상으로 알차게 꾸민 레테표 부엌이랍니다.

거실과 주방의 문턱을 없애고 같은 바닥재를 깔아주었어요. 좁은 부
엌 입구 쪽을 모두 철거하니 거실과 이어져 무척 넓어 보인답니다.

상부장은 기능보다는 전체적인 컬러와 배치의 균
형을 고려해 두 개를 만들어 걸었어요. 크고 넓은
장은 물건을 쌓아놓기만 할 뿐 실용적이지 않아,
작고 얇게 만들었더니 꼭 필요한 물건만 수납하
여 쓸 수 있어 편리해요.

주방 쪽 창문은 환기만 되도록 설계하고, 효율적인 수납을 위해
ㄱ자로 싱크대를 배치했어요.

#5
거실과 다이닝룸 사이에 설치한 아일랜드 테이블은
주방과 일체감을 주기 위해 같은 톤으로 제작했어요.
조명은 각각 필요한 위치에 설치했어요.

자주 쓰는 그릇도 서랍에 정리하면 무척이나 편리해요.

레테는 문짝보다 서랍을 더 선호하기 때문에 대부분의 수납장을 서랍형으로 제작했어요. 주방에서 쓰는 도구들을 효과적으로 넣어둘 수 있는 수납함을 갖춘 싱크대 서랍입니다.

3단 선반형 수납 싱크대는 주로 차나 커피 같은 음료를 넣어두는 공간이에요. 자투리 공간을 이렇게 활용하면 굳이 상부장이 없어도 완벽히 수납할 수 있어요. 직접 만들었지만 편리한 기능은 모두 갖춘 만능 싱크대에요.

주방 한쪽에 책꽂이를 두고 요리책을 비치해두었어요.
차를 마시면서 음악을 들을 수 있게 라디오도 놓아두었고요.

레테의 **침실**

레테의 침실은 집에서 가장 전망이 좋은 곳이에요. 인왕산 절경이 한눈에 들어오고 햇빛과 달빛이 많이 비치는 멋진 곳이랍니다. 창문이 아주 작았던 기존의 벽을 부수고 새시창을 설치해 풍경을 고스란히 담았어요. 새집에 걸맞게 새로 페인팅한 침대와 리폼한 자개장을 놓았어요.

침실 머리맡 쪽 창문은 너무 커서 커튼으로 가리기가 부담스러웠어요. 그래서 좀 아기자기하면서도 포인트가 될 수 있는 나무 덧문을 만들어주었더니 훨씬 아늑해졌어요.

침대 맞은편에 붙박이장을 설치해 이불과 각종 패브릭 의류 등을
완벽히 수납할 수 있게 만들었어요. 목공사를 할 때 디자인한 문
짝과 내부 구성에 대해 목수 분과 충분히 협의한 후 만들었어요.
바닥재로 그레이 톤 빈티지 타일을 깔아주었더니 이국적인 느낌
도 나고 질감도 매우 만족스러워요.

침실문은 원목 유리문으로 제작해 커튼만 달아주었어요. 거실로
풍경과 햇빛을 모두 끌어들이고 싶었기 때문에 무엇보다 개방성
을 염두에 두었어요.

양문형으로 제작한 침실문과 붙박이장 문짝 디자인을
맞춰서 디자인했어요. 언제든 질리면 컬러를 바꿀 수
있도록 단순하게 디자인했답니다. 침실문에는 위아래
봉을 설치하고 장구형 커튼을 만들어 달았어요.

레테의 서재

#1

방이 워낙 좁아 공간 활용을 위해 벽을 따라 ㄱ자로 책상을 배치했어요. 컴퓨터를 하는 2인용 책상과 일을 할 수 있는 긴 책상을 배치해 효율적으로 작업할 수 있는 공간을 만들었어요. 주로 작업실로 활용하는데, 알맞은 동선 덕분에 불편함 없이 알차게 사용한답니다.

책상을 따라 갓등을 배치하고, 그것을 사용하지 않을 경우를 대비
해 메인 형광등도 달아주었어요.

동선이 복잡해지지 않도록 미닫이문을 설치했어요. 작은 방이라 답
답하지 않게 불투명 유리로 문을 만들어주었더니 햇빛이 잘 들어
실내가 훨씬 밝아졌어요.

4

서재 책상 위 책꽂이에요. 자투리 나무로 간단히 만들어 작은 책들을 수납했어요.

5

재봉틀이 놓인 책상이에요. 책상 다리 역할을 하는 수납장에는 레테가 그동안 모아두었던 원단이 가득 들어 있어요. 재봉질할 때 빛을 발하는 긴 책상이에요.

6

서류나 영수증 등을 넣어두는 작은 서랍장을 책상 위에 두었어요. 나무상자에 핸드폰 충전기나 소품 등을 수납해 책상 위를 깔끔하게 정리했어요.

레테의 드레스룸&현관

#1

뒤꼍으로 가는 통로에 위치한 작은 드레스룸이에요. 뒤꼍방과 연결된 방인데, 기본 공사
만 하고 전에 쓰던 드레스룸 가구를 그대로 들여서 설치했어요. 강화마루는 가구 색과 맞
춰 시공했고, 벽은 화이트로 칠했답니다.

2

드레스룸은 전체가 화이트이고, 문짝만 다른 컬러를 써서 포인트를 주었어요. 기존에 있던 벽장은 문짝만 바꿔 그대로 사용하고 있고, 벽장 아래 간이 소파를 두었습니다.

3

현관은 바닥에 타일을 깔고 벽 패널 작업을 해주었어요. 빨간 현관문에 맞춰 신발장은 화이트로, 벽 패널은 민트그레이로 칠했어요. 중문을 설치해 거실과 분리했답니다.

4

신발장은 디자인만하고 목수 분께 제작을 의뢰했어요. 신발 수납을 많이 할 수 있도록 선반을 기울여 디자인했어요. 눈으로 보기도 쉽고 수납도 많이 되는 레테표 신상 신발장이랍니다.

레테의 욕실
LETE
#1
욕실은 공간이 거의 정사각형이라 구조를 만들기가 참 어려웠어요. 기존 배관의
위치를 모두 바꾸고, 변기와 세면대 위치를 재조정해야 했답니다. 지중해풍 분위
기가 물씬 나게끔 화이트와 민트그린, 원목색으로 디자인했어요.

#2

욕실에도 수납할 물건이 많은데, 기존의 욕실 가구들은 너무 작거나 깊이가 얕아서 불편했어요. 그래서 세면대 아래에 넓은 수납장을 짜서 넉넉하게 수납할 수 있도록 했어요.

#3

반신욕을 충분히 할 수 있는 큰 이동식 욕조를 넣었어요. 샤워기까지 설치할 공간이 없어서 욕조 윗공간에 해바라기 수전을 달아 샤워와 목욕 둘 다 가능하게끔 만들었답니다.

#4

변기 위쪽은 잘 사용하지 않는 자투리 공간이죠. 이곳에 수건 선반과 휴지를 수납할 수 있는 미니 유리장을 달아 공간 활용을 극대화했어요.

욕실문은 불투명 유리를 단 미닫이문으로 설치해 드나들기 편하도록 설계했어
요. 좀 더 간결한 느낌을 주고자 문짝에 직선 문양을 넣어 디자인했답니다.

태국여행 갔을 때 사두었던 전등을 욕실 거울 위에 설치했어요.
쓰던 거울을 페인트칠하여 리폼했고 손잡이 역시 여행 때 구입
해두었던 걸 달았답니다.

LETE 레테의 세탁실

#1

짐을 쌓아두었던 뒤꼍 공간이 제법 커서 세탁실과 온실을 겸할 수 있는 공간으로 디자인했어요.
구조는 그대로 두고 화이트 페인트를 칠한 뒤, 세탁 싱크대를 짜 넣고 하늘색 유리타일로 벽 마감을 했어요.
세탁용품뿐 아니라 각종 도구와 공구들을 넉넉히 수납할 수 있는 싱크대와 나무 다리미판을 배치했어요.
세탁과 다림질, 건조까지 원스톱으로 처리할 수 있게 꾸민 공간이랍니다.

#3

수도는 따로 배관 공사를 하지 않고 핑테 님이 구해온 몇 가지 부속
으로 기존 수도관과 연결해 만들었어요. 배수관은 세탁기 배수관과
연결해 사용하고 있어요. 빈티지 핑크 컬러로 페인팅을 해 화사한
세탁 싱크대를 완성했어요. 세탁도 하고 작업도 하는 만능 싱크대
랍니다.

#2

밋밋한 벽면에 큰 그래픽 시트지를 붙여 갤러리 같은 느낌을 주었
어요. 시골 갔을 때, 주워온 오래된 나무 판재에 다리를 달아 벤치
로 만들었더니 제법 운치 있는 공간이 되었답니다.

#4

애벌빨래와 손빨래를 서서 할 수 있도록 세탁 개
수대를 설치했어요. 세탁기 옆에 이런 공간이 꼭
필요했거든요. 서서 하니 힘이 훨씬 덜 들어요.
물을 쓰는 다른 일들도 할 수 있어 참 좋아요.

#5

겨울엔 마당에 있던 화분을 전부 이곳으로 들여
놓아요. 난방이 되지는 않지만 햇빛이 가득 들어
오므로 겨울에도 화초들이 잘 자란답니다. 각종
허브와 야생화들을 위해 온실 역할도 하는 공간
이에요.

레테의 마당 *LETE*

#1

30년도 더 된 오래된 주택이기에 외관만 봐도 굉장히 낡은 상태였습니다. 외벽은 현관문과 새시 컬러에 맞춰 페인팅했어요. 마당 바닥에는 시멘트가 깔려 있었는데, 이를 모두 걷어냈어요. 거실 새시와 연결된 툇마루처럼 사용하는 데크는 일 년에 한 번씩 스테인을 칠해주기만 해도 아주 오래 쓸 수 있어요. 집 둘레에는 데크를 둘러 아늑한 느낌을 주었어요.

#2

나무들은 원래부터 마당에 심어져 있었어요. 그저 동그랗고 예쁘게 깎아주기만 한 것뿐인데 인물이 확 사네요. 그중 단풍나무는 가을이 아니라 봄에 잎이 빨개집니다. 그럴 때는 마당이 무척 화사해진답니다. 쑥쑥 잘 자라는 예쁜 나무들을 보고 있노라면 마음이 흐뭇해집니다.

#3

담을 헐고 펜스를 설치해 전망을 확 살렸어요. 맑은 공기와 멋진 전경이 일품인 마당 데크 벽엔 샤이딩 나무를 덧대 운치 있게 만들었습니다. 가을에는 아침마다 전망을 감상하면서 커피를 마시는 일로 하루를 시작합니다.

#4

바닥에 깔린 시멘트를 모두 걷어낸 뒤에 흙을 사다가 메웠어요. 대문 앞에 잔디 씨를 뿌렸더니 보름 후에 파릇파릇 새싹이 돋았어요. 지금은 잔디가 너무 잘 자라서 가위로 깎는 일이 버거울 정도랍니다.

#5

회색 담벼락을 라임색 페인트로 칠했어요. 색깔만 바꿨는데 새집처럼 보이네요. 페인팅처럼 완벽한 마술도 없는 듯해요. 버려진 나무판에 핑테 님이 그림을 그렸길래 담벼락에 걸어두었어요.

#6

자투리 공간에 물을 쓸 수 있는 세면대를 만들었어요. 벽돌과 시멘트로 틀을 만들고 타일을 붙였죠. 화분에 물을 주거나 바비큐가 끝난 뒤에 설거지를 할 때, 무척 편리해요.

부암동 산책

가게를 가려면 언덕길을 한참 내려가야 하고, 약국, 분식집, 대형마트도 없다. 오래된 이발관과 슈퍼마켓, 방앗간이 세월의 변화 속에서도 변함없이 자리를 지키고 있는 동네. 버스를 타고 몇 정거장만 내려가도 광화문에 도착할 만큼 시내와 가까운 거리에 위치했지만 세월이 멈춘 듯 옛모습을 그대로 간직하고 있다.

부암동이 알려지기 시작한 것은 드라마의 배경으로 등장하기 시작하면서부터였다. '내 이름은 김삼순'에서 삼순이가 버스에서 내리던 부암동 동사무소 앞에는 여전히 예쁜 정자가 자리 잡고 있다. 또, '커피프린스 1호점' 한성이의 집으로 유명한 산모퉁이 카페는 북악산 산책길 언덕 위에 우뚝 솟아 있는데, 이곳은 부암동 초입부터 언덕길을 따라 한참을 올라가야 하는데도 많은 사람들이 찾는다. 물론 차를 타고 올라가면 금방 도착할 수 있는 거리이지만 마땅히 주차할 곳도 없고, 길도 비탈져서 웬만하면 걷는 게 좋다. 부암동은 살기에 조금은 불편할 수도 있는 동네다. 대형마트나 쇼핑센터가 없어서 인왕시장이나 통인시장 같은 재래시장을 가야 하고, 전철역도 없어 버스를 타고 시내로 가야 한다. 그래도 차를 끌고 다니면서 마트에서 활력을 찾았던 아파트 생활보다 오르막길을 걸어 올라가는 지금이 훨씬 좋은 건 왜일까…. 산책하다가도 숨이 헉헉 차오를 때가 많지만 이런 불편함이 나에게 의외의 풍요로움을 가져다주고 새로운 걸 보게 해준다. 부암동에는 걷는 즐거움, 무소음의 즐거움, 계절의 즐거움, 수확의 즐거움 등 불편하기 때문에 누릴 수 있는 즐거움이 있다.

HUSH
LIVING
特集
スタイルミックスで
部屋のおしゃれ度をアップ！
好きなものをちりばめたいリラックス空間
ナチュラル＋αに取り入れたいインテリア
ペットと暮らすインテリア

1

인테리어 기초

공구 이야기

비싼 인테리어 소품 하나 사는 셈치고 집 꾸미는 데 필요한 공구 몇 가지를 구입하세요.
여기에서 소개할 공구들은 앞으로의 작업이 훨씬 쉽고 재미있도록 도와줄 거예요.
공구함에 여러 가지 공구를 구비해놓으면 평상시 집 보수나 유지에 아주 편리하답니다.

일반공구

넓은 톱
합판이나 MDF 등 넓은 판재는 톱날이 두껍고
폭이 넓은 톱을 사용하면 잘 잘려요.

작은 톱
몰딩이나 각재 등을 사용하는 작업에는 톱날이
얇고 비교적 폭이 좁은 작은 톱이 편리합니다.
자투리 목심 자를 때도 편리해요.

요술톱
일반 톱으로 자르기 힘든 부분, 곡선 부분 등은
드릴로 구멍을 뚫은 뒤 요술톱으로 자릅니다.
날을 90도까지 조절할 수 있어 옆으로도 자를
수 있어요.

일반날
목재에 구멍을 뚫는 작업에 사용해요.

이중 드릴날
목재에 나사못과 목심 구멍을 동시에 뚫을 수
있어요. 나사못 머리를 감출 수 있는 드릴날이
에요.

콘크리트날
벽에 구멍을 뚫을 수 있습니다. 콘크리트 벽도
뚫을 만큼 강한 드릴날이에요.

목심
나사못 머리를 감추는 작업에 필요해요.

태커
힘 센 스테이플러라고 생각하세요. 리폼, DIY에
다양하게 사용합니다.

대패
목재의 평면 가공이나 측면 가공 시 사용합니
다. 레테는 주로 패널의 측면 각을 깎을 때 사용
해요.

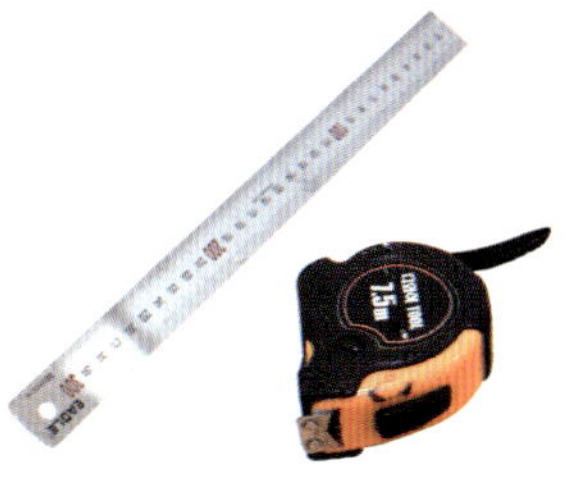

줄자와 자

치수를 재는 기본 도구입니다. 특히 줄자를 지니고 다니면 쇼핑할 때나 목재소 등에서 유용하게 쓸 수 있어요. 길고 탄력이 좋을수록 좋은 줄자입니다.

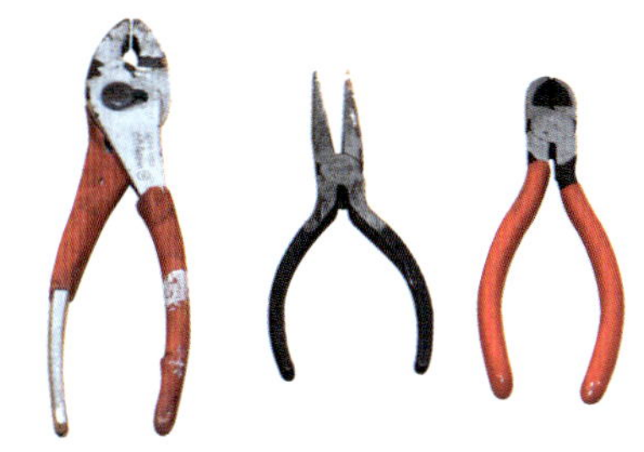

펜치

철사를 절단하거나 못을 뽑을 때 씁니다.

망치

못을 박는 쇠망치는 물론이고, 고무망치도 구비하세요. 목심 박을 때나 짜임 나무 조립할 때 고무망치를 사용하면 좋아요.

기타

경첩이나 가구 부속, 나사못 등은 리폼이나 DIY에 수시로 필요해요.

전동공구

일반 드릴(유선)

벽이나 목재에 구멍을 뚫는 작업에 사용해요.

TIP 이동성이 좋은 충전 드릴과 힘이 좋은 일반 드릴을 모두 구비해놓으면 좋아요.

충전 드릴

구멍 뚫기, 나사 조이기와 풀기 등 반복적인 작업에 사용합니다. 나사를 조이거나 푸는 일은 충전 전동 드라이버를 써도 돼요.

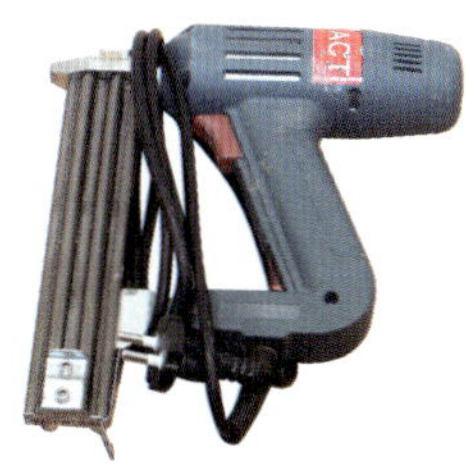

전동 태커

싱크대나 아일랜드 테이블처럼 많은 조립이 필요할 때 나사못 대신 전동 태커를 이용하면 빨리 조립할 수 있어요. 못 자국도 아주 작아 편리해요. 구비하면 가구를 조립하거나 패널 벽을 작업하기가 수월해요.

전동 샌딩기

손사포만으로 작업하기 어려운 넓은 면을 사포질하거나 고운 사포질을 할 때 필요해요. 먼지가 많이 나므로 야외에서 작업하는 게 좋아요.

전동 직소기

목재를 곡선으로 자르거나 두꺼운 나무를 자를 때, 싱크대 상판에 구멍을 낼 때 등에 유용하게 쓰여요. 소음과 진동이 있긴 하지만 제대로 사용하면 아주 편리합니다.

집꾸밈할 때 드릴만 갖추고 있으면 다른 전동공구는 그다지 필요가 없어요. 큰 가구를 만드는 일이 잦은 레테도 전동공구는 드릴 이외에 3가지 정도만 구비했어요. 가정용 전동공구들은 드릴보다 저렴하니 필요할 때마다 하나씩 구입해 오래 두고 사용하세요.

전동 드릴의 필요성

레몬테라스 카페 인테리어 분야에 많이 올라오는 질문 중 하나가 전동 드릴에 대한 것이에요.
어느 집이나 드릴 하나쯤은 있지만 액자나 시계를 걸 때 드릴을 사용하는 사람은 별로 없더라구요.
대부분이 벽에 흠집을 내기 싫다거나 진동이나 소리 때문에 쓰기가 주저된다고 말씀하세요.
그러나 막상 알고 나면 참 편리한 게 전동 드릴이랍니다.
집을 꾸미기 위해 작은 소품이나 가구 등을 리폼해보면 드릴을 잘 사용하는 게 시간과 힘을 아끼는 일이라는 걸 알게 될 거예요.

전동 드릴의 선택

레테가 처음에 사용했던 유선 드릴은 방 안 여기저기를 다니면서 사용하기에 무척 불편했어요.
그래서 지금은 제한 없이 아무 데서나 작업할 수 있는 충전용 전동 드릴을 사용하고 있어요.
생각보다 힘도 좋고 배터리도 오래가서 불편함이 없어요. 충전용 전동 드릴을 선택할 때 가장 주의깊게 봐야 할 점은 힘이에요.
14V 이상은 되야 콘크리트 벽에 구멍을 뚫을 때도 힘이 달리지 않아요.
12V 정도로도 벽에 구멍을 뚫거나 가구를 만드는 일을 할 수 있긴 하지만 장시간 사용하면 힘이 약해진답니다.

어느 제품이 좋냐고 묻는 분들에게는 유명한 브랜드보다,
좀 더 비싸더라도 좋은 제품을 고르라고 말씀드리고 싶어요. 집꾸밈은 많이 하지 않더라도, 앞으로 두고두고 써야 할 공구니까요.
일단 14V 이상의, 한 손에 들고 작업하기에 무리가 없는 충전용 드릴이 좋아요.
배터리 효율이 좋은 리튬 이온 방식이면 더 좋구요. 보통 벽에 콘크리트 못을 박을 때는 햄머 드릴을 사용하는데,
크고 두껍게 구멍을 뚫지 않을 거라면 충전 드릴로도 충분해요.
햄머 드릴은 무거워서 힘이 세지 않은 주부님들이 사용하기엔 무리예요.
대형마트에 가면 사용해볼 수 있게 디스플레이된 상품들이 있으니 직접 비교해보고 선택하세요.

전동 드릴의 기능

#1
단수 조절 기능이 있는 드릴은 조금 더 비싸요.
1, 2단은 나사못을 조일 때, 3단 이상은 나무를
뚫을 때, 5단 이상은 콘크리트 등 아주 단단한
곳을 뚫을 때 사용합니다.

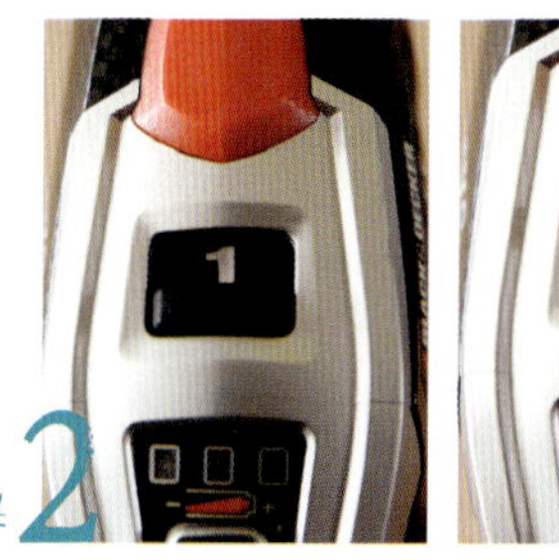

#2
회전속도 1(저속)은 보통의 나사못 등을 조일 때
이용하고, 2(고속)는 나무, 콘크리트 등의 드릴
작업 때 사용해요.

#3
회전 방향 결정 버튼은 나사를 조일지, 풀지를
결정해요. 드릴날이 구멍에서 잘 안 빠질 때, 역
방향으로 설정 후 살살 드릴날을 회전시키면 쉽
게 뺄 수 있답니다. 사용하지 않을 때는 버튼을
중간에 놓습니다.

전동 드릴날의 선택

TV나 광고 등에서 드릴을 사면 많은 양의 날이나 각양각색의 부속 등을 선물로 준다고 하는 것을 보고
'와, 저 많은 드릴날을 구비해야 되는구나!'라고 생각하는 분들이 있을 거예요. 그러나 레테의 경험에 비춰 보면,
그런 드릴날이나 모양이 다른 비트들은 가구 만들 때 나사못 머리가 그대로 드러나기 때문에 잘 안 쓰게 되요.
또, 가구마다 각기 다른 크기의 구멍을 뚫고 나사를 박을 일도 별로 흔치 않아요.
다양한 크기의 드릴날로 작업하려면 그 크기에 맞는 나사를 종류별로 갖춰야 하니 불편할 수밖에 없는 거죠.
드릴날은 다음의 두 가지만 구비하세요! 철물점, 대형 마트, 인터넷에서 구입할 수 있어요.

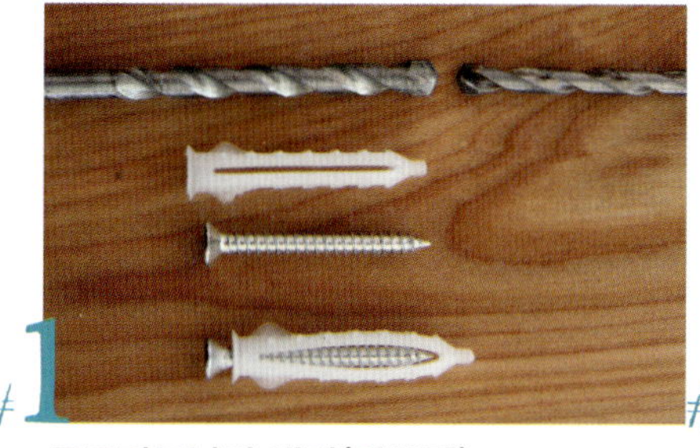

#1 콘크리트날과 앵커(칼블럭)
충전용 드릴도 충분히 콘크리트벽 뚫을 수가 있
어요. 콘크리트날 3mm와 5mm 2개면 대부분
의 작업이 가능합니다.

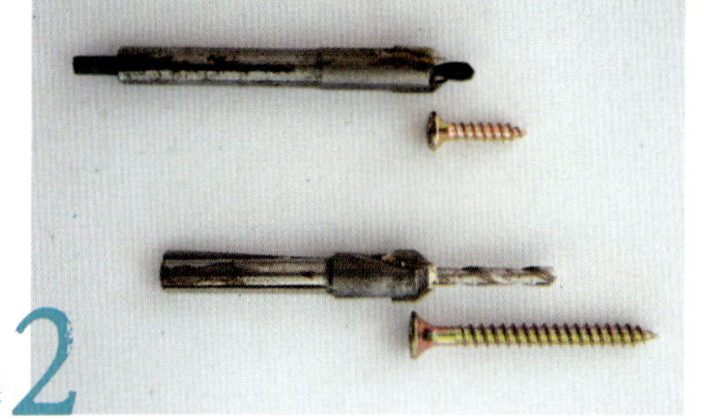

#2 이중 드릴날과 나사
목재 작업에 필요한 3mm×8mm 이중 드릴날
입니다. 이것만 있으면 웬만한 가구 작업은 다
할 수 있어요. 나사를 박아도 나사못 머리가 안
보여요.

두꺼운 콘크리트날로 무리하게 벽에 구멍을 뚫지 마세요. 잘 뚫어지지 않을 뿐 아니라
벽에 크게 흠이 생겨 보기에 좋지 않아요. 두껍지 않은 콘크리트날도 잘 박아주면 상당
히 무거운 물건을 걸 수 있어요.

전동 드릴의 사용

이중 드릴날 사용법

재단된 목재를 나사로 연결하고 나사못 머리를 감추는 방법이에요. 나무못이 없을 때는 메꾸미로 메워도 괜찮아요.

#1 나사가 들어갈 자리를 표시한 다음 드릴로 나사 구멍을 뚫습니다.

#2 드릴에 비트를 끼운 뒤 나사를 넣고 조립합니다.

#3 나무 못구멍에 접착제를 주입합니다.

#4 목심을 끼우고 필요없는 부분은 톱으로 잘라냅니다. 거친 면을 사포로 마무리해주면 나사못 구멍이 감쪽같이 가려져요.

콘크리트날의 사용법

앵커(칼블럭)를 박으려면 5mm 정도의 콘크리트날을 쓰고,
앵커 없이 일반 나사못을 벽에 박으려면 3mm 콘크리트날을 사용하면 돼요.

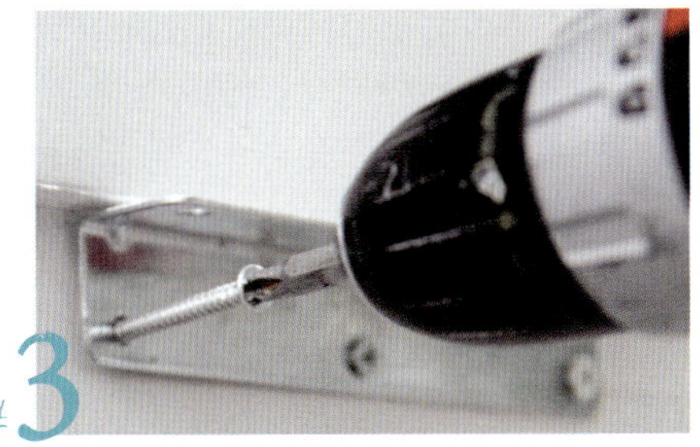

#1 구멍을 뚫을 때 약간 위에서 아래 방향으로 뚫어줍니다. 나사못이 아래로 빠지는 걸 방지할 수 있어요.

#2 앵커를 구멍에 넣고 박아주어요.

#3 앵커에 나사못을 드릴로 박아주세요.

드릴을 사용할 때 구멍 뚫는 날과 나사를 조이는
날을 교환하는 작업이 은근히 번거로워요. 그래서 레테는 일반 드릴에는
드릴날을, 충전 드릴에는 드라이버비트를 끼워 사용해요.
이렇게 하면 날을 갈아끼울 필요 없이 빠르게 작업할 수 있어 편리합니다.

드릴이나 전동공구를 단번에 잘 사용하기는 힘들지만 사용하다 보면 자연스럽게 손에 익을 거예요. 요리를 할 때 늘 쓰다 보니 손에 익은 조리도구나 전기제품처럼 DIY나 집꾸밈도 자꾸 하다 보면 익숙해지는 것이니 어려워하거나 두려워 말고 도전하세요!!

LETE 페인팅 이야기

페인트칠을 하면 저렴한 가격으로 집 안 분위기를 쉽게 바꿀 수 있어요.
본격적인 페인팅을 시작하기 전, 페인팅에 필요한 기본 도구와
사용법을 알아보기로 해요. 기본적인 페인팅 재료를 갖추는 것만으로도
페인팅의 절반은 성공이랍니다.

페인팅 세트

대부분의 쇼핑몰에서 기본 페인팅 도구를 모아
놓은 세트 상품을 판매하고 있습니다. 붓, 롤러,
트레이, 마스킹 테이프, 빈 통, 사포, 페인트, 젯
소, 바니시 등을 세트로 사면 더욱 저렴하지요.

페인팅 재료

페인트

페인트는 크게 벽지용과 가구용으로 나뉘어요.
페인트를 고를 땐 건강을 생각해 무독성 수성
페인트를 선택하는 게 좋아요.

젯소 또는 프라이머

페인트를 너무 잘 흡수해서, 혹은 페인트를 잘
흡수하지 못해서 등등의 이유로 페인트칠이 힘
든 재료가 있습니다. MDF, 시트지로 마감한 가
구, 방문, 몰딩, 철제, 콘크리트 등이 그렇죠. 젯
소 또는 프라이머는 하도제로 페인트칠을 수월
하게 하기 위한 밑작업에 쓰입니다. 칠하기 전
먼저 사포질을 해주면 더욱 효과가 좋아요. 한
번에 두껍게 칠하지 않고 얇게 여러 번 칠하고
말리기를 반복합니다. 작은 소품과 DIY 용품을
칠할 때 젯소에 페인트를 섞어서 원하는 색을
만들어 사용할 수도 있습니다.

수성 바니시

페인팅이 끝난 다음 바르면 코팅 효과를 줍니
다. 저광, 계란 껍질광, 반광, 유광 등 광택의 종
류도 다양합니다. 페인트 색이 변하거나 벗겨지
는 현상도 방지할 수 있으며 방수 효과가 있어
청소하기도 쉬워지니 가구 마감 시에는 바니시
바르는 걸 잊지 마세요. 가구에는 반광이나 저
광을 주로 사용한답니다.

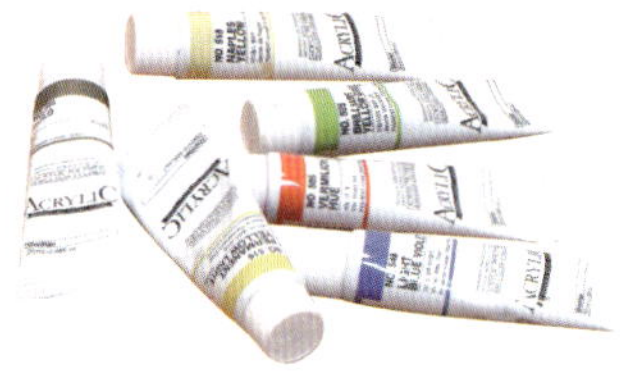

아크릴물감

각종 소품이나 작은 가구를 칠할 때 페인트와
섞어 색을 만듭니다. 페인트보다 성능이 떨어지
지만 작은 소품 하나하나 칠할 때마다 조색된
페인트를 구입하기는 쉽지 않거든요. 또 유리병
이나 소품에 그림을 그려 넣을 때도 아주 유용
해요. 화방이나 문구점에서 세트로 구입해놓으
면 요모조모 쓸 일이 많답니다.

스펀지

못 쓰게 된 스펀지는 버리지 말고 적당한 크기
로 잘라두세요. 나뭇결이 은은하게 보이는 워시
드 기법으로 페인팅할 때 유용하게 쓰입니다.

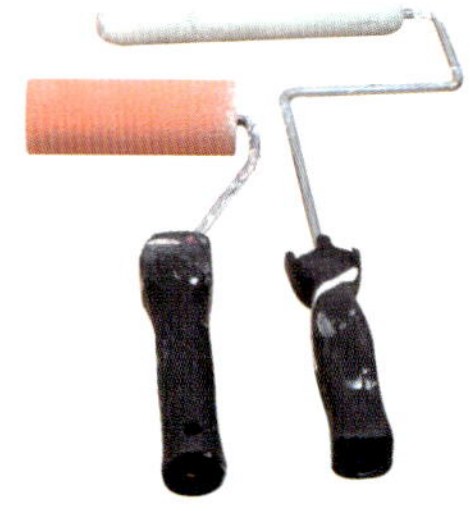

롤러

넓은 면적을 칠할 때, 붓자국이 생기지 않고 깔
끔한 마무리를 원한다면 사용하세요. 가구용,
벽면용 따로 구비하는 게 좋습니다.

붓

500원부터 가격대가 아주 다양해요. 저렴한 붓은 여러 번 쓰기 힘드니 두고두고 사용하려면 비싸더라도 좋은 붓을 구입하세요. 레테는 좋은 걸로 작은 붓, 중간 붓, 큰 붓 3개를 가지고 있어요. 작업을 끝낼 때마다 바로바로 세척해서 잘 말리면 털이 잘 빠지지 않아 좋아요. 수성 페인트 붓은 미지근한 물에 바로 세척하면 돼요.

트레이

팔레트 역할을 하는 도구입니다. 트레이에 비닐을 씌워 사용하면 매번 작업 후에 세척하는 번거로움을 피할 수 있어요.

마스킹 테이프

페인트가 묻지 않아야 할 부분을 신문지나 종이로 가리고 마스킹 테이프를 붙여 고정합니다. 테이프의 폭은 5cm 정도가 적당합니다.

스테인

나무에 물을 들이는 착색제입니다. 나무의 질감과 특성을 그대로 살리면서 습기나 곰팡이로부터 원목을 보호해주니 일석이조예요. 목재의 자연스러운 느낌을 원할 때 사용하세요. 스테인은 유성과 수성 두 종류가 있답니다. 보통 실내에는 수성을 많이 사용하며, 마감 왁스는 안 해도 됩니다. 스테인 또한 천연 제품을 사용하는 것이 건강에 좋아요.

사포

페인팅 전 목재의 거친 표면이나 이미 칠이 되어 있는 가구의 표면을 곱게 갈아주는 역할을 합니다. 80, 150 정도의 사포로 작업한 뒤 220으로 마무리하면 좀 더 쉽게 페인트를 칠할 수 있습니다. 사포로 얼마나 잘 다듬었느냐에 따라 페인팅의 완성도가 달라집니다.

페인트 선택 요령

시판되고 있는 수많은 페인트 중에서 어떤 것을 골라야 할지 난감하다면
건강을 위해 무독성 친환경 수성 페인트를 선택하세요.
그래야 작업 중 냄새 때문에 머리 아플 일이 없고
작업이 끝난 후에도 안심하고 생활할 수 있거든요.
편리하게 컬러북을 보고 마음에 드는 색의 번호로 주문하면 돼요.

페인트 조색

간단한 소품을 칠할 때 페인트에 아크릴물감을 섞어 색을 낼 수도 있지만
원하는 색을 정확하게 만들기는 어렵습니다.
페인트 성능이 떨어질 염려도 있고요.
페인트 판매처에서 조색된 페인트를 구입하는 것이 성능 면이나 가격 면에서 유리해요.
미색 계열의 색은 흰색 페인트를 이용해 직접 만들어 쓰세요.
쓰임새가 많은 크림색, 아이보리색 등은 비교적 만들기 쉽답니다.

페인팅 순서

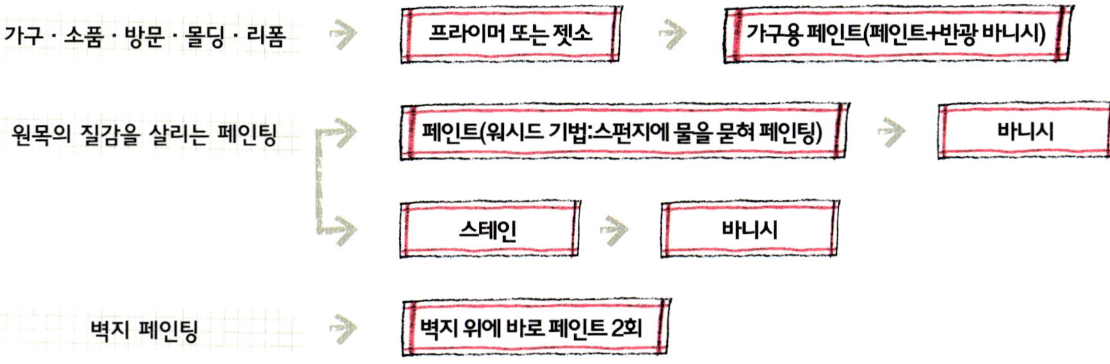

페인트의 구입과 보관

페인트는 넉넉하게 구입하세요. 나중에 유지 · 보수에 필요한 일이 생기거든요.
작업 후 남은 페인트는 공기가 들어가지 않게 잘 밀봉하여 그늘진 곳에 뒤집어 보관합니다.
수성 페인트는 사용 전 잘 흔들어 사용해야 합니다.

인터넷 페인트 구입처

삼화페인트 www.djpi.co.kr
나무와사람들 www.jeswood.com

레테컬러 색상표

페인트를 선택할 때 가장 힘든 부분이 컬러 선택이예요. 컬러의 종류는 엄청나게 많은데 실제로 벽에 발랐을 때,
혹은 가구에 발랐을 때 어떨지 감을 잡지 못해 고민한 경험, 누구나 있을 거예요. 그런 분들을 위해 레테가 제안하는
아름다운 컬러가 던에드워드에서 출시되었답니다. 레테가 실제로 가구나 벽지에 칠해 본 색상으로 구성했어요
레테가 제안하는 특별한 컬러, 무독성 페인트로 아름다운 집을 만드세요.

레테 화이트	레테 레몬티	레테 베이비치크	레테 민트
레테 블루문	레테 보니에블루	레테 레트로오렌지	레테 빈티지 핑크
레테 피치	레테 그린샤워	레테 핑크걸	레테 올리브
레테 라벤다	레테 라임	레테 올드폰	레테 쉬크릴리
레테 블루레이크	레테 그레이	레테 가든그레이	레테 레드

레테컬러 페인트 구입 www.letecolor.com

접착제 이야기

인테리어를 하다 보면 접착할 일이 참 많이 생깁니다. 그런데 어느 경우에 어떤 접착제를 써야 할지 잘 몰라 문제가 생기기도 하죠. 글루건으로 벽에 나무를 붙였는데 하루가 지나 쩍 소리를 내며 떨어지기도 하고, 힘들게 직접 벽을 도배했는데 벽지가 춤을 추며 흘러내리는 일도 생겨요. 본격적인 집 꾸미기에 들어가기 전에 대표적인 접착제 몇 가지의 용도 및 사용법을 알려드릴게요.

접착제의 종류

목본드

가구, 목공, 건축 등에 광범위하게 쓰이는 접착제입니다. 다른 본드에 비해 입자가 고와 무늬목 가구나 고강도를 요하는 작업 등에 이상적이에요. 접착력이 강하고 건조 시간이 빠르며 사용하기 편리하게 포장되어 있는 데다 무공해 제품이라 레테도 즐겨 사용한답니다. 사포질과 페인팅이 가능하며 불필요한 못의 사용을 줄일 수 있어요. 이외에 철물점에서 쉽게 구입할 수 있는 오공본드는 글루건과 함께 사용, 패널 붙이기 등에 이용됩니다.

순간접착제

각종 물품의 유지 및 보수에 꼭 필요해요. 오공본드를 사용할 때 함께 쓰기도 하고요. 말 그대로 순간적으로 붙여주는 생활의 필수품이죠.

딱풀

주로 종이를 붙이는 아주 약한 접착제지만 패브릭 접착에 있어서는 그 어떤 접착제도 따라올 수 없을 정도로 훌륭한 재료예요. 나무 상자, 양철통, 깡통에 붙일 때는 물론 벽면 전체에 패브릭을 바를 때에도 강력한 힘을 발휘하죠. 패브릭 벽지를 시공할 때 뿌리는 풀을 쓰는 분들이 있어서 레테도 사용해보았는데, 풀 입자가 온방 안에 흩어지는 단점이 있었어요. 바닥, 가구에 붙은 풀을 청소하기가 너무 힘들더군요. 그에 비해 딱풀은 사용이 쉽고 가격도 저렴한 데다가 패브릭 접착력도 좋아요.

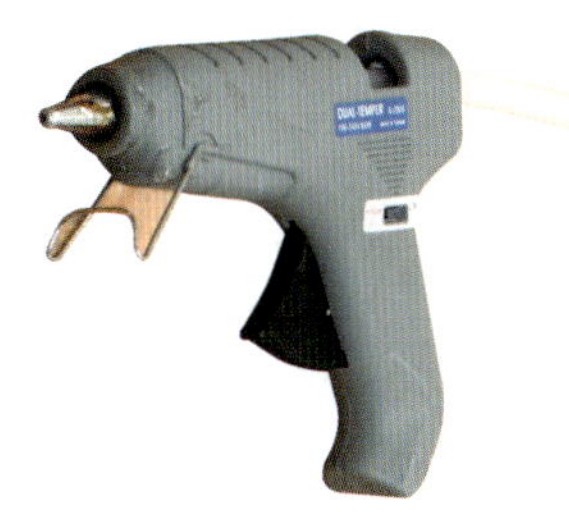

글루건

조화를 이용한 각종 소품이나 액세서리 등을 만들 때 사용하는 접착제로 건에 글루건 스틱을 끼운 뒤 녹여서 사용합니다. 전원을 켜고 약 2~3분 후 쏘아서 사용하는데 오공본드나 실리콘과 함께 쓰면 더욱 좋아요. 순간적으로 굳기 때문에 도포 후 신속하게 붙여야 해요. 패널이나 기타 목재를 벽에 붙일 때는 오공본드와 함께 사용하세요. 글루건으로만 작업하면 쉽게 떨어질 수도 있거든요. 인터넷이나 철물점에서 구입할 수 있습니다. 참, 도포할 때 뜨거우니까 손으로 직접 만지지는 마세요.

실리콘

건축물의 조인 부분이나 틈새, 철제, 유리 고정 등 많은 부분에 쓰이는 접착제예요. 일반 가정의 실내에서 사용할 때는 냄새가 없는 무초산 실리콘을 선택하는 것이 좋아요. 레테는 벽면에 패널을 붙일 때 주로 사용하는데, 굳는 속도가 하루 정도 걸리므로 접착 속도가 빠른 글루건과 함께 사용한답니다. 작은 소품에 타일을 붙일 때도 실리콘을 사용해요. 가격은 1,500~5,000원 정도랍니다. 실리콘도 역시 쏘는 총 형태라 건과 실리콘을 모두 구입하셔야 해요. 욕실 틈새 메우는 작업 등 다양한 용도에 필요하니 집에 항상 구비해두세요.

각종 접착 테이프

리폼할 때나 페인팅할 때 가장 쉽게 떼었다 붙였다 할 수 있는 것은 마스킹 테이프입니다. 두꺼운 박스 연결, 유리에 종이 접착, 패브릭 벽지 시접 부분 접착에는 주로 양면 테이프를 사용하죠. 초강력 양면 테이프로는 가벼운 나무판이나 액자 등도 붙일 수 있답니다.

LEJE 기타 도구 이야기

앞서 소개한 도구들 외에 갖추면 편리한 재료들을 소개합니다.

기타 도구들

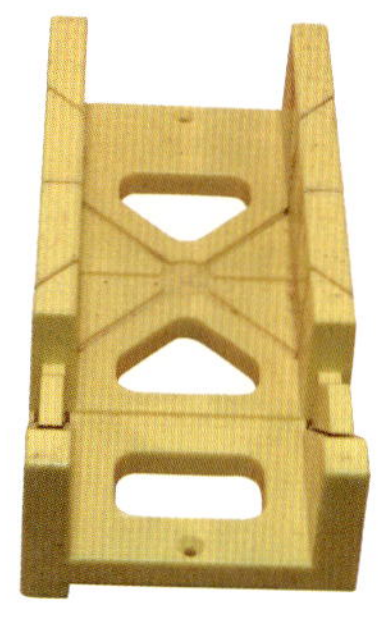

각도 톱질대

각재나 폭이 좁은 나무를 90도, 45도, 사선으로 자르기 편리해요.

고무 헤라와 빗살무늬 헤라

고무 헤라는 타일 작업 시 타일을 붙인 후 백시멘트를 바르고 정리해주는 작업에, 빗살무늬 헤라는 접착제를 바르는 작업에 사용해요.

도배도구 세트

벽지를 도배할 때 필요한 도구를 묶어놓은 세트입니다.

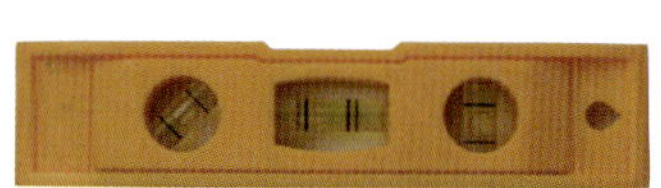

수평계

선반 설치, 싱크대 제작 등 수평을 맞출 때 꼭 필요한 도구입니다.

페인트 편리도구

벽면에 페인트칠 할 때 콘센트나 바닥 등 페인트가 묻지 말아야 할 곳에 마스킹 테이프나 커버링 테이프로 보강 작업하는 과정을 생략할 수 있도록 도와주는 편리한 세트입니다.

목재용 홀소날

싱크대 등을 만들 때 수전, 배관 등을 통과시킬 일정 크기의 구멍을 뚫는 작업에 필요한 드릴 비트입니다.

인테리어 기초

 LETE 인터넷목공소 이야기

리폼의 재미에 빠지면 자연스럽게 직접 디자인한 가구를 만들고 싶다는 생각이 듭니다.
그런데 내 손으로 가구를 만들려 하면 여러 가지 걸리는 게 많죠. 공방에서 전문적인 교육을 받아야 하는 건 아닌지,
도구의 사용법이 어려운 건 아닌지, 목공소에는 어떤 식으로 문의해야 할지, 내가 꿈꾸는 가구를 어떻게 설명해야 할지 등.
그러다 보면 '에이, 그냥 새 가구 하나 사고 말지' 하면서 포기하는 분들이 대부분이에요. 그러나 가구 만들기가
그리 어려운 일만은 아닙니다. 간단한 전동공구를 구비하고 인터넷목공소를 잘 활용하면 집에서 손수 내가 원하는 가구를
만들 수 있어요. 본격적인 DIY에 들어가기 전에 어렵게만 느껴지는 인터넷목공소 이용 방법을 레테와 함께 배워보아요.

LETE'S TIP

인터넷목공소가 일반 목공소보다 좋은 이유
동네에서 흔히 볼 수 있는 목공소 중에는 필요한 목재를 구하거나 내가 디자인한
가구에 맞는 재단서비스를 받을 수 있는 곳이 거의 없어요.
전문적으로 가구를 만들어주는 곳이 아니기 때문이죠. 가구를 디자인하고 재단하여
배송까지 해주는 곳은 주로 DIY 재료 사이트들이에요.
가구 전문인 인터넷목공소를 이용하면 내 집에서 재료를 받아 조립하기만 하면 된답니다.

가구를 처음 만들어 보는 사람은 DIY 사이트에서 판매하는 반제품을 구입해 집에서 조립하는 게 좋아요. 반제품이란 디자인 된 가구를 조립하기 전 재단만 된 상태로 판매하는 상품을 말해요. 기본 구조와 조립 방법은 어떤 가구든 비슷하기 때문에 반제품 가구를 한 번만 조립해보아도 금방 자신감이 생긴답니다.

인터넷목공소 이용 노하우

먼저 디자인한 가구를 종이에 그려보세요. 모든 부분의 재단될 치수를 세밀하게 표시하는 게 아니라
전체 크기와 정면, 측면, 윗면 등을 나누어 구조를 설명하면 돼요. 문짝이 들어갈 부분과 다리의 길이,
서랍의 크기 등만 잘 표시해 주세요. 필요한 다리의 개수, 목재의 종류, 판재 두께, 문짝의 조립 배송 여부, 경첩 방식,
서랍의 레일 여부 등을 정해주면 인터넷목공소에서 훨씬 쉽게 작업하고, 배송받아 조립할 때도 수월해요.
그림으로 표현되지 않는 정보는 설명을 곁들여주면 돼요. 디자인된 종이를 스캔하거나 디지털카메라로 찍은 파일을 첨부하여
메일로 주문하고 전화 통화로 구조를 설명하세요. 디자인에서 해결하지 못한 부분을 전문 목수가 쉽게 해결해주기도 하니
세부적인 치수까지 정하느라 골머리를 썩일 필요 없어요. 레테의 그림을 보고 참고하세요.

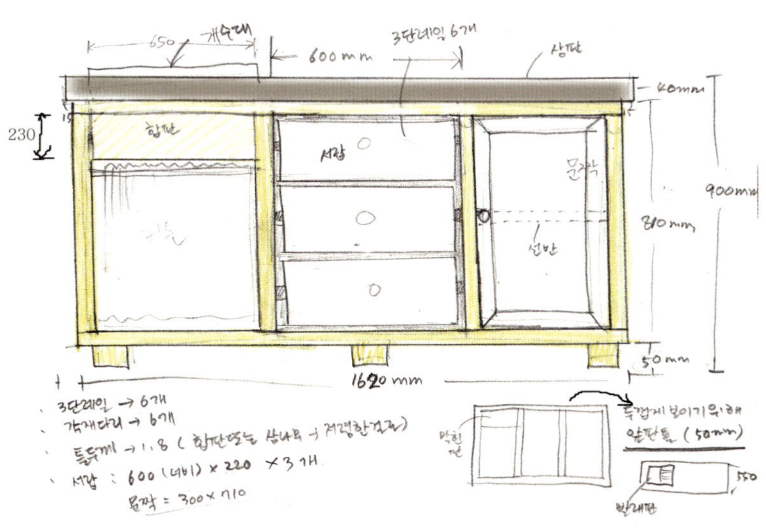

LETE'S TIP

레일이 들어가는 서랍처럼
정밀한 치수를 구해야 하지만
계산하기 어렵다면 서랍 크기만 알려주고
레일이 들어간다고 표시한 후 상의하세요.

요구사항 예시
- 기본 나무는 합판도 괜찮지만 앞판틀, 서랍, 문짝, 그림 좌측에 합판이라고 쓴 부분은 원목(집성목 또는 삼나무)으로 부탁해요. 특히 앞판틀은 두껍게 보이기 위해 50mm 두께의 나무로 주문해요.
- 서랍 크기(레일 두께 포함)는 가로 600mm×세로 220mm×깊이 500mm입니다.
- 문짝 크기는 가로 300mm×세로 710mm입니다.
- 3단 레일 6개와 50mm×50mm 각재로 만든 다리 6개를 보내주세요.

목재 주문과 준비물

인터넷목공소에서 주문한 재료는 품목별로 묶어서 배송돼요. 재단된 나무와 크기를 적은 종이가 별도로 들어 있어요.
일단은 어디에 어떻게 들어갈 목재인지 구분하고 이해하는 게 중요해요. 조립할 때 필요한 부속들도 함께 주문해요.
싱크 경첩의 경우 크기에 맞는 구멍을 미리 뚫어서 보내달라고 요청하면 조립이 수월하답니다.
조립을 하기 위한 목본드, 전기 태커, 드릴 등을 준비하세요.

DIY의 기본 조립 순서

기본적으로 문짝과 서랍을 먼저 조립하고, 몸통 – 상판 – 다리 순으로 진행하세요. 순서는 편리한대로 조금씩 바꿔가면 돼요.

#1 서랍이나 문짝 등을 미리 조립한 모습이에요.

#2 기본 몸통을 조립한 모습이에요.

#3 상판을 조립해서 얹는 모습이에요.

가구의 기초 조립 방법

DIY편에서 다루는 가구들을 조립할 때 공통적으로 반복되는 과정이에요. 가구마다 디자인은 다르겠지만,
가구를 만들고 조립하는 방식은 똑같기 때문에 조립방식만 알고 있으면 작업 속도가 빨라진답니다.

#1 조립될 면에 접착력이 좋은 목공
용 타이트본드를 발라요.

#2 전기 태커를 이용해 가조립해요.

#3 드릴로 나사 구멍을 뚫고 나사를
조립해요.

#4 레일과 경첩 등을 이용해 서랍과
문짝을 조립해요.

LETE
CARTOON

핑테의 변신은 무죄

Pink Terrace
그럼 시간을 거슬러 핑테 이야기를 한 번 해볼까요?

처음에는...
결심했어! 나 앞으로는 내 집, 내 가구 모두 내 손으로 만들어볼 거야!
잉??

귀찮게스리... 그냥 가만히 있는 게 도와주는 거야!
뒷정리는 또 나만 시키려고 그러는 거지? 절대 안할 테다!
소리잔소리잔소리잔소리잔소리잔소리잔소리잔소리잔소리잔
그러던 어느 날...

자기야 저것 좀 어떻게 해줘~ 너무 어려워!

그걸 하나 못하고! 이리 줘봐.

그랬지만 지금은 누구보다 든든한 레테의 지원군이자, 믿음직한 남편이라구요~
칭찬이 약!
내가 소질이 있나보군...

레몬테라스 책을 함께 보면서 부부가 같은 관심사를 공유해 보는 건 어떨까요?

2

리모델링 준비

나만의 인테리어 스타일 찾기

내 집을 예쁘게 개조하고픈 마음은 누구에게나 있죠.
나만의 스타일에 꼭 맞게 집을 디자인하고 만드는 것이 결코 쉬운 일이 아니지만 그렇다고 불가능한 일도 아니랍니다.
많은 시장 조사와 자료 수집을 통해 원하는 스타일을 찾고 스스로 감각을 키워나가는 게 가장 먼저 할 일이에요.
예쁜 인테리어 자료를 많이 접하면 접할수록 인테리어 감각이 업그레이드되고
좋은 정보를 알면 알수록 개조 견적을 더 줄일 수 있으니까요.
이사나 개조 계획이 1, 2년 이후의 일일지라도 미리미리 콘셉트를 구상하고 자료를 준비해두면 많은 도움이 돼요.
그럼 레테와 함께 나만의 인테리어 스타일링, 준비해볼까요?

#1 책이나 인터넷에서 찾은 정보 모으기

인테리어 관련 책을 보다가 마음에 드는 스타일의 사진을 발견하면 포스트잇 등에
특징을 적어 표시해두어야 나중에 다시 찾기가 수월해요.
내 책이 아닐 경우에는 카메라로 찍어 사진으로 남겨두면 많은 도움이 돼요.
요즘엔 인터넷에서도 많은 자료를 찾을 수 있으니 마음에 드는 정보를 발견하면 스크랩해두세요.

#2 예쁜 인테리어숍 촬영하기

친구를 만나거나 다른 약속 때문에 커피숍 등 예쁜 장소를 방문할 일이 종종 생기지요.
이럴 때를 대비해 반드시 카메라를 챙겨 다니세요.
요즘엔 핸드폰에도 카메라 기능이 있어 간편하지요.
아무리 예쁜 것이라도 금방 잊혀지기 마련인데 사진으로 남겨두면 두고두고 볼 수 있어 좋아요.
또 상업 공간에 적용한 독특한 아이템을 우리 집에 연관시키다 보면 새로운 아이디어도
얻게 되어 스타일링 계획에 많은 도움이 돼요.

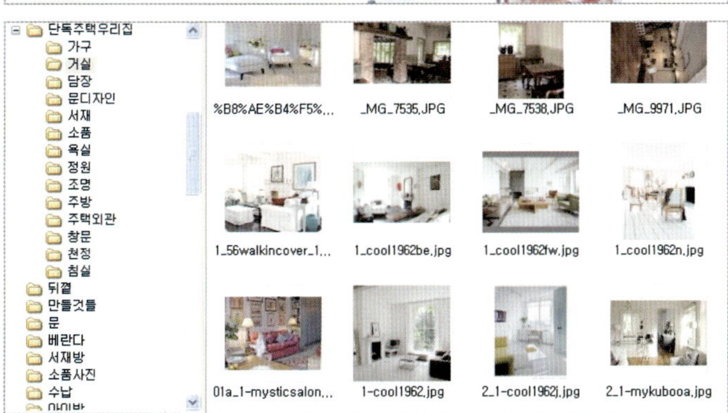

#3 모아둔 자료 공간별로 분류해두기

그동안 많은 자료를 모았다면 그중에서
내가 가장 원하는 스타일의 사진을 골라내세요.
최종적으로 골라낸 사진들은 다시 공간별, 테마별로 분류하세요.
책에서 찍거나 잡지에서
오려낸 사진은 스크랩북에 공간별, 테마별로 붙이고
인터넷에서 찾은 자료도 폴더를 만들어 저장하세요.

#4 설계 도면 준비하기

리모델링에 들어가기 전 가장 먼저 챙겨야 할 것이 바로 설계 도면이에요.
레테가 이사 간 곳은 너무 오래된 집이라 설계도나 평면도가 없어서 각 공간의 너비, 벽면 높이,
창문 위치 등을 꼼꼼히 줄자로 재 체크한 뒤 직접 도면을 그렸어요. 이사할 집의 정확한 도면이 없다면
계약날 원래 집주인의 양해를 구해 공간마다 치수를 미리 재놓으세요.
대충이라도 평면도를 그려두어야 개조 계획이 한눈에 보인답니다. 완성된 평면도를 여러 장 복사해
개조 전 상태의 평면도, 개조하고 싶은 구조의 평면도, 전기 계획, 컬러 계획 등을 따로따로 정리해놓으세요.
특히 각 공간의 치수는 입주 전 가구를 계약하거나 자재를 구입할 때 꼭 필요하므로 정확하게 체크해두세요.
(평면도 그리기는 66쪽 참고)

#5 개조 북 만들기

평면도와 최종 선택한 이미지 사진을 준비했다면 예쁜 노트를 준비해 개조 북을 만드세요.
여기에 최종 확정된 사진을 자르거나 출력해 평면도와 함께 붙일 거예요.
공간마다 따로따로 간단한 구조와 배치도를 그려본 후
머릿속 이미지와 가장 가까운 사진을 바로 옆에 붙이세요.
각 공간의 구조와 배치, 컬러, 스타일까지 한눈에 방향을 잡을 수 있는 방법이지요.
레테는 방마다 한 장씩 그리기보다 벽면 위주로 간단하게 그린 뒤 전체적인 컬러와 자재,
가구의 색감과 위치 선정 등을 미리 계획하고 공사에 들어갔답니다.
이렇게 하면 배관이나 조명 위치도 쉽게 정할 수 있어 무척 편리하답니다.

#6

머릿속에 리모델링 이미지가 그려졌다면 인테리어 관련 박람회나 주택·자재·건축 전시회에 꼭 참관하세요.
평소에는 쉽게 볼 수 없는 가구나 자재 등을 한 번에 볼 수 있어서 좋고, 전시 기간 동안 계약을 하면
할인해주는 곳도 많아 큰 도움이 된답니다. 바닥재, 새시, 배관 자재 등 여러 업체 제품을 비교, 분석하고
현장에서 상담받을 수 있으니 일석이조지요. 여기서 얻은 카탈로그들은 공정별로 따로 분류해두었다가
공사 일정이 잡히고 자재와 인부를 예약하는 시점에서 견적과 스케줄을 비교, 분석하여 선택하는 게 좋아요.

#7

어느 동네나 철물점, 전기용품점, 배관 및 자재상이 하나씩은 있게
마련이지요. 레테처럼 이사를 가는 경우라면 이사하는 동네의 자재상들을
꼭 둘러보세요. 연락처를 알아두면 공사 중 급히 필요한 자재가 생겼을 때
유용하답니다. 또한 평소 자재 시장(을지로, 논현역 주변) 등을 다니며
조명등, 철물, 벽지, 바닥재 등을 취급하는 업체를 알아두세요.
나중에 필요할 때 헤매지 않고 바로 찾을 수 있으니 시간도 절약되고
자재를 저렴하게 구하기에 유리하겠죠. 또한 업체에서 각 공정별 담당자를
소개받을 수 있는지 여부도 파악해두세요.

내 집을 예쁘게 개조하기 위해 가장 중요한 것은 나만의 스타일을 찾는 것이랍니다. 많이 보고 돌
아다니다 보면 자연스레 안목이 높아지는 법! 시간을 조금씩 투자해 나만의 예쁜 스타일을 꼭 찾
으세요.

리모델링 공사 전 준비할 것

새로 이사할 집의 스타일을 정했다면 리모델링 공정별로 준비 작업이 필요해요.
계약한 날부터 잔금을 치르는 날까지 여유가 있다면 이 기간에 미리 준비하세요.
공정별로 필요한 사항을 꼭 메모해두고, 마음에 드는 자재를 미리미리 골라두고, 자재가 들어오는 날을 예약하세요.
그리고 각 분야별 담당자를 만나 미리 공사에 대한 의논을 하고 스케줄을 조율하세요.
본격적으로 공사가 시작되면 자재를 보러 다닐 시간적 여유가 없답니다.
스스로 리모델링을 하려고 하면 겁부터 나고 엄두도 잘 안 나지만 공사 전에 준비만 잘해둔다면 이미 반은 성공한 거랍니다.

각각의 자재는 인터넷 검색을 최대한 활용하여 알아보았고,
몇몇 공정의 인력은 작업자끼리의 인맥을 이용해 섭외했어요.
이런 일이 어렵다면 리모델링 업체에 의뢰하되 자재 선택은 직접 하세요.

#1 바닥재 · 벽지 고르기

방산시장이나 을지로 자재 상가, 지물포 등을 둘러보면 아주 많은 제품을 만날 수 있어요.
바닥재는 벽과 전체적인 집 분위기에 맞는 컬러와 재질을 선택하고 기능적인 면도 고려해야 돼요.
마음에 드는 바닥재를 결정한 후 해당 업체에 시공 의뢰를 할 때
바닥재 가격에 시공비가 포함된 건지 별도로 부담해야 하는지 확인해두는 게 좋아요.
바닥재 종류로는 온돌마루, 강화마루, 데코타일, 타일 등이 있는데
재질과 견적에서 많은 차이가 나니 꼼꼼히 비교해본 후 골라야 후회가 없어요.
계약이 완료되면 원하는 날짜로 시공 예약을 하세요.
바닥 공사는 리모델링 공정에서 거의 마지막 단계이니 공사 후반쯤으로 시공 날짜를 잡는 게 좋아요.
벽지는 동네 인테리어 가게나 인터넷, 방산시장 등에 의뢰해 시공할 수 있어요.
미리 인터넷에서 다양한 종류의 벽지를 살펴보고 비교해본 후 자재 시장에 가서 구입하면 좋답니다.

2 새시 고르기

주택을 리모델링하면서 가장 중요하게 생각했던 부분이
바로 새시예요. 보온과 소음 방지가 잘되고 자외선도 차단해주고,
열고 닫기 쉬워 환기가 잘되면서 잠갔을 땐 보안도 철저한
그런 '완소' 새시를 찾아다녔어요. 다른 자재에 비해
새시는 되도록 큰 업체의 제품을 사용하는 것이 추후 AS 등
여러 면에서 안전한 것 같아요. 레테는 논현동 자재 상가 주변으로
많이 형성되어 있는 전시관에 방문하여 편하게 상담받은 뒤
새시를 선택했답니다. 시공비는 새시 비용에 포함된 경우가
대부분이에요. 리빙 관련 전시회나 전원주택 박람회에
참관하면 쉽게 여러 업체의 제품을 한눈에 비교, 분석할 수 있으니
빠지지 말고 찾아다니세요. 새시는 철거 후 창틀 부분을
바로 조적, 미장하는 공사 초기에 실측을 요구하는 게 좋아요.
제작 기간은 보통 2주 정도 소요되는데 주문하는 컬러가 독특하거나
재질이 특수할 경우 일주일 이상 더 걸리는 경우도 있답니다.

3 건축 자재 구하기

주택 골조나 벽체 마감에 사용하는 각재, 석고보드, 합판, 벽돌,
시멘트 등을 건축 자재라고 해요. 큰 건재상에 의뢰해
구할 수 있는데 각 공사의 담당자와 상의하면 좋아요.
공정별 작업 담당자들은 기존에 거래하던 건축 자재상이 있어
잘 알고 있는 경우가 많아요. 필요한 건재를 상의해 산출,
주문한 후 공사 전에 자재를 들입니다. 그 밖에 데크(deck) 재료나
방부목 싱크대 상판에 들어갈 집성목, 가구용 판재, 기성 문짝과
문틀 등은 전원주택 자재점에서 한 번에 주문하는 게 좋아요.
전원주택 자재상에서 상담 후 목수를 소개받고 목수와 함께
현장을 방문해 필요한 양의 재료를 산출하면 보다 정확하게
재료를 주문할 수 있어요. 목공을 담당하는 목수는 자재상을 통해
섭외하세요. 가구를 잘 짜는 사람, 데크 전문 시공자 등 잘하는
목공 분야가 약간씩 다를 수 있으니 되도록 여러 사람을 만나보고
견적을 비교해보세요. 저마다 일하는 방식이 다르므로
인건비나 작업 기간 또한 다를 수 있답니다.

#4 전등 고르기와 전기 공사

보통 전기 공사를 맡기면 전등까지 포함해 견적을 내는 경우가 많아요.
집 안 전체의 전기 공사를 새로 하는 경우 현장 실측 후 견적을 내되,
원하는 전등이 있을 때는 전등과 콘센트는 스스로 구입하고 견적에서
제외하는 것이 현명해요. 조명이 집 안 분위기를 많이 좌우하니 맘에 쏙 드는
전등을 고르는 게 예쁜 집으로 가는 지름길이랍니다. 전력 소비량도 꼼꼼히
체크하여 할로겐램프, 형광등, 백열등 등 어떤 것이 나은지 비교해보는 것도
잊지 말고요. 을지로 조명 상가에 가보면 같은 제품이라도 상가마다
가격이 조금씩 다른 것을 알 수 있어요. 그러니 발품을 팔수록 보다
저렴하게 구입할 수 있겠죠? 전체 전기 작업이 필요한 경우 전기 공사 담당자를
섭외해 견적을 비교해보고 선택하세요.

#5 현관문, 디지털 도어로크 고르기

레테에게는 하우징 관련 전시회가 현관문 선택에 많은 도움이 되었어요. 많은 업체를 비교, 분석하여 제품을 먼저 고른 다음
마음에 드는 색으로 바꿔달라고 요청했는데 컬러 변경에 대한 추가 비용은 없었답니다. 전원주택 자재상에서 원가 세일을 하는
경우도 많으니 그런 기회를 노려 예약해두는 것도 좋아요. 현관문은 새시가 들어오는 시점에 설치하세요. 설치비가 따로 들 수도 있으나
공사 현장에 있는 분들한테 부탁하는 것도 괜찮아요. 이때 디지털 도어로크도 함께 설치하면 좋아요. 디지털 도어로크는 홈쇼핑이나
가격 비교 사이트 등에서 눈여겨보았다가 고르세요. 목공사의 포인트가 될 수 있는 손잡이를 비롯한 기타 철물도 미리미리 챙겨두세요.
훌륭한 손잡이를 파는 인터넷 사이트가 많기 때문에 발품을 팔지 않고도 집에서 편하게 고를 수 있답니다.

#6 타일 고르기

욕실, 주방 등 타일이 필요한 장소마다 마음에 드는
디자인과 컬러를 정해두세요. 요즘엔 타일로 인테리어에
포인트를 주는 것이 트렌드예요. 그만큼 인테리어에서 타일이
차지하는 비중이 점점 커지고 있지요.
(레테는 안방 바닥도 타일로 시공했답니다)
바닥 타일은 넓은 것으로, 벽에 붙일 타일은 내추럴하거나
컬러에 포인트가 있는 것으로 등 어떤 것을 선택할지 방향을 잡으세요.
또 다른 공간과의 조화도 잘 생각해야 한답니다. 타일은 인터넷 사이트,
각종 자재 상가, 전시회는 물론 동네 인테리어 상가나
건재상에서도 구입할 수 있어요. 인테리어 상가에서 타일을
구입할 때는 설비와 타일 작업을 동시에 할 수 있는
작업자를 의뢰해놓으면 많은 도움이 돼요.

#7 욕실용품 예약하기

욕실 자재는 동네의 작은 건재상에서도 쉽게 구할 수 있지만, 을지로나 논현동의
다양한 곳을 찾아다니며 비교하면서 디자인을 고르고 견적을 내는 게 좋아요.
요즘은 인터넷에서도 쉽게 가격을 비교하고 구입할 수 있어요. 레테는 큰 브랜드
전시장에 가서 한꺼번에 예약을 했어요. 공사 일정이 변경될 수 있으니
자재 들어오는 날의 조정이 가능한지 여부까지 체크한 후 물건을 구입했지요.
욕실 크기를 감안해 욕조를 넣을 건지 샤워 부스를 설치할 건지를 결정하고
디자인을 선택한 후 자재 배달 날짜를 예약했답니다.
수전과 샤워기 등은 스스로 설치 가능할 정도로 설명서가 잘되어 있었답니다.

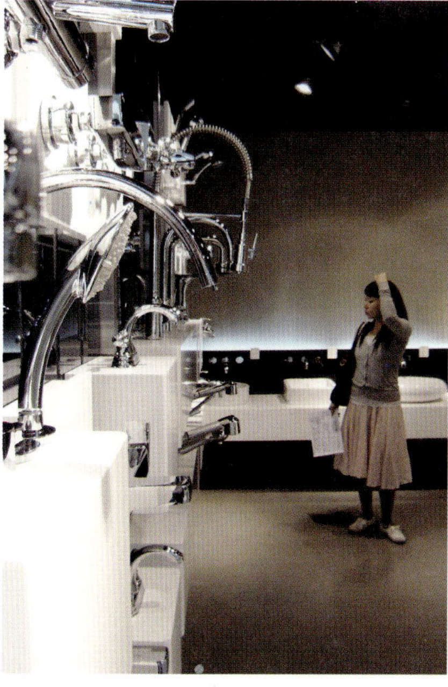

#8 인터폰, 싱크 볼 고르기

인터폰은 전기 공사 마무리 단계에 주문하세요.
전기 공사를 담당하는 분한테 인터폰을 구해달라고 해
견적에 포함하는 것도 좋을 것 같고요. 인터넷에서 검색해보면
보다 저렴하고 좋은 제품을 고를 수 있어요.
싱크 볼은 싱크대를 직접 제작할 경우를 생각해
너비를 잘 계산한 후 적당한 크기의 싱크 볼을 인터넷이나
매장에서 주문하면 된답니다.

#9 가전제품 주문하기

빌트인 가전제품이 들어간다면 미리 예약 주문을 해두세요.
공사 거의 마무리 단계에 조립하면 되기 때문에 공사 중
시간 날 때 주문해도 된답니다. 싱크대나 빌트인 가전제품이
들어갈 가구나 틀을 미리 제작할 경우 제품 크기를 아는 것은
필수지요. 구입하는 제품의 카탈로그를 챙겨 크기를 알아두면
실제로 물건을 받기 전에 제작에 들어가도 차질이 없답니다.
싱크대를 직접 만들지 않고 주문 시공할 때는
업체 담당자와 상의 후 결정해도 된답니다.

#10

단조는 대리점보다는 직영 공장을 운영하는 업체에서 구입하는 게 좋아요.
홈 데코 전시회, 전원주택 박람회 등에서 많은 정보와 카탈로그를 얻을 수 있으니
반드시 참석하여 비교해보고 견적도 여러 군데에서 내본 뒤 최종 결정하세요.
페인팅을 직접 할 경우엔 인터넷이나 페인트 가게에서 재료를 구해 시공하면 돼요.
시공을 맡길 경우엔 작업자가 준비해 온 것대로 견적을 낼 수도 있고,
원하는 페인트가 있다면 재료비와 시공비를 따로 계산할 수도 있답니다.

#11

전기업자, 철거업자, 목공사 담당자 등 작업을 의뢰하기 전 각 공정별로
여러 업자를 만나 견적과 시공에 대해 충분히 상담한 뒤 계약하세요.
계약 후에도 작업하실 분들을 미리 만나 스케줄과 자재 반입, 그리고 시공 방법 등을
논의하고요. 철거업체나 전기업체는 동네에서도 쉽게 찾을 수 있고,
각각의 기술자 분들이 다른 공정을 하는 분들과 연결된 경우도 많아요.
충분히 알아보다가 현장 실측 후 일일이 만나보고 작업을 맡기는 게 좋겠지요.
총 작업 비용은 1일 인건비인 1품×작업자 수＋자재비로 계산하면 돼요.
자재는 공정 전날 현장에 도착하도록 해야 돼요.
레테의 집을 작업할 때는 당장 필요하지 않은 타일과 변기, 욕조 등
부피가 큰 물건들이 미리 도착해 작업할 때마다 이리저리 옮겨야 하는
번거로움이 있었답니다.

셀프 개조는 내가 현장 감독이 되어 지휘하는 것이므로 철저한 준비와
스케줄 조절이 중요해요. 각 공정이 서로 엉키지 않게 간단하게 공정표를
그려보는 것도 도움이 되지요. 개조하면서 많은 변수가 생기지만
사람이 해결하지 못할 일은 없는 법! 재료 준비를 철저히 하여
즐거운 마음으로 새 집 만들기에 도전해보아요.

리모델링 셀프 디자인하기

스타일링 방향을 잡고 공정별 준비 단계를 거쳤다면 우리 집을 내 손으로 바꿀 구체적인 계획을 세우세요.
인테리어 전문 업체나 디자이너에게 모든 개조를 맡기더라도 세세한 구조 변경에 대한 계획이 세워져 있어야
전체 콘셉트나 공정을 이해하기 좋겠지요. 구조 변경 전의 평면도를 바탕으로 개조하고 싶은 부분이나
구조 변경할 부분을 그려가면서 계획을 잡다 보면 전체 디자인 콘셉트와 공정을 빠트리지 않고 챙길 수 있답니다.
내가 꿈꾸는 집은 내가 가장 잘 알고 있는 법! 나의 꿈을 누가 봐도 잘 알 수 있게 종이에 그려나가보세요.

전체 평면도를 그리고 컬러 계획, 조명 계획 등을 구체적으로 세우세요.

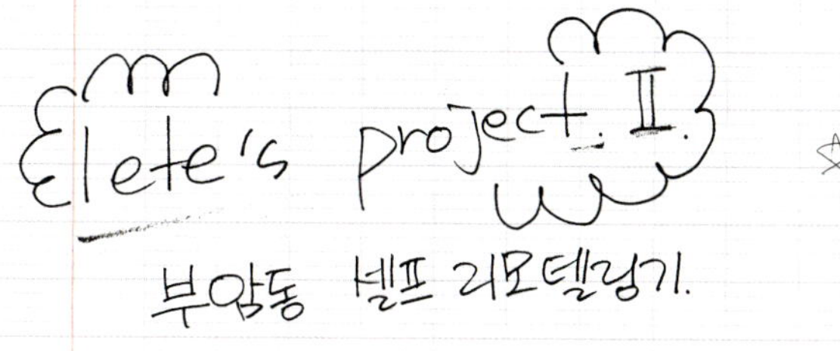

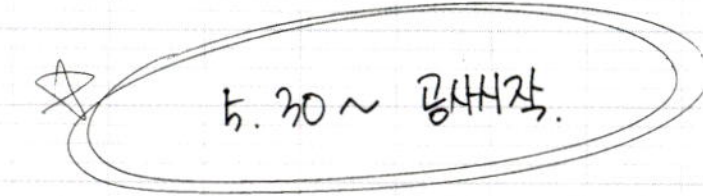

개조 계획이 완성된 전체 평면도를 여러 장 복사하여 구조 변경할 부분,
컬러 계획, 조명 계획을 세우세요. 그다음 각 방의 가구 배치도와
컬러 계획, 철거 부분과 목공사 부분 등등 세부적인 계획을 세우면 돼요.

개조 전 평면도 그리기

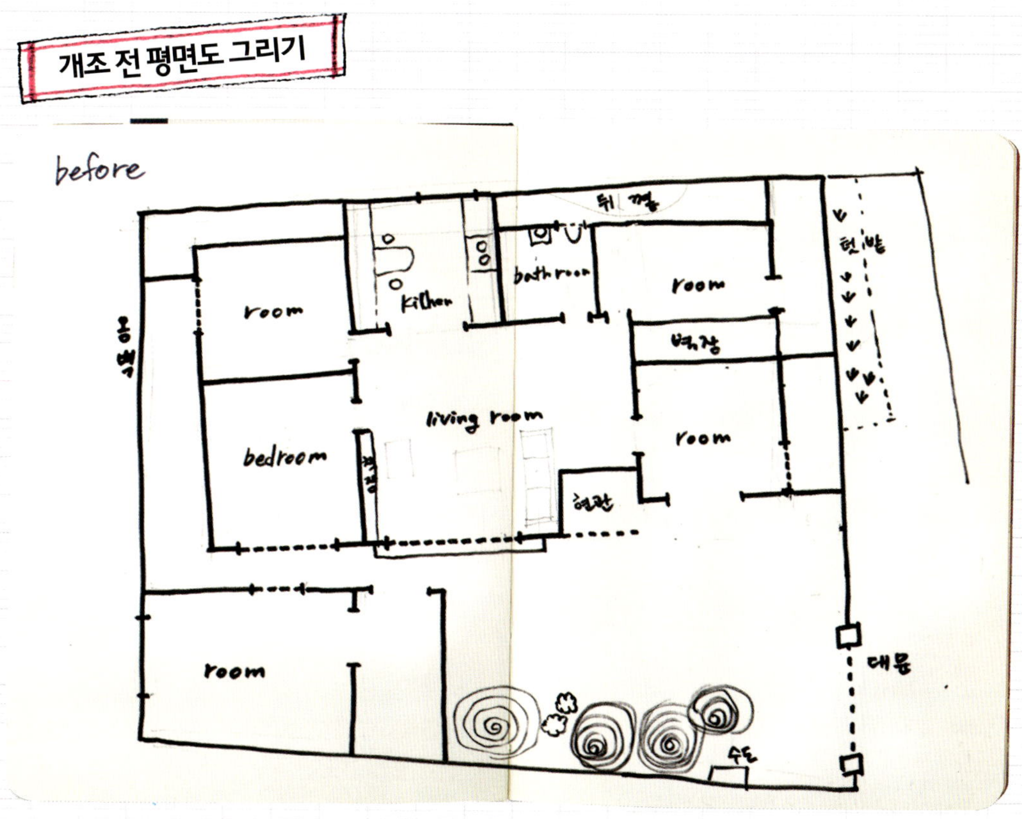

레테의 집은 오래된 집이라 평면도가 없는 상태였어요.
그래서 잔금을 치르기 전 주인의 양해를 구하고 두 번이나 방문해 방마다
모두 치수를 재고 사진으로 기록해두었어요. 이 자료와 기억을 바탕으로 개조 전 평면도를 그렸답니다.
치수를 표시한 평면도도 따로 복사해두었어요.

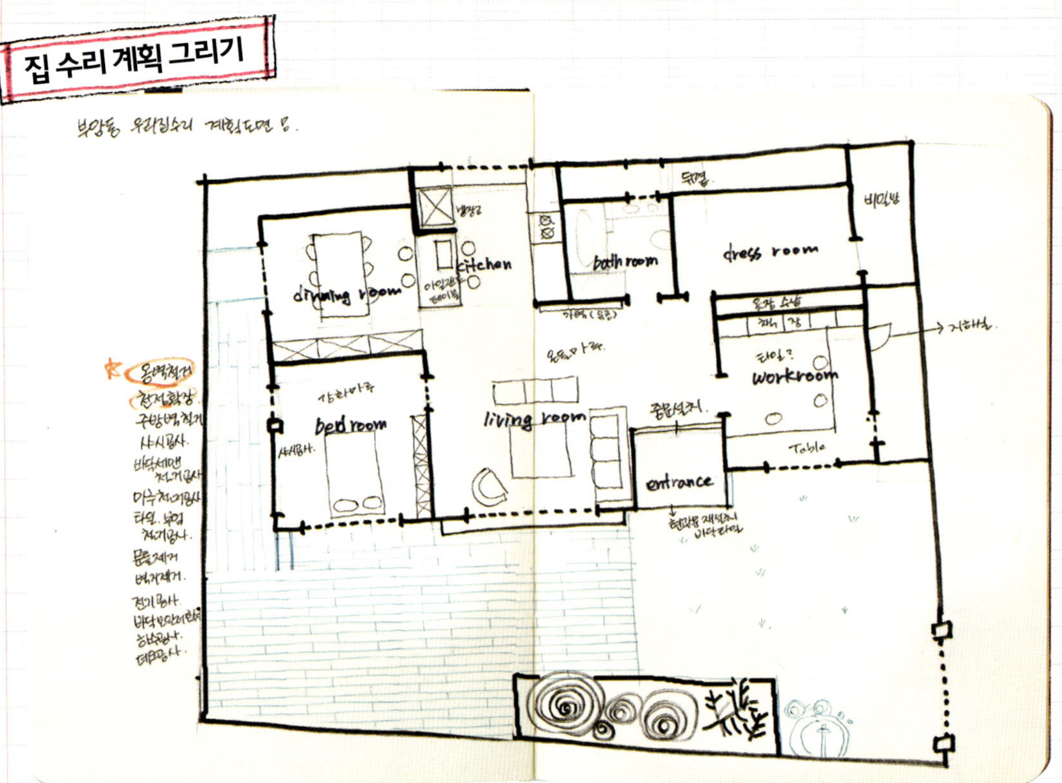

구조 변경할 부분과 새롭게 변신하는 부분, 철거할 부분 등을 꼼꼼히 계획해가며 그렸어요.
그림 솜씨는 전혀 상관없으니 걱정 말고 고치고 싶은 부분, 가구 배치 계획 등을 그려 넣으세요.
방 치수는 물론이고 사용하던 가구나 새로 구입할 가구,
앞으로 만들 가구의 크기도 모두 적어두세요. 그래야 가구가 다 들어왔을 때 착오 없이 멋진 리모델링이 된답니다.

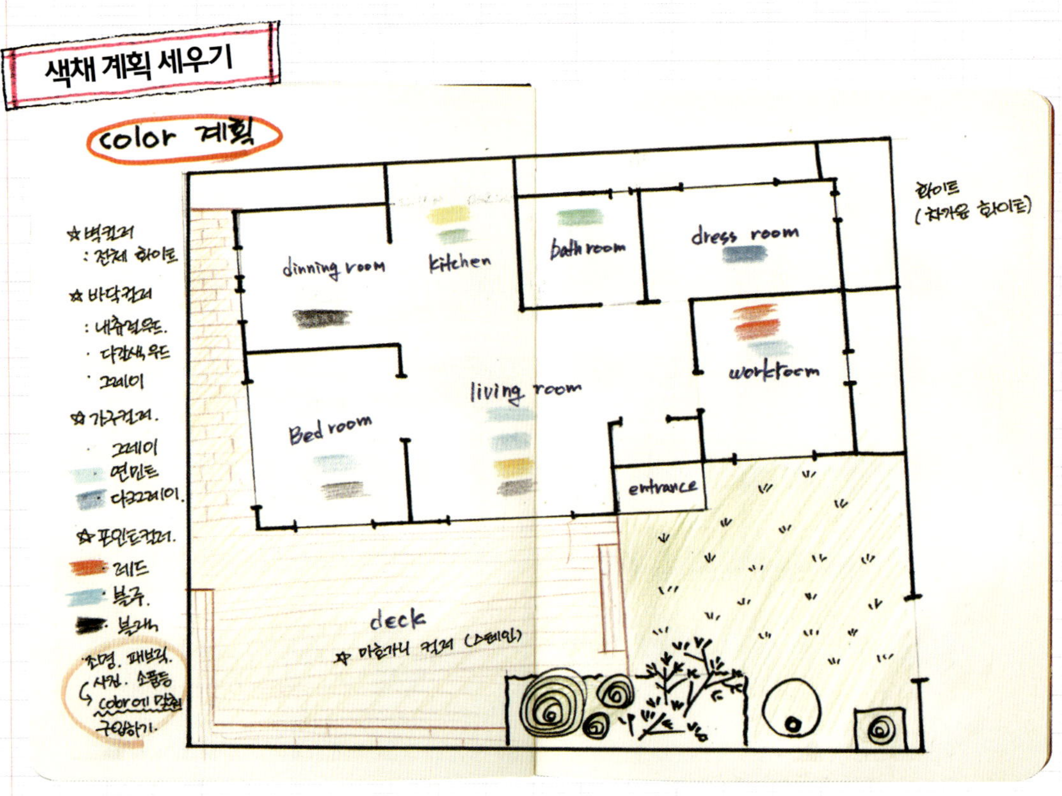

구조 변경 계획이 완료되었다면 색채 계획을 짜세요. 전체적인 컬러 톤을 정해야 벽지나 바닥재, 각종 마감재, 가구까지
일관성 있게 계획할 수 있어요. 레테는 전체적인 톤은 차가운 화이트로 정하고 그레이, 개나리색, 연민트 등으로
방마다 콘셉트를 달리 잡았어요. 조명이나 소품으로 줄 포인트 컬러도 미리 계획했지요.
최종 평면도를 복사해 색지를 붙이거나 색연필로 표시해두는 방법도 좋아요.

내부 컬러와 외부 컬러를 같은 톤으로 가는 것도 좋지만 굳이 맞출 필요는 없어요.
레테는 붉은 벽돌로 된 외벽을 모두 드라이비트 처리하고 페인트칠을 계획했답니다.
가장 중요하게 생각한 건 새시 외부 컬러와 집 전체의 컬러를 맞추는 것이었어요. 레테는 새시 컬러를 평범한 화이트나
알루미늄 색이 아닌 다크그린색으로 하고 싶어 전체적인 컬러 콘셉트를 그린과 레드로 정했답니다.
이렇게 새시틀, 현관문, 창틀까지 컬러 계획을 미리 세워두면 자재를 선택할 때 훨씬 수월해져요.

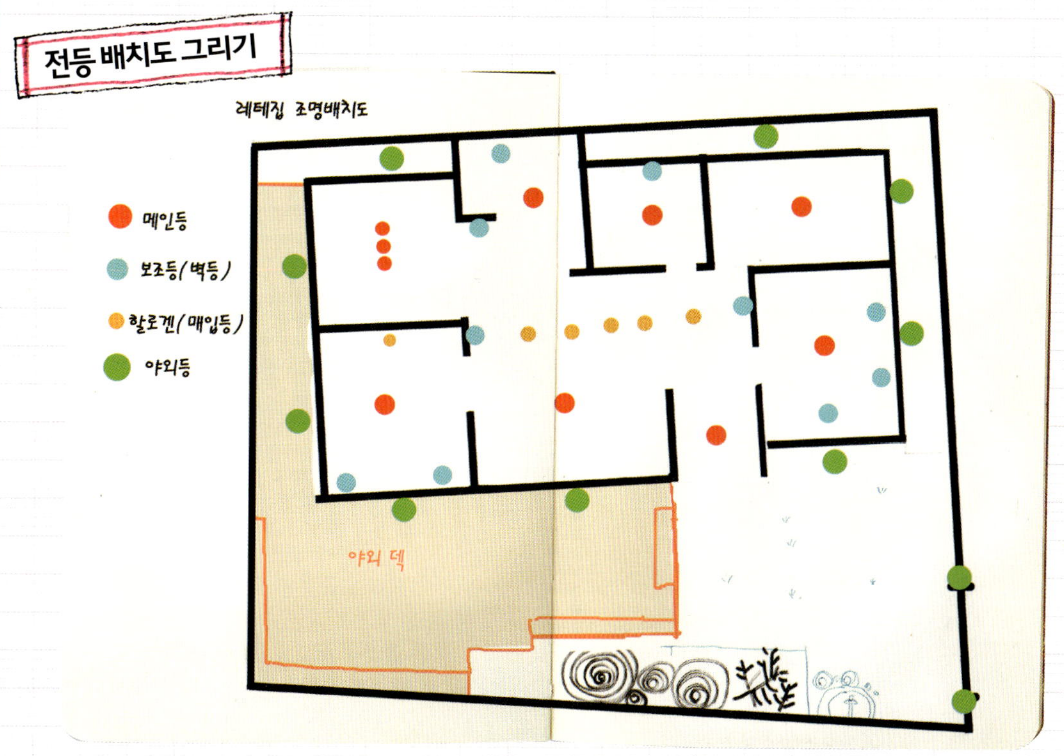

최종 평면도 몇 장을 복사해두고 여러 공정의 설계도로 활용하세요. 레테는 조명에 대한 계획도 미리 세워
평면도에 전등 위치, 콘센트 위치, 전화선과 유선 위치 그리고 필요한 전등 개수와 종류 등을 한눈에 볼 수 있게 그려보았어요.
이렇게 하면 전등을 구입하는 데 낭비를 줄일 수 있고 전기 공사 때 위치를 확실하게 정할 수 있어요.
전기 공사하는 작업자와 함께 상의해 콘센트 위치도 표시해두어야
가구와 가전제품을 배치하는 데 무리가 없답니다.

각 방의 콘셉트 정하기

전체적인 평면 설계도가 나왔다면 각 방의 가구 배치와 이미지를 한눈에 볼 수 있게 그림을 그리세요.
그림 실력이 없다고 두려워할 필요는 없어요. 삐뚤삐뚤 스케치하듯이 그려도 되거든요.
스케치북을 준비해 한쪽 면엔 평면도와 그림 설명을 넣고 다른 쪽엔 나의 취향과 가장 근접한 이미지들을 붙여두세요.
이렇게 하면 한눈에 전체적인 콘셉트를 볼 수 있어 공사가 시작된 후 스타일을 정하지 못해
우왕좌왕하는 일을 막을 수 있지요.

기존에 사용하던 가구를 그대로 사용할 계획이라면 이사 전에 모두 치수를 재두세요.
계획을 세워둔 것이 가구 크기 등의 상황과 맞지 않는다면 큰일이거든요.
예를 들어 거실 공사를 할 때 소파 크기와 위치 등을 염두에 둬야 전기 배선을 차질 없이 할 수 있어요.
새로 가구나 욕조, 세면기 등을 구입할 때에도 치수를 적어두면 좋아요.
또 방 전체 컬러도 가구와 어울리게 맞춘다면 콘셉트 잡기가 훨씬 쉬워진답니다.

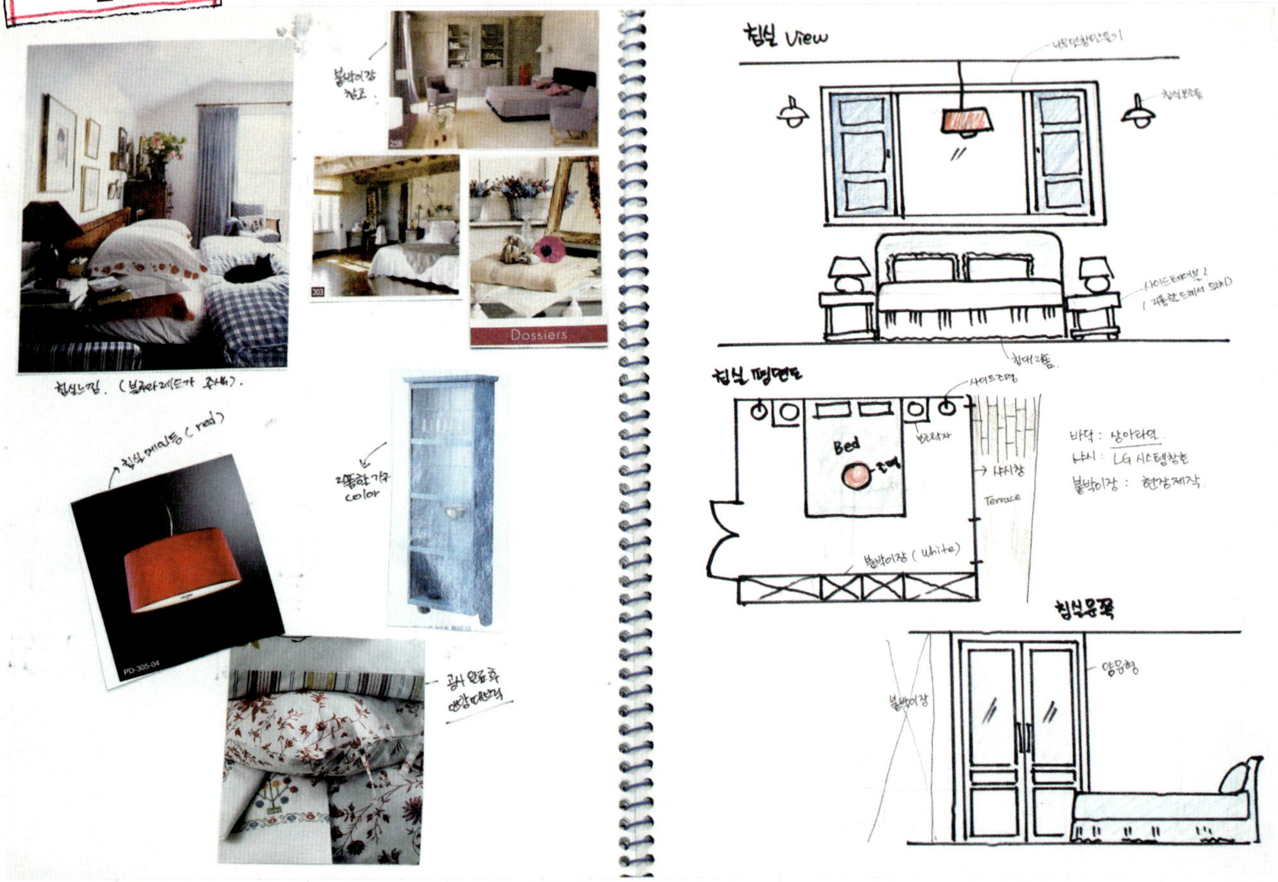

침대 위치, 붙박이장 위치 등을 미리 정해요. 문짝 디자인이나 붙박이장 디자인 등도 그려요.
작업하면서 변경되더라도 기본 콘셉트는 잡고 시작하세요.
조명과 전기 배선 위치, 확장할 문, 바닥 타일 컬러 등을 정해두면 자재를 미리 구하기가 편해요.

거실

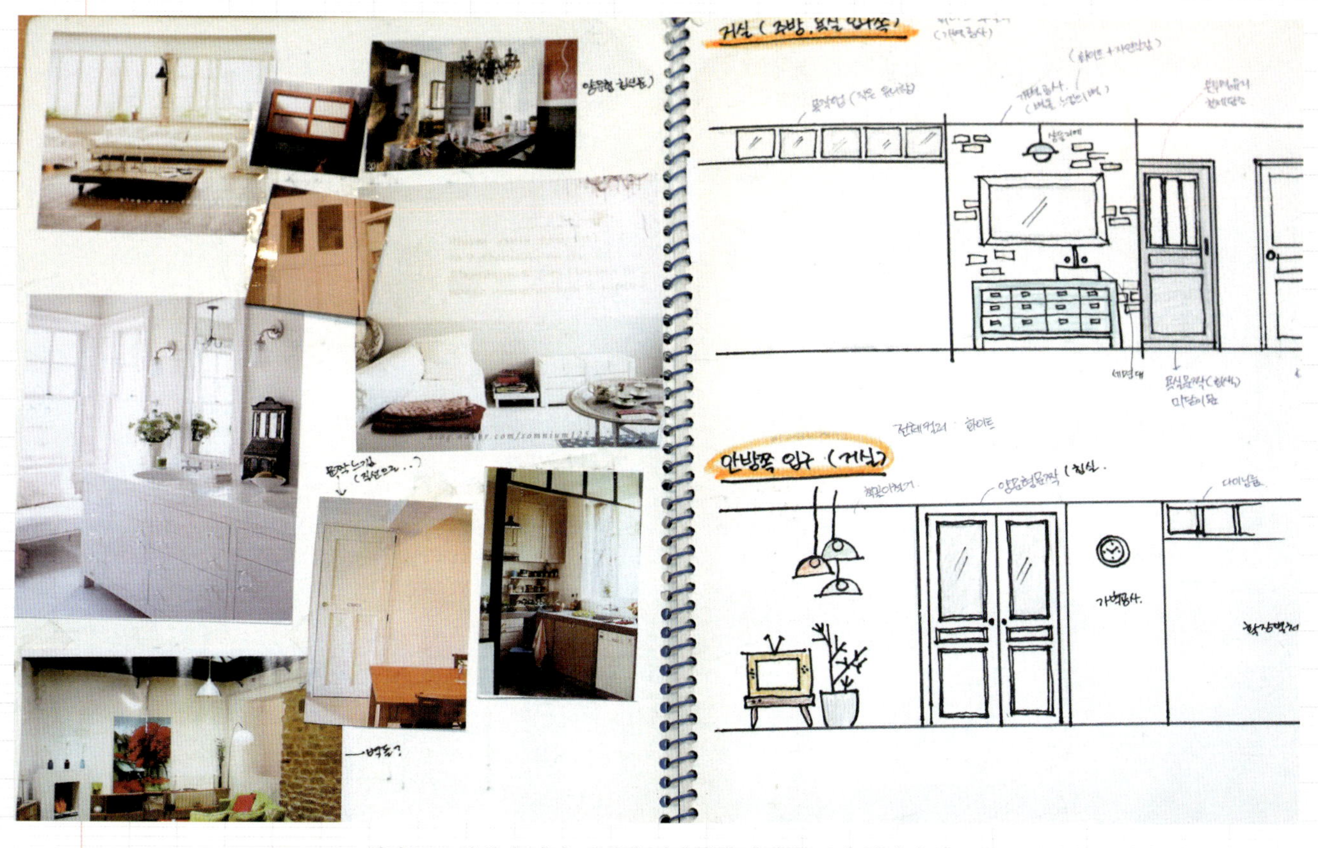

소파와 탁자, TV 위치를 잡아 평면도를 그리고 콘셉트와 컬러 등을 색연필로 표현하세요.
그림으로 표현되지 않는 부분은 비슷한 이미지의 사진을 붙여 설명을 곁들이면 돼요.

원하는 스타일과 가장 근접한 이미지의 사진을 골라 붙이세요.

기존 싱크대를 철거하고 새로 만들어 설치할 싱크대를 그렸어요.
만들기 전에는 가능할까 싶었는데 직접 완성하고 보니 가장 맘에 드는 공간이 되었답니다.
미리 냉장고와 가스레인지, 개수대 위치를 정해놓아야 전기 배선, 배수구와 수도 배관,
도시가스 배관 등의 위치를 정할 수 있어요.

욕실

욕실의 포인트는 타일이지요.
실제로 공사한 시간보다 공사 전 타일 고르는 시간이 더 길었어요.
우선 타일 컬러를 정하고 새로 들일 욕조 위치, 세면대와 변기 위치 등을 정해야
설비 공사 때 정확한 동선을 잡을 수 있어요.

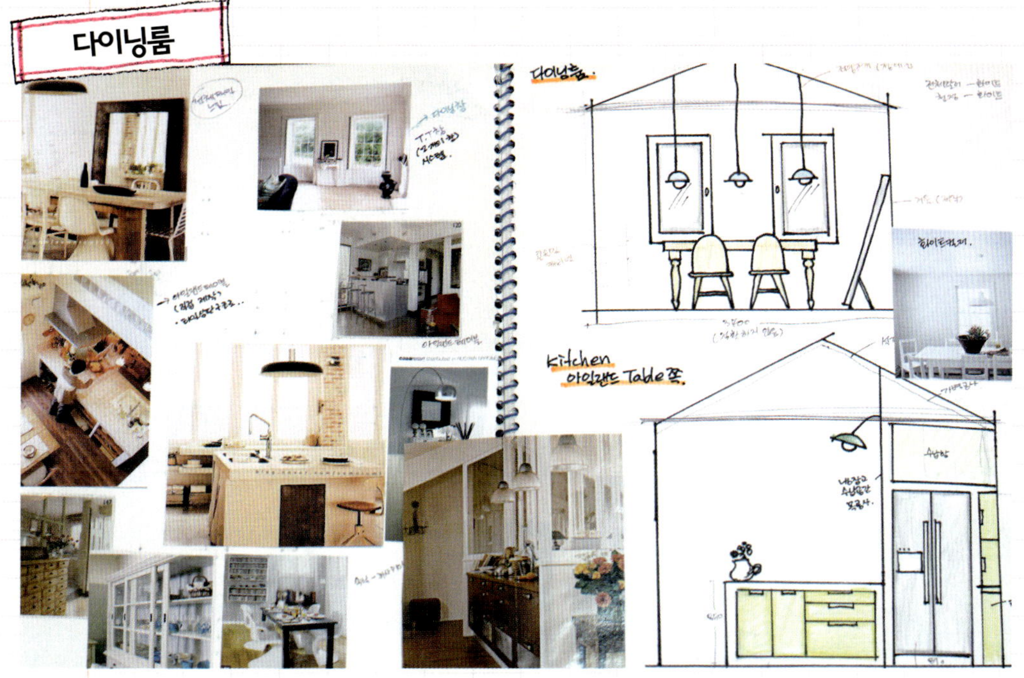

부엌 옆 다이닝룸으로 사용할 공간은 면적이 아주 좁았어요.
식탁 위치와 조명 위치를 우선 정했지요. 처음엔 천장을 뚫어 삼각형 구조로 만들려고 했는데,
철거 후 만들기 불가능한 구조라는 걸 깨닫고 결국 천장을 평범한 일자형으로 바꿨답니다.
아일랜드 테이블을 중심으로 부엌과 오픈된 구조로 계획했기 때문에 벽체 철거를 염두에 두고 그렸어요.

서재

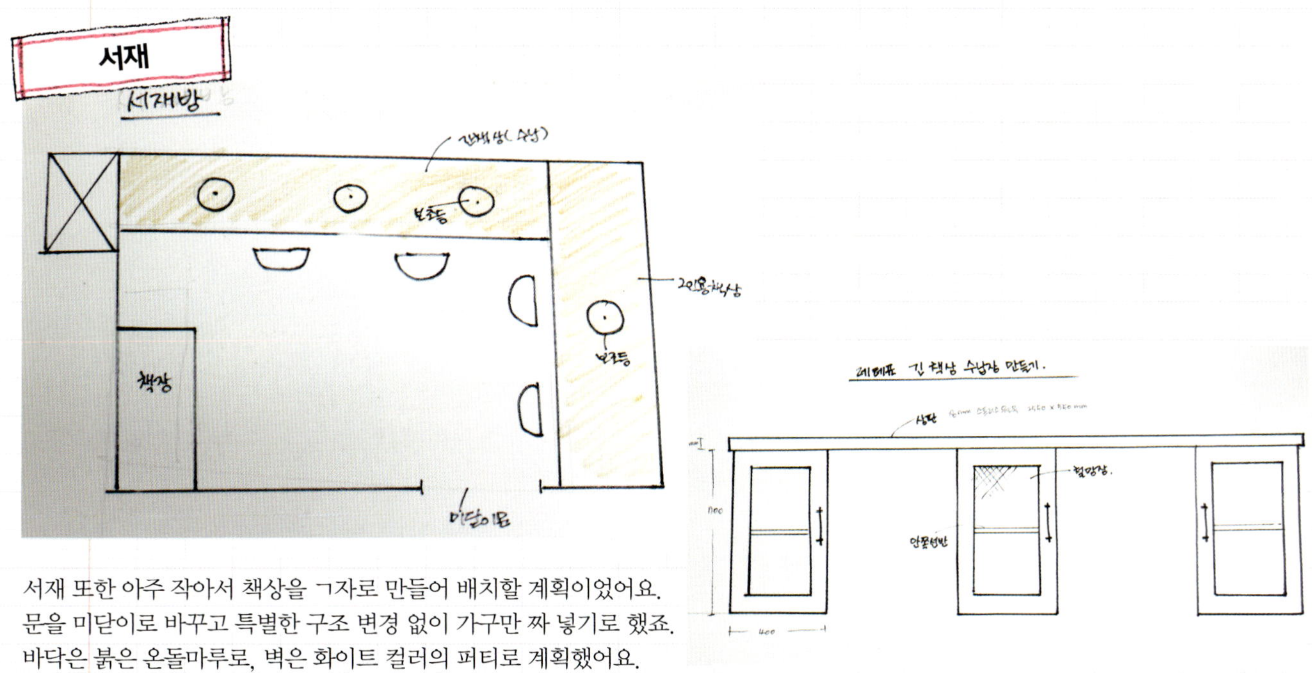

서재 또한 아주 작아서 책상을 ㄱ자로 만들어 배치할 계획이었어요.
문을 미닫이로 바꾸고 특별한 구조 변경 없이 가구만 짜 넣기로 했죠.
바닥은 붉은 온돌마루로, 벽은 화이트 컬러의 퍼티로 계획했어요.

드레스룸으로 사용할 방은 벽면 마감과 바닥재 공사만 하고
기존에 사용하던 시스템 행어를 놓아둘 계획이라 설계도를 그
리지 않았답니다. 뒤꼍과 지하 공간도 구조 변경이 없어 설계도
없이 진행했어요.

레테식 새집 만들기 계획 짜기

이사할 집을 리모델링하려면 계약 첫날부터 공사 마지막 날까지 꼼꼼하게 계획해야 시간과 비용을 절약할 수 있어요.
나만의 스타일로, 그리고 알맞은 예산으로 새집을 만들고 싶다면 나 스스로가 인테리어 디자이너라고 생각하고 준비해야 해요.
리모델링의 여러 가지 공정이 복잡하고 어렵게 느껴지더라도 효율적인 공사를 위해 스케줄을 잘 정리해보도록 하세요.
이는 리모델링을 직접 하지 않고 전문 업체나 인테리어 디자이너에게 맡길 때에도 큰 도움이 된답니다.
집을 고치기 전 각 공정에 대한 이해가 부족했던 레테가 여러 사람의 도움을 받아
시행착오도 겪어가면서 하나씩 배워간 노하우를 알려드릴게요.

공정별 표 만들기

공정 순서는 업체마다, 분야마다 약간씩 다를 수 있어요.
반드시 레테가 소개한 공정대로 해야 한다는
법칙 같은 건 없답니다. 중요한 것은 일을 좀 더 효율적으로
하기 위해 전체적인 공정 과정을 한눈에 볼 수 있도록
정리해두는 것이지요. 공정 과정을 봐야 예상하고 있는
개조 비용을 맞추는 데 도움이 돼요.

새시는 미장 또는 목공사 이후 실측을 한 뒤 페인트
공사 다음에 설치하면 좋아요. 현장에서 공사가 진
행되는 동안 여러 작업자들과 의견을 나누다 보면
내 생각과 점점 멀어지게 되는 경우가 많아요. 원활
한 진행을 위해 조율을 잘 해야 하지만, 본인이 원하는 디자인
을 지키는 것도 중요해요. 살면서 후회하지 않으려면 고집쟁이
가 될 필요도 있답니다.

일반적인 리모델링 공정 순서   * 상황에 따라 순서가 달라질 수 있어요.

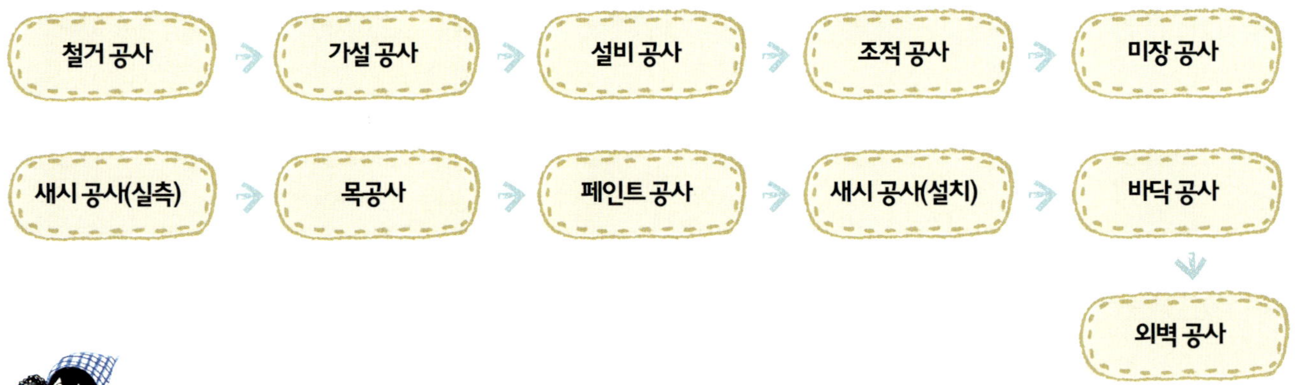

추구하는 인테리어 스타일은 저마다 다르겠지만 비용을 절감하면서
최대한의 효과를 내어 멋진 집을 만들고 싶은 마음은 누구나 같을 거예요.
레테는 가구 구입이나 최신식 가전제품에 대한 욕심을 버려 비용을 확 줄이면서
자재에 조금 더 신경 썼어요. 벽걸이 TV나 홈 시어터 시스템,
고가의 가구를 들이는 대신 새시나 욕조, 수전, 바닥재 등을
고급으로 쓰고 가구는 반제품을 이용해 새로 만들어가는 방식이었죠.
그렇다고 너무 고가의 자재만 고집하다 보면 견적이 껑충 뛰어오를 수 있으니
선택할 수 있는 것을 비교, 분석하고 대안을 찾아 내가 쓸 수 있는
예산 안에서 견적을 맞춰나가는 게 중요해요.

나만의 공정표 만들기

리모델링 기간과 전체 공정별 견적을 한눈에 볼 수 있는 공정표를 만들어보세요.
공사를 진행할 때 체크하기 쉽도록 업체, 자재 입고 날짜, 대략적인 비용 등을 잘 알아볼 수 있게 정리하는 것이 포인트예요.
공정표를 만들면 공사의 전체적인 흐름이 파악되어 공사에 들어가기 전부터 견적이나 시일 등을 가늠할 수 있답니다.
공사가 시작된 후에는 공정별로 일이 엉킬 염려도 적고요. 집을 개조하다 보면 예상하지 못한 일로
돈이 더 들어가는 경우가 꼭 생기니 반드시 기입하고 전체 견적에 맞춰 조절해야 돼요.

공정	세부 사항	기간	재료비 단가	입고날짜	노무비 단가	금액	총경비 단가	섭외	연락처
이사	보관 및 이사	1달	1달 보관 16만원	1달	이사비 포함		총 만원	완료	**이사
철거 공사	철거 및 폐기물 처리	3~4일		월 일			총 만원	완료	**철거
조적·미장 공사	벽, 바닥 구조	12~15일	벽돌 1800장	월 일	2품 15만, 8만		총 만원	완료	김미장 님
	모래 별도		시멘트 190포	월 일			총 만원		
설비 공사	욕실, 마당, 부엌	1~2일		월 일	1품 15만		총 만원	미정	동네 업체
전기 공사	집 전체 (조명 제외)	3~6일		월 일			총 만원	완료	**전기
목공사	천정, 기초구조, 가구 문짝 문틀, 붙박이	6~8일		월 일	2품 18만, 15만		총 만원	3번 교체	타이거, 목공소
새시 공사	시스템창, 이중창	2~3주	총 만원		제품가 포함	제품가 포함	총 만원	완료	LG하우시스 지인
마루바닥 공사	거실, 부엌, 드레스 룸 서재	1일	총 만원		시공비 포함		총 만원	완료	LG하우시스 지인
타일 공사	욕실, 침실, 바닥, 벽	2~3일			1품 15~18만		총 만원	3번 교체	상아타일
방수 공사	옥상 방수	3일		월 일	셀프	0	총 만원		팡테 님
페인트 공사	퍼티, 외벽	6~8일		월 일	2품 15만		총 만원	완료	삼화 홈데코
단조(펜스) 공사	제작 2주, 시공 1일	주문 후 설치 1일	총 만원		시공비 별도		총 만원	완료	손잡이나라
욕실 자재	욕조, 세면대, 변기, 수전 설치	2일	총 만원	월 일	직접 설치	직접 설치	총 만원	완료	아메리칸 스탠다드
조명 빌트인 가전 현관문 기타 자재	실내 조명 가스렌지, 후드 현관문, 도어 로크	주문 후 1일	총 만원 총 만원 총 만원						
식비·간식비	1달								
합계									
견적 외 별도 공사	냉·난방 공사, 전기 증설 및 분전반, 도시가스, 정화조, 기타 증설 및 증축 등								
셀프 인테리어 공사	싱크대 제작, 아일랜드 테이블 및 주방벽 타일 작업, 수전 연결, 페인팅, 잔디 심기, 가구 만들기								
공사시 기타 구비해야 할 자재	마대 100장 정도, 작업 장갑, 각종 실리콘, 페인팅 도구, 각종 공구 (셀프 인테리어시), 줄자, 마스크, 기타 등등								

레테의 공정표

예산 산출

각 공정의 작업자와 만나 인건비(품*)+재료비를 계산하는데,
섭외할 때 반드시 기입해두어야 예산을 짜기 수월해요.
인건비와 예상 기간, 재료비 등을 물어 대략 견적을 뽑을 수 있지만 실제 작업을 하다 보면
1~3일 정도 더 소요되는 경우도 생길 수 있으니 예비비까지 염두에 두고 예산을 짜면 좋아요.

* '1품=1일 작업자 경비' 로 각 공정(목수, 미장, 전기 등)에 따라, 작업자의 숙련도에 따라 다를 수 있음.
예를 들어 일반 목수의 1품은 12~15만원 선, 기본 장비 외에 커팅기 등의 장비를 갖춘 목수의 1품은 18~20만원 선.

레테식 리모델링 스케줄 짜기

월	화	수	목
25 · 동네 주민에게 공사 알림 및 인사 · 새시, 바닥재 예약 · 욕실, 주방 수전 및 세면대, 변기, 욕조 샤워기 예약 · 목재, 벽돌, 시멘트 등 취급하는 건축 자재상 파악	**26**	**27**	**28**
1 · 철거 공사 현장 실측 · 도시가스 중단 요청	**2**	**3** · 철거 공사	**4** · 목공사 실측미팅 · 재활용품 수거 및 폐자재 반출 · 벽돌 및 시멘트 자재 반입
8 · 새시 실측	**9** · 야외 단조 실측 · 목공사 자재 반입 – 석고보드, 기타 구조재	**10**	**11** · 목공사 / 구조, 천장, 벽
15 · 미장공사 2 · 문짝 설치	**16** · 싱크대 만들기 · 셀프 인테리어 시작	**17**	**18** · 야외 단조 설치
22 · 목공사 / 야외데크, 야외 기타 목공사 · 욕실 자재 및 타일 반입 · 옥상 방수 2차 상도 작업 · 바닥공사 / 실측	**23**	**24** · 새시 설치 공사 · 현관문 설치, 디지털 도어락 설치 · 을지로에서 조명 추가 구입	**25** · 욕실 타일 설비 · 미장 공사 3
29 · 전기 공사/마무리, 조명 설치, 전기 기기 연결 · 공사 쓰레기 처리	**30** · 청소, 인터넷, 전화연결	**1** 이사	**2** · 셀프 인테리어 시작, · 데크 스테인 작업

레테의 스케줄표

레테의 스케줄은 굉장히 촉박했어요.
두 달 정도 걸릴 공사를 한 달 만에 마무리해야 하는 무시무시한 하드 코스였죠!
여러분은 너무 무리하지 말고 여유 있게 스케줄을 짜도록 하세요.

금	토	일
29 · 보관 이사	**30** · 전기 공사 실측 미팅 · 고물상 연락	**31**
5 · 미장 공사 1 (벽, 새시 창틀, 바닥 우선) · 배수, 설비 공사	**6** · 전기 공사 / 배선	**7**
12 · 전기 공사(벽)	**13**	**14** · 조명 구입 · 옥상 방수 1차 하도 작업
19 실내외 페인트 공사, 실내 퍼티, 외부 드라이브 공사	**20**	**21**
26 공사 · 싱크볼, 가스 후드, 빌트인 제품 반입	**27** · 안방 타일 바닥 셀프 시공 · 싱크대 셀프 설치	**28** · 바닥 공사 / 원목 마루, 강화마루 설치 · 도시가스 연결 · 욕실 배관 수정 공사
3 외벽 페인팅, 가구 제작,	**4** 화단 정리, 텃밭 정리, 대문 도장	**5**

레테의 셀프 리모델링 스케줄을 한번 볼까요?

스케줄 짤 때 저녁 7시 이후나 휴일에는 시끄러운 공사 일정을 잡지 않았어요. 이웃에 소음으로 인한 피해를 주지 않기 위한 배려지요. 주말에는 주로 미장 공사나 페인트칠 등 소음이 적은 작업을 계획하면 돼요. 이렇게 스케줄을 미리 짜 상황을 예측해보면 전 과정을 한눈에 볼 수 있어 좋고, 각 공정 작업이 엉켜 다음 단계로 넘어갈 때 우왕좌왕하는 일이 없어요. 목공사, 미장 공사의 경우 자재 반입 날짜도 기입해두면 좋아요. 각 공정의 담당자들도 개인 스케줄이 있으니 그분들과 공사 일정을 조율하는 것도 잊지 마세요.

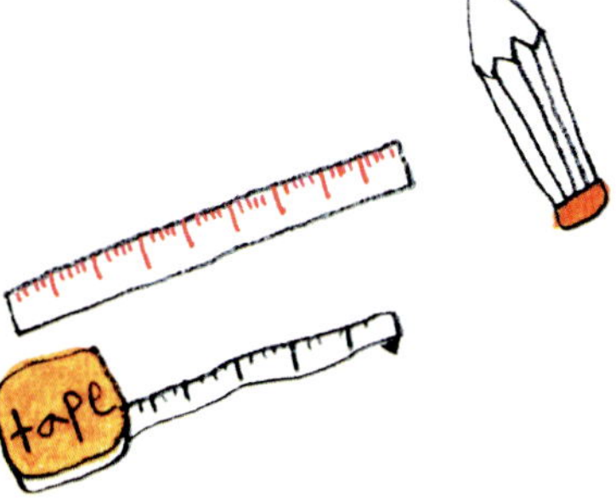

3

공정별 작업

이사 준비하기

새로운 보금자리로 이사하는 날, 꼼꼼한 계획으로 새 보금자리에서의 첫날을 행복하게 시작해야겠죠?
개조만큼 중요한 이사의 첫걸음, 레테와 함께 꼼꼼하게 체크해보세요.

LETE'S TIP

이사할 집이 정해졌다면 공인된 이사업체를 선정해야 돼요.
이삿날로부터 1, 2주 전에 예약할 경우
이미 예약이 꽉 차 있을 수 있기 때문에 적어도 한두 달 전에
미리 예약해야 한답니다. 보관 이사를 할 때는 보관 창고가
큰 업체를 선정하고 보관비, 보관 상태 등을 꼼꼼히 체크해두는 게 좋아요.
보관료는 보통 한 달이나 보름 간격으로 책정되어 있어요.
대개 하루 1만 원을 넘지 않아 부담은 적지만 먼저 살던 집에서 보관소로,
보관소에서 이사 갈 집으로 두 번 이사해야 하기 때문에 결과적으로
두 배의 이사 비용이 든답니다. 지역마다 특성이 있고 집 주변 환경에 따라
여러 가지 특약 사항이 붙을 수 있으므로 꼼꼼하게 체크하고 계약서를 써야 해요.

레테는 아파트에서 단독주택
으로 이사하는 경우라 사다
리차는 짐을 내릴 때 한 번만
쓰고 대신 좁은 골목길 진입
을 위해 1톤짜리 차량 3대를 썼답니다.

똑똑하게 이사하기

이사업체 선정

- 이사 1~2달 전 이사업체 검색
- 평가와 후기가 좋은 업체 리스트업
- 공인된 이사업체인지 확인
- 2~3군데 업체 선별 후 현장 견적 받아보고 선택
- 선정한 이사업체에 이사 날짜 예약

계약서 작성

- 이사 비용, 사다리차 사용 여부, 에어컨 · 붙박이
  장 설치 여부 체크
- 팀 인원 및 후처리에 대한 내용 계약서에 기입
- 물품 훼손이나 분실에 대한 책임 · 보상 등에 관
  한 내용 추가

보관 이사

- 보관 이사 기간 동안 사용해야 할 물건 따로 챙기
  기(생필품, 옷, 컴퓨터 등)
- 고가의 의류, 소지품, 귀금속 등은 따로 챙기기
- 화분 등은 미리 다른 곳으로 옮기기
- 내용물에 따라 박스 포장하고 체크(예를 들어 의
  류 6박스, 그릇 5박스 등으로 구분하여 체크)
- 여름철 혹은 장마 기간인 경우 박스 안에 습기제
  거제 넣어두기

LETE'S TIP

보관 이사 후 패브릭 관련 물품은 반드시 햇볕
에 말리거나 세탁해두어야 곰팡이가 없어져요.

- 이사 전 2주 정도는 새로 장을 보기보다 냉장고에 있는 음식을 모두 소비하는 것에 신경쓰세요. 장을 보지 않아도 냉장고 안에 먹을거리가 생각보다 많다는 것을 알게 될 거예요.
- 버리기 아까운 저장 음식이나 소스 등은 따로 챙겨두세요.
- 새집에 맞지 않는 가구는 재활용장에 수거비를 내고 버리지 말고 중고 가구점, 가전점에 연락해 판매하면 버리는 비용도 줄이고 돈도 벌 수 있어요.
- 그대로 새집으로 다 옮겨준다는 포장 이사라도 서랍 속 물품은 용도별로 정리해두세요. 이사 후 물건 찾아 삼 만 리 되기 십상이거든요.
- 셀프 인테리어에 필요한 도구나 공구는 따로 챙기세요. 공사 기간에 필요할 수도 있어요.
- 계약 때 박스를 여유 있게 준비하세요. 생각보다 짐이 많아 박스가 모자라는 경우가 생기니 이사업체와 상의하세요.

이사 준비

- 카드 청구서 등 우편물 주소 이전 신청
- 케이블 TV, 인터넷, 전화 이전 신청
- 우유, 신문, 정기 구독지 등 배달 중지 요청
- 쓰지 않는 물품 정리
- 버려야 할 가구나 가전제품 등은 중고 물품 거래처에 판매해 처분
- 아파트 관리사무실에 이사 날짜 통보, 엘리베이터 사용 여부 체크
- 세탁소에 맡긴 의류, 반납해야 할 책 정리
- 냉장고, 김치냉장고에 보관한 먹을거리 정리
- 관리비, 공공요금 등 정산

이사 당일

- 100L짜리 쓰레기봉투 3개 정도 준비하여 쓰레기 담기
- 포장 이사 시작 후 버릴 물건 발견되면 과감히 정리
- 파손 염려가 있는 물품은 이동할 때 주의 필요
- 남은 짐이 없나 구석구석 확인
- 이전 신고 마무리

철거 공사

레테가 이사한 집은 워낙 낡아 차라리 새로 짓는 것이 낫겠다고 충고하는 분이 많았어요. 그러나 집의 뼈대가 튼튼하고
구조도 마음에 들었기에 필요 없는 부분만 철거하기로 마음먹었지요. 모든 사전 준비를 마치고 공사를 시작하는 날
철거업체와 함께 필요 없는 것들을 철거하기로 했어요. 철거 공사가 진행되는 과정을 보니 '아, 이제 시작이구나' 라는 생각에
겁도 덜컥 났지만 단순한 집의 구조를 보니 자신감도 생겼어요. 철거 공사는 3~4일 정도 걸렸어요.
철거 공사는 먼지와 소음이 심하니 공사 전 이웃에 먼저 양해를 구하는 것은 필수예요.
먼지 나는 작업은 물을 뿌려가며 하면 더욱 좋아요. 철거 전 가설 작업이 필요한 부분에 미리 가설 작업을 하고,
철거 기간 동안 먼지와 소음 때문에 힘들더라도 현장에서 꼼꼼히 체크하세요.

DATA

★ 기간 1~4일
★ 인력 20~25명(총 24품)
★ 견적 전문 기공 인건비+일반 인건비=100~200만원, 장비(브라켓, 커팅기
　　등) 대여비+잡자재비+폐기물 처리비=300~500만원

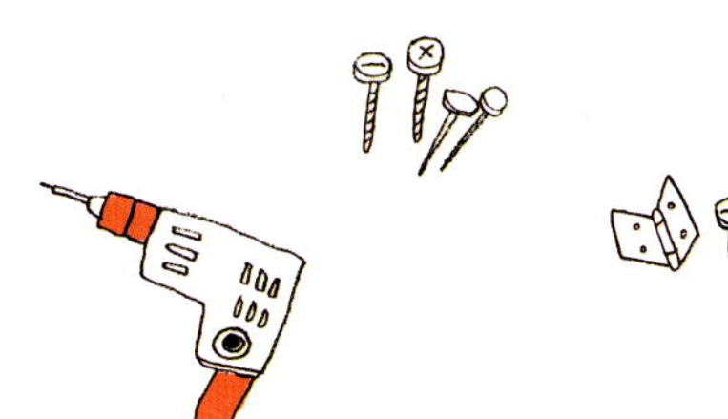

철거 공사 진행 과정

철거 계획 세우기

레테는 필요없는 모든 자재를 철거하고, 옹벽 위의 담장을 잘라내어 낮추고,
별채를 철거하는 계획을 세웠어요. 벽이나 기둥이 지붕을 지지하는 내력벽인
지 비내력벽인지를 철거 현장 감독과 상의해 알아본 뒤 작업에 들어가야 안전
해요.

작업으로 인한 건물의 피해, 안전 사고, 이웃에 대한 피해 등이 발생하
면 업체에서 책임을 져야 한다는 내용을 계약서에 명시하는 것, 잊지
마세요.

업체 선정 및 미팅

인터넷 검색창에 '철거' 라고 입력하면 많은 업체가 검색돼요. 수많은 업체 중
에서 좋은 업체를 가려내기란 쉬운 일이 아니죠. 인터넷에 등록된 업체의 경우
회사 소개와 공사 실적을 잘 읽어보고 결정해야 돼요. 동네 인테리어 상가에서
도 철거 공사를 진행하니 여러 방법을 통해 두루 알아보세요. 철거할 때는 고
려할 사항이 많기 때문에 현장 미팅은 필수이며 작업 방법에 대해서도 충분히
논의해야 돼요. 내가 하고자 하는 구조 변경이 현실적으로 가능한지, 철거 불가
능한 곳은 없는지에 대해 몇 번의 미팅을 거치면 얻는 지식이 많아져 상담만으
로도 큰 도움이 된답니다. 작업 강도에 따라 필요한 장비가 달라지니 꼼꼼하게
살펴본 후 비교해서 선택하세요.

견적 및 계약

인건비(품)와 사용 장비, 폐기물 처리비, 현장 상황 등을 합산해서 철거 비용 견
적을 내면 돼요. 실제 작업에 들어갔을 때 변수가 생길 일에 대비해 계약 때 특
약 사항을 넣어 견적을 조절하세요. '통틀어 견적은 얼마' 라고 계산하지 말고
사용 가능한 자재와 인건비, 폐기물 처리비 등 각각의 상세 견적을 낸 후 계약
하는 게 좋아요. 철거 공사 때 폐기물은 그때그때 수거해야 쓰레기가 쌓이는
것을 막을 수 있어요. 다른 공사 때도 폐기물이 많이 발생하니 사전에 철거업
체에 이후의 폐기물도 수거해줄 것을 요청하고 계약서에 명시해두는 것 또한
잊지 마세요. 그래야 나중에 발생하는 폐기물까지 간단하게 처리할 수 있어요.
폐전선, 고철 등은 고물상에서 폐품비를 받고 수거해주니 미리 고물상에 연락
해두는 것도 좋겠죠. 계약 때 계약금을 지불하고 공사 마무리 단계에 모든 것
을 확인한 후 잔금을 지불해야 일이 완벽하게 마무리될 수 있어요.

레테의 집은 오래되었지만 보일러 배관 공사를 한 지는 얼마 되지 않았다 하여 마루만 교체하기로 했어요. 철거할 때 바닥 시멘트가 울퉁불퉁 파여 보강 미장 공사를 하느라 마루 공사 일정이 늦춰졌어요. 이런 낭패를 막으려면 마룻바닥은 전문 장비를 이용해 철거해야 돼요. 기존 보일러 배관, 전선, 수도관 등을 건드릴 경우 예상치 못한 수리 비용이 발생할 수 있으니 철거 작업 때는 되도록 현장에서 꼼꼼히 체크하세요. 또 안전을 위해 벽을 철거한 곳에 보조 지지대를 세워두는 것도 요청하고요. 철거 공사가 마무리된 날에는 집 주변을 꼼꼼히 체크해야 돼요. 내력벽에 금이 갔다거나 배관, 전선, 수도관 등을 건드렸을 경우 현장에서 즉시 수정을 요청해 작업하게 해야 돼요.

철거 공사

철거가 완벽하게 이루어져야 다음 공정으로 넘어갈 수 있기 때문에 철거 공사는 모든 공사의 기본이라고 할 수 있을 만큼 중요한 과정이에요. 구조 변경 때는 개조 디자인이 완벽하게 세워져 있는 상태에서 철거를 시작해야 나중에 후회가 없어요.

철거 공사가 시작된 후 순식간에 뼈대만 남은 집 모습이에요.

미리 철거할 부분이나 확장할 벽면을 래커로 표시해두세요. 창 크기, 문 크기 등을 표시해두면 철거할 때 일을 빨리 진행할 수 있어요.

오래된 천장, 벽면 자재, 문짝, 문틀, 집기 등을 철거한 모습이에요.

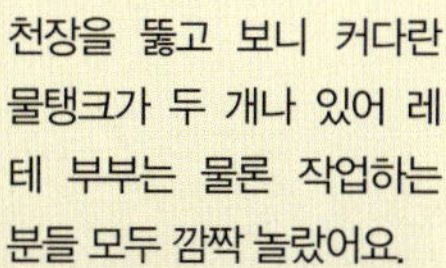

천장을 뚫고 보니 커다란 물탱크가 두 개나 있어 레테 부부는 물론 작업하는 분들 모두 깜짝 놀랐어요.

마당의 별채(작은 방과 부엌)는 과감하게 모두 철거하기로 했어요. 조금이라도 더 넓은 마당에서 멋진 경치를 보고 싶었답니다.

고물상에서 수거해갈 만한 폐전선, 고철 등을 따로 모아둔 모습이에요.

옹벽 쪽 담을 낮추기로 계획하고 다이아몬드 커팅날을 이용해 깨끗하게 잘랐어요.

철거 때 나온 폐기물은 중장비를 이용해 수거했어요.

마당의 시멘트를 걷어내니 작은 지하 공간이 나타나 또 한 번 놀랐지요. 대문 앞이라 흙과 돌로 메워버렸어요.

전기 공사

낡은 주택의 노후된 전기 배선은 위험을 초래할 수 있다는 생각이 들어서
기존의 낡은 전기 배선을 모두 철거하고 전체적으로 새로 전기 공사를 했어요. 전등 위치, 가구 배치나
가전제품 위치에 따라 콘센트나 전선의 위치도 조정해야 하므로 미리 평면도에 예상 위치를 그려보는 것이 중요해요.
인터넷 선 위치, 전등 스위치 위치, TV와 전화기 놓을 장소 등도 미리 잡아두면
나중에 가구가 들어왔을 때 편리하답니다. 다른 공정과 연관되는 작업이 많은 전기 공사는
전체 공사 기간 중간중간에 작업을 해야 하니 공정별 작업자와 함께 상의하세요.

DATA

★ **기간** 7일(대부분 공사는 4일 안에 끝남)
★ **인력** 2명(총 10품)
★ **견적** 인건비=100~200만원(품+재료비로 계산하거나 전기
　　　공사를 통틀어 계약), 조명비(실내등+보조등+할로겐
　　　램프, 외부등)=50~100만원

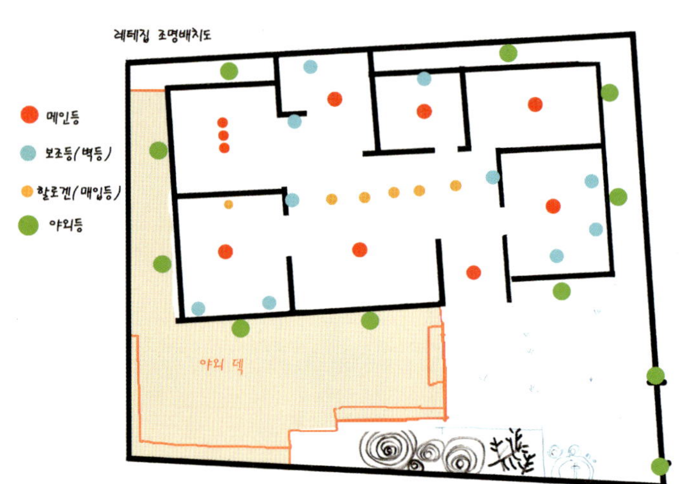

전기 공사 진행 과정

업체 섭외

전기 공사 업체는 동네에서 쉽게 섭외할 수 있
어요. 현장 미팅을 통해 여러 업체의 견적을 비
교한 후 선택하면 유리해요.

현장 실측 및 견적

전기 작업의 경우 자재비와 인건비를 나눠 계산
하지 않고 전체 평수에 비례해 계산하는 경우가
대부분이니 여러 군데에서 견적을 내보고 비교
한 뒤 선택하세요. 전등을 직접 선택하는 경우
라면 이 점을 명확하게 해서 견적을 내는 게 좋
아요. 전력 소비량, 밝기, 전등 크기 등을 미리
작업자와 상의해 정해놓아야 전등을 구입할 때
어렵지 않아요.

전등 배치

전등을 정했다면 직접등, 간접등, 백열
등, 형광등, 할로겐램프를 구분해 적소
에 배치하세요. 그리고 실내의 포인트
역할을 할 조명등은 가구와 벽 색깔에
맞는 디자인을 선택하세요. 조명등은
전체 공사 마무리 단계쯤에 설치해야
공사 중 파손을 예방할 수 있답니다.
또한 콘센트 위치도 중요해요. 예를 들
어 욕실 콘센트라면 헤어드라이어나
전동 칫솔 사용을 위해 세면대 옆, 비
데 사용을 위해 변기 옆에 설치하는
등 편리하게 사용할 수 있도록 설계해
야 돼요. 전기 공사와 별도로 인터넷
선, TV 유선, 전화선은 이사한 뒤 신청
해 설치하세요.

레테는 방 한가운데에 하나씩이라는 일반적인 조명 배치의 기준을 깨고 각 방 분위기에 맞는 다양한 기능의 전등을 선택하러 다녔어요. 조명은 인테리어에서 아주 중요한 역할을 하기 때문에 마음에 드는 전등을 찾기 위해서는 발품을 많이 팔아야 해요. 똑같은 전등이라도 가게마다 가격이 다르므로 많이 비교해보세요. 전등 개수가 많아지다 보면 전등 값도 만만치 않기 때문이죠. 레테는 비싼 샹들리에나 10만원이 넘는 등은 두 눈 딱 감고 포기했어요. 아무리 디자인이 마음에 쏙 드는 전등이라도 전기를 마구 잡아먹어 전기세가 많이 나온다든가, 전력량에 비해 어둡다든가, 알록달록 색깔이 현란한 건 좋지 않아요.

LETE CHOICE

레테가 선택한 전등

다이닝룸 식탁 위에 마음에 드는 갓등 3개
침실 붙박이장 안 화장대에 작은 할로겐램프, 침대 머리맡에 갓등, 천장 중앙에 밝지는 않지만 은은하고 따뜻한 느낌을 주는 펜던트형 등
야외 빗물이 튀는 것에 대비해 방수가 되는 전등

공사가 마무리될 때까지 전등 선택을 못했다면 전선만 뽑아놓고 나중에 직접 전등을 설치해도 돼요. 레테는 거실 등 3개를 달기 위해 3개의 선을 뽑아놨는데 크기나 디자인이 맘에 드는 것을 찾지 못해 무려 세 달이나 어둡게 살았어요. 결국 마음에 드는 디자인으로 직접 만들어 달았어요. (천장 조명등 나무로 내추럴하게 만들기는 352쪽 참고)

다이닝룸 갓등

침실 펜던트형 등

야외 방수 전등

배선 작업

노후한 전기 배선을 모두 철거하고 새롭게 전기 배선 작업을 했어요. 천장을 통해 벽을 타고 내려오는 식으로 전기 배선 작업을 하는데 철거 다음날 하루 만에 작업이 이루어졌어요.

전등 및 부품 설치

콘센트, 스위치 등은 천장 배선에서 벽을 타고 내려와 설치해요. 벽을 파고 설치하기 때문에 각각의 위치와 높이를 정해야 하고, 설치 후에 계획이 변경되면 일이 늘어나게 되므로 공사 전에 정확한 계획을 세우는 것이 중요해요.

차단기 단자함은 집의 모든 전선이 모이는 곳으로 현관 전실에 설치해 신발장에 가려지게 했어요.

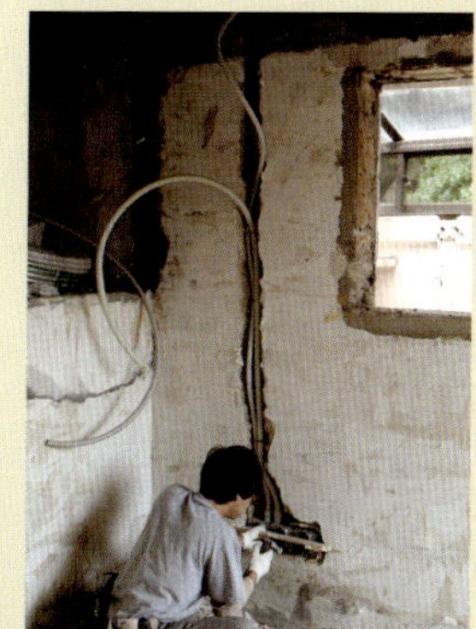

전기 공사는 다른 공정과 엉키기 쉬워요. 천장 쪽 등에 설치할 전선은 목수가 천장이나 벽면을 석고보드로 마무리할 때 전기 기사와 상의해 미리 뽑아야 하고 벽에 다는 등이나 콘센트, 스위치 등도 미장 전이나 후에 설치하기 때문에 각 공정 작업자와 함께 상의해서 작업해야 돼요.

테스트 후 완료

전기 공사가 완료되면 잘 작동하는지 확인하고 모든 전기를 차단한 후 누전 여부를 확인해야 돼요. 특히 야외 공사를 했다면 비가 올 경우를 대비, 배선이 지나가는 곳에 물을 뿌려 누전 여부를 반드시 확인하세요.

설비(배관) 공사

리모델링에서 설비 공사는 사람의 혈관에 비유될 만큼 중요한 공사예요.
구조를 변경하거나 노후된 수도관을 교체한다면 특히 더 신경 써야 하는 부분이기도 하고요.
오래된 집일수록 수도관이 많이 낡고 녹슬어 있을 가능성이 커요.
보일러 배관이나 노후된 상하수도 또는 가스 배관 교체, 수도 위치 변경 등은 철거 공사 이후 바로 들어가는 공정이에요.
레테는 보일러 배관은 그대로 두고 수도 위치 변경만 의뢰했어요.
설비 공사는 싱크대, 욕조, 세면대, 변기 등의 위치를 변경하는 경우라면 반드시 해야 하는 공사예요.
싱크대 수전, 욕조, 수전, 세면대 수전, 배관의 높이와 위치를 공사 전에 꼭 적어두세요.

DATA

★ **기간** 2일(간단한 공사일 경우 하루 만에 끝날 수 있고, 보일러 배관 공사가
　　포함될 경우 일주일까지도 예상)
★ **인력** 2명
★ **견적** 15~50만원(보일러 배관 공사의 경우 3.3㎡당 8~15만원)

설비 공사는 재료를 직접 준비해야 하는 경우도 생기기 때문에 미리 동네 철물점과 큰 설비 자재점을 알아두면 편리해요.

설비 공사 진행 과정

인력 섭외

동네에서 보일러, 배관, 설비 등의 간판을 걸고 있는 곳에 설비 공사를 맡기면 돼요. 또 각종 배관용품을 파는 곳에서 작업자를 연결해주기도 하고, 욕실 자재상에 공사를 의뢰하기도 합니다. 철거 공사가 완료되기 전에 연락해 현장에서 만나보면 돼요. 욕실만 공사할 경우 욕실 미장, 타일 공사 전문이면서 설비 공사를 같이 해줄 수 있는 작업자를 섭외하면 예산이 많이 절감돼요.

설비 공사

욕실 구조 변경 변기, 수도관, 샤워기 위치를 변경했어요. 욕조 안의 해바라기 수전은 미리 높이를 계산해 설치하고 기존 세면대 위치도 바꿨어요.

배관 변경 거실에도 세면대를 놓기 위해 거실 쪽에 욕실과 연결되는 냉·온수 배관과 하수관을 설치했어요.

레테는 설비업자를 잘못 만나 바닥에 물이 새는 등 공사가 잘못돼 3번이나 다시 수리하는 고생을 했답니다. 다행히도 욕실 타일을 시공하는 작업자 중 설비도 잘하시는 분을 만났어요. 그분 덕분에 변기, 세면대 설치와 함께 배관 수리까지 무사히 마칠 수 있었답니다. 욕실 설비, 타일 시공, 집기 설치 등 과정이 어렵게 느껴진다면 자재는 직접 구입하고 욕실 전문 업체에 시공만 의뢰해도 좋아요.

수도 배관의 위치 변경 없이 오래된 욕실을 깨끗하게 바꾸고 싶을 때는 타일과 세면대, 변기를 교체하는 것만으로도 충분해요. 기존 타일 위에 새 타일을 덧방하는 방식으로 시공하면 일이 훨씬 수월하죠. 바닥의 경우 기존 타일을 철거하고 배수층을 건드리면 다시 배수층을 만들고 물매를 잡아야 하는 등 일이 복잡해져요. 세면대나 변기는 설명서에 설치 방법이 잘 나와 있어 직접 교체하기도 쉽답니다.

별채 자리 수도 위치 변경
별채를 철거하고 보니 수도가 마당 한가운데 덩그러니 놓이게 되어 수도를 벽 쪽으로 옮겼어요.

확인 및 보수

공사를 마치고 보니 변기 위치가 벽에서 10cm 이상 떨어져 있어 정말 황당했어요. 배수관 위치를 잘못 잡은 것이 문제였죠. 이를 고치기 위해 방수 마감과 타일 시공까지 마친 욕실 바닥을 파헤쳐 다시 공사해야 했어요. 이런 일을 방지하려면 설비 단계에서 철저하게 계산해 위치를 잘 잡아야 해요.

작동 확인
욕실 바닥의 수도 배관을 변경하는 과정에서 작업하는 분의 실수로 연결 호스에 눌린 자국이 생겼어요. 물을 틀어보니 X-L관(냉·온수관)이 손상되어 물이 새는 것이 확인됐어요. 이처럼 수도 배관이나 보일러 배관 후에는 작동에 문제가 없는지 확인하는 게 중요해요.

설비 공사 완료 후에는 타일 작업을 해요.
욕실은 배수관 쪽으로 물길을 잡기 때문에
바닥이 5cm 정도 높아지죠. 이 점을 감안해 수도관 위치나
샤워기 높이 등을 정하세요.

보강 (미장) 공사

처음 스케줄을 짤 때 보강이나 미장 공사는 별로 할 게 없다고 생각해 기간을 3~4일로 정한 것이 큰 실수였어요.
무려 10일이 넘게 걸렸거든요. 철거를 해놓고 보니 벽면이 울퉁불퉁하고 허물어져가는 곳이 많았어요.
기울어진 벽면도 철거 후 벽돌을 쌓고 시멘트로 다시 시공해야 했거든요.
전망을 즐기기 위해 옹벽 쪽 담을 잘라낸 뒤 옹벽 부분을 보수하는 데에도 상당한 작업 기간과 시멘트가 소요되었답니다.
데크를 설치할 부분엔 배수를 위해 다시 바닥 미장을 해야 했고,
별채를 철거한 뒤 흉물스럽게 드러난 이웃집 담벼락까지 미장 작업을 해주었어요.
처음 계획보다 기간이 가장 길어진 공사였지요.

DATA

★ **기간** 5~12일
★ **인력** 2명(총 24품)
★ **견적** 인건비=220~250만원, 자재비(벽돌 1000장 이상+모르타르(몰탈)
　　150포 이상+기타 소모품)=50~80만원

보강할 부분이 많을 경우 2~3일 후 공사할 부분까지 파악해 자재가
부족하지 않도록 작업 담당자와 상의 후 건재상에 미리 주문해야 돼요.

보강 공사 진행 과정

인력 섭외

건재상이나 목재상 등 공사에 필요한 자재를 구입할 때 인력을 요청하거나 소개를 의뢰하면 돼요. 혹은 각 공정별 작업자 분들의 인맥을 활용해도 되지요. 레테는 미장 기술자 한 분과 보조 작업자를 섭외했어요.

현장 실측 및 견적

미장 공사 견적은 자재비와 인건비(품)로 나뉘어요. 인건비는 1명당 1일 기준으로 1품이라 하는데 경력, 장비, 숙련도 등에 따라 달라져요. 숙련된 분은 1품에 12~15만원 선, 보조로 일하는 분은 1품에 8~10만원 선이었어요. 시멘트와 벽돌 등 자재비는 저렴한 편이나 공사 후 많이 남으면 자재상에 연락해 수거해 가게 해도 되지요. 작업자와 상의해 정확히 필요한 양을 주문하면 번거로움이 없어요.

철거 마지막 날 미리 섭외한 미장 전문가와 현장 미팅 후 건재상에 필요한 자재를 주문해 공사에 방해되지 않는 곳에 쌓아두어요.

많은 양의 벽돌과 모르타르(시멘트+모래)를 사용했는데 자재비는 저렴한 편이라 공사 비용의 대부분을 인건비가 차지하는 공정이에요. 각 공정별로 세세한 미장 작업이 필요한 경우가 많아 많은 인원보다는 소수의 인원으로 가장 오래 작업을 한 경우였어요. 미장 공사는 철거 공사, 목공사, 새시 공사 작업자와 협의해야 하는 부분이 많으니 철거 공사 중에 현장 미팅으로 보강(미장)할 부분을 상의하세요.

야외 미장의 경우 비를 피해야 하니
공사 전에 한 주의 날씨를 꼭 체크하세요.

새로 벽을 세울 때 벽돌을 쌓는 모습이에요. 벽돌을 쌓고 마르면 몇 차례 미장을 하는 방식이에요.

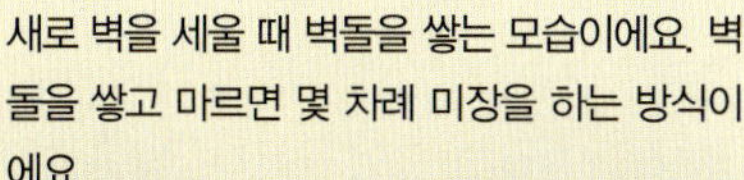

정확한 새시 실측을 위해 창틀 보수 공사를 가장 먼저 해야 돼요. 새시는 보통 주문 후 2~3주 후에 들어오기 때문에 철거 후 바로 새시창틀 부분부터 보강 공사를 한 뒤 실측해 주문하세요.

갈라진 벽면이나 틈이 있는 벽면에 1차 미장 작업을 하고 마르면 전체적으로 평평하게 다시 미장 작업을 해요.

전망이 탁 트인 옹벽 쪽 담벼락도 시멘트로 틈을 메우고 미장을 했어요. 펜스를 세울 계획이라 펜스가 들어오기 일주일 전에 미장 작업을 끝내고 비를 맞지 않도록 비닐로 덮어두었어요.

별채를 철거하고 데크를 설치할 부분에 다시 미장을 했어요. 비가 많이 올 경우 배수가 원활하도록 배수구 쪽으로 미세하게 기울여 물길을 잡아주는 것이 포인트랍니다.

외부의 붉은 벽돌 부분에도 미장 작업을 했어요. 드라이비트 작업을 하기 전에 평평하게 만드는 과정이랍니다. 새시를 설치한 뒤 마무리로 틈새 미장 작업도 꼼꼼하게 해야 돼요.

철거하면서 실내의 콘크리트 바닥이 엉망이 되도록 파인 부분이 많아 다시 미장했어요. 건조되는 동안에는 다른 작업을 못하므로 이 기간에 외부 미장을 했지요. 미장한 바닥은 적어도 2주 이상 건조한 후 마룻바닥 시공을 해야 해요. 그래야 계절이나 온도 변화에 따라 온돌마루가 틀어지거나 들뜨는 일을 방지할 수 있어요.

새시 공사

단독주택을 개조하면서 새시에 신경을 많이 썼어요. 창밖으로 보이는 경치가 아름다워 되도록 창을 크게 해서
전망을 만들고 싶었거든요. 집을 고치기 전에는 창이 너무 작고 창문이 잘 열리지 않을 정도로 창틀도 많이 낡았었죠.
보온, 단열, 환기가 잘되고 개폐 방식도 편리하면서 보안을 위해 잠금장치도 잘되어 있는 새시를 찾아다녔어요.
견적이 많이 나오는 공정이지만 여름엔 에어컨 없이 살고 겨울엔 난방비를 줄여야 하는 레테의 집에서는
아주 중요한 부분이라 많은 업체와 전시장을 자주 다니며 꼼꼼히 살폈어요. 또 풍경을 담아내는 창은
인테리어의 중요한 요소가 되기 때문에 비용을 좀 들이더라도 좋은 것으로 아주 신중하게 선택했어요.

DATA

★ **기간** 실측 후 주문 제작 완료까지 2~3주, 설치 2~3일
★ **인력** 6명
★ **견적** 새시(LG하우시스 지인 시스템 창호)=800~1,200만원(시공비는 제품
　　　가에 포함)
★ **새시 정보** LG하우시스 지인 www.z-in.co.kr

새시 공사 진행 과정

새시 선택

아파트의 새시는 규격이 일정하고 디자인도
일관된 경우가 많아 쉽게 선택할 수 있지만
주택의 경우엔 창마다 크기가 다르고 기능
도 다르기 때문에 견적이 조금 더 많이 나온
다는 단점이 있어요. 경치를 예쁘게 담아내
고 싶어 이중창보다 가격이 비싸지만 단창
이면서도 단열이 잘되는 시스템창을 선택했
어요. 시스템 새시는 밀폐 방식이 뛰어나 잠
갔을 때 보안성이 좋고 개폐 방식도 다양해
요. 환기 위주인 틸트(tilt: 위쪽만 살짝 열림)
방식과 턴(turn) 방식, 두 가지 모두 가능한
방식 등이 있어 방마다 기능을 고려해 선택
하면 돼요. 창호의 디자인과 내구성 등 기능
을 비교할 때는, 디자인도 물론 중요하지만

기능적인 면으로는 오픈 방
식이나 환기 방식 등을 고려
해 창을 선택하세요. 고정
창과 오픈되는 창의 비율을
정하고 완전히 열리는지, 위
로만 들리는 환기 구조인지
등 개폐 방식은 방 구조와
기능에 따라 정하면 돼요.

기능이 더 우선돼야 난방비도 절약할 수 있고 집도 튼튼하게 개조할 수 있다는 걸 기억하
세요. 각종 리빙 관련 전시회나 주택 박람회 등에 참석해 카탈로그를 챙겨두거나 창호 전
시장을 찾아 미리미리 상담을 받아보는 게 유리해요.
새시에 들어가는 유리도 선택할 수 있는데 두께별, 기능별로 가격이 다르답니다. 레테는
난방과 자외선 차단, 빛의 투과 등을 고려한 TPS 유리를 선택했어요. 다양한 제품 중에서
도 열효율이 높은 것을 고르면 좋아요.

실내의 컬러에 맞춰 새시틀의
컬러와 재질을 선택해야 하는
데 원하는 컬러가 따로 있을
때는 제작 기간이 2~3일 더
걸릴 수도 있어요. 레테의 경
우 내부는 모두 화이트, 외부
는 다크그린으로 선택했어요.
다크그린 컬러는 주문이 거의
없어서 제작 기간이 3~4일 더
걸렸는데 시공하고 보니 잘했
다는 생각이 들었어요.

TPS 유리는 아르곤(Ar) 가스 주입 시 가스 누출률이 거의 없어 가스 보존 수명이 연장되므로
단열 성능이 일반 복층 유리의 2배에 가까워요. 따라서 난방비 절약 효과가 매우 뛰어나요.

LETE CHOICE

레테가 선택한 새시 새시는 모두 LG하우시스 지인 제품

레테의 집은 공간마다 기능이 다른 새시를 설치했어요.

시스템창 PLS220

침실

경치가 한눈에 보이도록 벽면 전체에 큰 창을 냈어요. 밖으로 나가기 쉬우면서 잠금 기능이 뛰어난 시스템창 슬라이딩 도어를 선택했고요.

하우트 PTT70K

다이닝룸 & 주방

바깥 풍경을 마치 액자에 담은 듯 디자인했어요. 환기와 개방이 모두 가능한 시스템창(틸트&턴)을 선택했지요. 주방 싱크대 쪽에는 환기만 가능한 시스템창(틸트)을 설치했어요.

타웍스 ADR72H

거실

가장 중요하게 생각한 만큼 특수 제작했어요. 거실창으로는 슬라이딩 방식이 아닌 바깥으로 활짝 열 수 있는 양문형으로 하고 싶었는데, 일반 가정집에서는 거의 사용하지 않는다며 업체 측에서 많이 말렸어요. 그러나 레테는 양문을 완전히 열었을 때 거실과 데크가 연결된 느낌으로 만들고 싶어 고집을 부렸지요. 현관처럼 드나들 수 있되 여름엔 시원한 바람이 들어 에어컨 없이도 살 수 있도록 활짝 열 수 있어야 하는 점도 중요하게 생각했거든요. 겨울엔 조금 춥지만, 비 오는 날이나 맨발로 데크에 나갈 때마다 '이렇게 하길 참 잘했어.'라고 생각하곤 하지요.

변신 전

새시 견적

새시창은 기능에 따라 가격 차이가 커요. 시스템창은 일반 이중창에 비해 1.5~2배 정도 더 비싸답니다. 단독주택은 새시 규격이 일반적이지 않으므로 대리점마다 가격이 다를 수 있으니 여러 업체와 상담한 후에 결정하는 게 좋아요. 새시창 시공비는 제품가에 포함되어 있어요. 공사 후 AS를 잘해줄 수 있는 믿을 수 있는 업체를 선정해야 하는 점도 잊지 마세요.

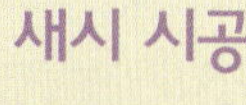

점검

내부에 페인트칠을 할 경우에는 새시 전체를 비닐로 싼 뒤 작업해야 유리나 틀에 페인트가 묻는 걸 방지할 수 있어요. 번거롭다면 페인팅 작업 완료 후 새시를 설치하는 게 좋아요. 한 번에 완벽하게 시공하면 좋겠지만 개폐 방식에 무리가 있거나 새시 컬러가 정확하게 나오지 않았을 경우 시공업체에 바로 AS를 신청하세요.

새시 시공

실측

철거 후 창 크기가 정해지면 실측에 들어가요. 보강해야 할 곳은 조적과 미장으로 깨끗이 마감한 후 형태가 나오면 바로 실측해 1~2주 후에 설치할 수 있도록 스케줄을 잡아요.

설치

제품이 도착하면 설치 작업을 하게 돼요. 새시틀을 먼저 시공한 후 유리를 끼우고 실리콘이나 고무 패킹으로 고정해요.

목공사

목공사는 집의 구조 공사 외에 각종 문짝, 천장재, 벽면, 붙박이장 등 리모델링의 얼굴이 될 수 있는 것들을
제작하는 중요한 공사랍니다. 힘들지만 제법 집의 골격이 갖춰지고 디자인 콘셉트가 눈에 보이는 보람찬 공사이기도 하죠.
미장 공사가 끝난 직후 작업 담당자를 바로 만나 원하는 부분의 목공사를 협의하고 견적을 내요. 천장은 물론 벽체에 단열을
위한 목공사를 한다든가, 붙박이장을 짠다든가, 문짝을 짜는 작업의 기간과 비용 등을 계산하고 협의해 진행하면 돼요.
레테는 처음 스케줄을 짜고 견적을 낼 때 생각지 못한 추가 공사가 여러 부분에서 생겨서 공사 기간 내에 재조정했어요.

DATA

★ 기간 6~9일
★ 인력 6명(총 24품)
★ 견적 인건비=200~300만원, 기본 자재비(목공 재료:합판, 각종 구조재, 석고보드 판재,
　가구재)=300~400만원, 데크 자재비=200만원, 문짝 제작비=140만원

목공사 진행 과정

인력 섭외 및 견적

목공사는 내부 공사, 가구 제작, 데크 시공, 외부 공사 등 분야
가 다양해 각 공정에 맞는 목수를 섭외해야 돼요. 레테는 목재
도매상과 전원주택 자재상에 수소문해서 섭외했어요. 공사 시
작 전과 철거 공사 후 여러 목수들을 현장에서 미팅해 작업 가
능 여부를 파악하세요. 기본 골조 공사는 크게 상관없지만 문
짝을 짜거나 가구를 만드는 작업에는 숙련된 기술이 필요하므
로 가구를 잘 짜는 분을 섭외하면 좋아요. 외부 데크는 특수 장
비와 기술이 필요하니 데크 구입처에서, 전문 데크는 시공자를
섭외해야 한다는 것, 잊지 마세요. 레테의 경우 기본적인 목공
사를 진행하는 분이 데크 공사도 가능하다고 하여 맡겼으나 장
비와 기술 부족으로 중간에 포기하는 일이 발생했어요. 이런
실수를 범하지 않으려면 각 공정에 적합한 목수를 섭외하는 것
이 중요해요.
목공사의 견적은 자재비와 인건비(품)로 나눌 수 있어요. 품은
1일 작업자 경비로 계산하며 숙련도와 기술의 차이에 따라 주
목수와 부목수로 분류되고 인건비가 달라져요. 예를 들어 부목
수의 경우는 1품이 12만~15만원 정도지만, 기본 장비 외에 커
팅기 등의 장비를 가지고 있고 숙련된 기술로 전체 목공사의
진행을 이끌어가는 주목수의 경우는 1품이 17만~20만원 정도
였어요.

천장 구조 공사

전체적인 단열을 염두에 둔다면 벽면과 천장
에 석고보드를 대는 공사를 하면 돼요. 천장
은 너무 낡아 합판을 모두 제거하고 각재로
골조를 만든 다음 단열을 위해 스티로폼을
넣고 석고보드를 두 장씩 엇갈려 겹쳐 시공
했어요. 석고보드 두 장을 댄 이유는 퍼티 작
업 때 이음매가 보이지 않도록 하고 전등 설
치 때 튼튼하게 하기 위해서예요.
욕실은 습기 방지를 위해 방수 석고보드로
천장을 시공했어요. 벽면 중 목공사를 하지
않아도 되는 부분은 퍼티 작업으로 마무리하
고, 목공사가 필요한 부분은 골조를 댄 뒤 석
고보드로 마무리했답니다.

가벽 공사

냉장고가 들어갈 공간에는 가벽을 세우고 합판
과 석고보드로 틀을 만들었어요. 냉장고 크기
와 깊이를 미리 알아두어야 정확히 설치할 수
있어요.

자재 구입

인력이 섭외되면 자재 거래처나 목공소에 필요한 양의 자재를
주문하여 공사 하루 전까지 자재가 들어올 수 있도록 해야 돼
요. 자재 비용은 자재가 들어오는 날 현장에서 지급하는 경우
가 많으니 자재 입고 날짜에 맞춰 비용을 준비하세요. 석고보
드나 각목 등의 자재가 예상보다 적게 사용돼 공사 후 남게 되
면 자재상에 연락해 수거해 가게 하고 비용을 재정산하세요.

창틀 공사

새시 설치 때 프레임을 목공으로 마감하면
깔끔하게 처리돼요.

야외 데크 공사, 샤이딩 벽 공사는 데크 공사 전문 목수와 함께 3일에 걸쳐 진행했어요. 레테와 핑테 모두 팔을 걷어붙이고 드릴로 수천 개의 나사를 함께 조였던 기억이 나요. 데크는 특히 구조가 튼튼해야 오랫동안 잘 사용할 수 있으니 꼼꼼한 진행이 필요해요.

외부 새시 쪽 창틀은 방부목으로 만들었어요. 특별한 기능이 있다기보다는 세심한 작업으로 완성도를 높이기 위해서예요.

LETE'S TIP 데크 공사 직전에 자재가 반입되도록 하세요. 싱크대 상판이나 큰 원목, 기타 필요한 자재를 함께 주문하면 운송비를 아낄 수 있어요.

문짝 및 문틀 공사

문짝 제작은 현장에서 제작하는 방법과 문짝 공장에 제작을 맡기는 방법, 제품화된 문짝을 구입하는 방법 세 가지가 있어요. 제품화된 문짝을 구입하면 비용이 많이 절감되고 설치도 간편하지만 디자인이 한정되어 있다는 단점이 있어요.

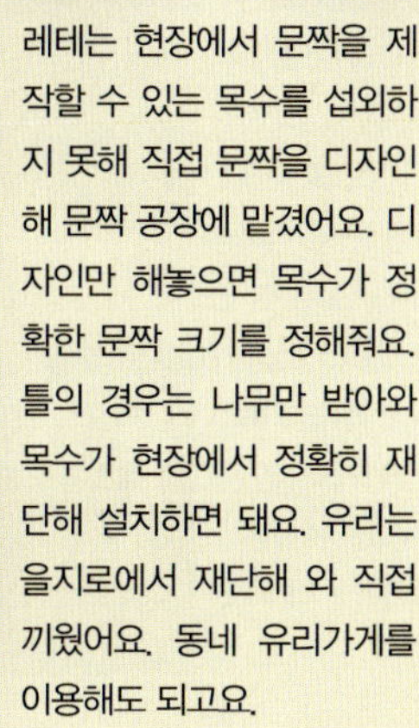

레테는 현장에서 문짝을 제작할 수 있는 목수를 섭외하지 못해 직접 문짝을 디자인해 문짝 공장에 맡겼어요. 디자인만 해놓으면 목수가 정확한 문짝 크기를 정해줘요. 틀의 경우는 나무만 받아와 목수가 현장에서 정확히 재단해 설치하면 돼요. 유리는 을지로에서 재단해 와 직접 끼웠어요. 동네 유리가게를 이용해도 되고요.

가구 공사

붙박이장과 신발장을 제작했어요. 가구의 문짝과 내부 디자인은 목수와 상의해서 하면 돼요. 디자인은 직접 그리지 않고, 잡지나 인터넷에서 찾은 사진을 목수에게 보여주고 요청해도 돼요. 신발장의 경우는 신발을 좀 더 많이 수납하기 위해 선반을 기울여 설치해달라고 했어요.

바닥 공사

뒤꼍 중 면적이 제법 나오는 공간은 실내처럼 사용하려고 바닥 목공사를 했어요. 수평을 맞춰 각재로 갈비살을 만들고 위는 합판으로 조립해 바닥을 높였어요. 그리고 합판 위에 데코타일을 직접 붙여 시공했어요.

LETE'S TIP 가구를 디자인할 때는 수납할 신발 크기, 이불이나 옷 크기 등을 고려해 선반을 배치하면 좋아요.

바닥 공사

바닥 공사는 공사가 거의 마무리될 즈음에 하는 공정이에요. 천장, 벽면 등 내부 인테리어가 완성되고 난 후 시공해요.
레테는 여러 가지 다양한 바닥재가 있어 고심했어요. 레테의 집은 거실에서 부엌, 다이닝룸까지 한 공간으로 연결되는데
좀 더 넓어 보이게 하려고 같은 원목마루로 시공했어요. 서재와 드레스룸은 긁힘이 적은 강화마루로 시공하고
안방은 특이하게 타일로 마감했어요. 바닥재에 대한 정보는 리빙 페어나 주택 박람회를 통해 얻을 수 있어요.
원목마루나 강화마루는 보통 하루 만에 시공이 완료돼요. 타일 작업은 줄눈 작업까지 포함하여 이틀 만에 완료했답니다.

DATA

★ **기간** 1~2일
★ **인력** 4명
★ **견적** 자재비(온돌마루, 강화마루, 데코타일 등 선택하는 바닥재에 따라 가격이 다름)=200~500만원(시공비는 자재비에 포함)

마루는 기능적인 면도 굉장히 중요하나 제품에 따라 견적 차이가 클 수 있어요.
예산에 맞게, 우리집 분위기에 맞게, 예쁜 바닥재를 잘 골라 시공하세요.

LETE CHOICE

레테가 선택한 바닥재

거실 온돌마루 구입 LG 하우시스 지인 www.z-in.co.kr(카바)
서재 온돌마루 구입 LG 하우시스 지인(자토바)
드레스룸 강화마루 구입 LG 하우시스 지인(포르테 옐로우티크)
침실 타일 상아타일 www.sangahtile.co.kr(ARTECH(PERLATO)300x600)

바닥 공사 진행 과정

인력 섭외

마루제품은 보통 3.3m²(1평)당 가격으로 표시해요. 대부분 시공비까지 포함돼 있어요. 마루만 선택하면 인력도 함께 소개받을 수 있어요. 타일의 경우는 작업자를 섭외하여 시공비를 따로 지불해야 돼요. 직접 시공하거나 욕실 타일 공사 때 함께 진행해도 돼요.

전시 제품 선택과 견적

마루 상설 전시장을 방문하여 마루를 선택하고, 직접 측정한 면적으로 가견적을 낸 후 공사 며칠 전에 현장에서 실측해 실제 평수에 맞는 견적을 냈어요.

미장

기존의 마루는 움푹 꺼지거나 썩은 곳이 많아 철거할 때 모두 뜯어냈어요. 철거할 때는 바닥 철거 장비를 사용해야 바닥의 콘크리트를 건드리지 않고 철거할 수 있어요. 레테 집의 경우 아무렇게나 뜯어냈더니 콘크리트가 울퉁불퉁 파여 바닥 미장을 새로 해야 했답니다. 적어도 마루 시공 보름 전까지는 바닥 미장이 끝나야 나중에 마루가 들뜨거나 뒤틀리지 않아요.

	장점	단점
온돌마루	나무 특유의 질감으로 고급스러워요. 여름에는 달라붙지 않고 겨울에는 차갑지 않아요. 충격을 흡수하여 걸을 때 느낌이 좋아요. 시간의 흐름에 따라 원목 색상이 진해져 고급스러움이 더해져요.	쉽게 긁혀 관리가 필요해요. 견적이 비싸요.
강화마루	특유의 강도가 단단하여 웬만한 충격에 흠집이 생기지 않아요. 온돌마루보다 저렴한 제품이 많아요. 색상 변화가 없고 조립식이라 접착제가 필요 없어요.	소음 흡수 기능이 원목마루보다 약해요.
타일, 대리석	이국적인 느낌을 주고 관리하기도 쉬워요. 여름에는 시원하고 겨울에는 금방 따뜻해져요.	차가운 느낌이 들고 충격 흡수가 안 돼요.
장판 또는 데코타일	온돌마루나 강화마루에 비해 저렴해요. 다양한 컬러와 디자인이 있어요.	오염이 잘 되고 고급스러워 보이지는 않아요.

자재 입고

자재는 공사 편의를 위해 하루 전날 받거나 시공업체에서 당일에 직접 가져와 시공해요.

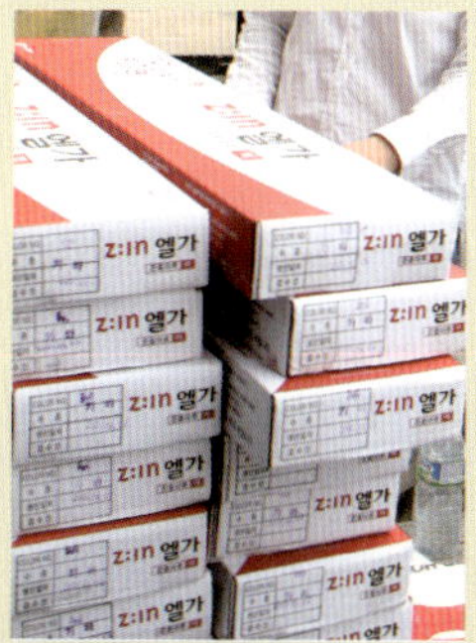

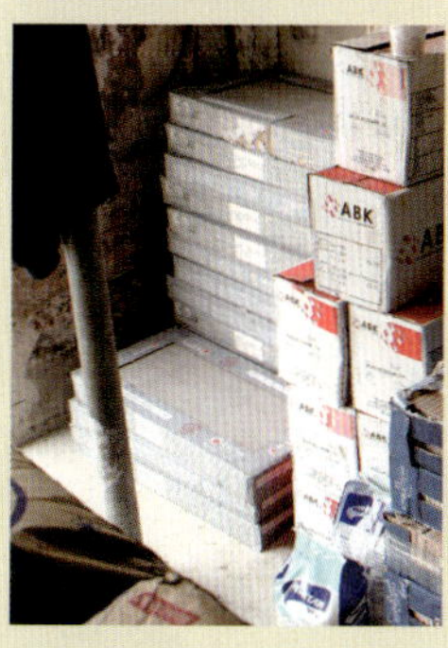

바닥 공사

강화마루 공사

드레스룸 바닥에 먼저 매트를 깔고 강화마루를 층층이 조립해나가는 모습이에요.

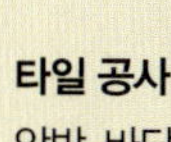

온돌마루 공사

바닥면에 친환경 접착제를 펴 바른 후 일정한 간격의 패턴으로 붙여나가는 모습이에요. 걸레받이는 흰색을 원했는데 마루업체에서 마루와 같은 색만 있다고 해서 따로 준비한 흰색을 둘러주었어요. 벽면과 같은 화이트라 더 공간이 밝고 넓게 느껴져요.

타일 공사

안방 바닥은 타일을 구입하여 핑테 님과 둘이 셀프 시공했어요.(침실 바닥 타일 시공하기는 176쪽 참고)

데코타일 공사

데코타일은 자재를 구입해 셀프로 시공할 수 있어요. 세탁실 바닥에 데코타일을 시공하는 모습이에요.

원목마루의 색이 다른 경우 경계선에 문틀을 설치하지 않고 마루끼리 자연스럽게 연결해도 괜찮아요. 그렇게 서재와 거실 마루를 연결한 레테의 집 모습이에요.

페인트 공사

기본 미장 공사와 목공사가 끝난 후에는 실내 전체 벽면에 퍼티 작업과 페인트 칠을 했어요.
전체적인 집 분위기가 지중해풍 느낌이 나도록 하고 싶기도 했지만, 공간마다 분위기를 바꾸고 싶을 때 벽지를 새로 바르거나
페인트칠을 다시 할 수 있도록 하기 위해서였지요. 벽지를 바르고 싶을 때는 페인트칠 대신 도배를 하면 된답니다.
퍼티 작업은 직접 해도 되지만 매끈하고 곱게 마감하기가 어렵고 직접 시공하기에는 시공 면적이 넓어 전문가에게 의뢰했어요. 집
내부뿐 아니라 실외에도 페인트 작업이 많았어요. 적벽돌 외관을 드라이비트로 시공하고 담과 그 밖의 공간은 핑테 님과 둘이 직접
페인트칠했답니다. 실내외 모두 건강을 고려해 무독성 페인트를 사용했지요.
오염이 생겼을 땐 바로 페인트를 살짝 덧칠해 항상 깨끗한 상태를 유지할 수 있으니 관리하기도 참 편해요.

DATA

★ **기간** 8~10일
★ **인력** 2명(총 20품)
★ **견적** 인건비=약 200만원(기공 12만원, 보조공 10만원 선), 자재비=150~190만원(실내외용 페인트
　　　100~130만원, 가구용 페인트 20~30만원, 퍼티 10만원, 드라이비트 20만원)
★ **퍼티 · 페인트 작업** 삼화홈데코 아기곰푸우 팀 www.djpi.co.kr

페인트 공사 진행 과정

인력 섭외

동네 페인트 가게나 인터넷을 이용하면 돼요.

견적 및 자재 주문

현장 실측 후 통틀어 미리 견적을 내면 많은 비용이 많이 나올 수 있으
니 실제 작업을 하면서 인건비와 재료비를 합산한 후 최종 지불하는게
좋아요. 인건비는 보통 기공이 12만원 선, 보조공이 8~10만원 선이었
어요. 모든 페인트는 건강을 생각해 무독성 수성 페인트를 사용했어요.

벽지 제거

새로 미장한 곳이라면 바로 퍼티 작업을 해도 되지만 벽지가 붙어 있는
곳은 벽지를 깨끗이 제거한 후 작업해야 돼요. 여러 겹으로 덧붙여진 기
존 벽지에 물을 뿌려 불리고 칼이나 헤라로 긁어내는 작업을 반복했어요.

퍼티 작업

벽면 청소 후에 퍼티로 틈새를 메우
는 기초 작업을 했어요. 천장이나
벽의 경계 면, 가구와 문틀의 이음
매 등을 꼼꼼히 메우는 작업을 먼저
해야 돼요. 나중에 갈라지는 현상을
예방하려면 전체적으로 퍼티를 바
르기 전에 경계 면에 그물망을 붙이
는 작업이 필요해요.

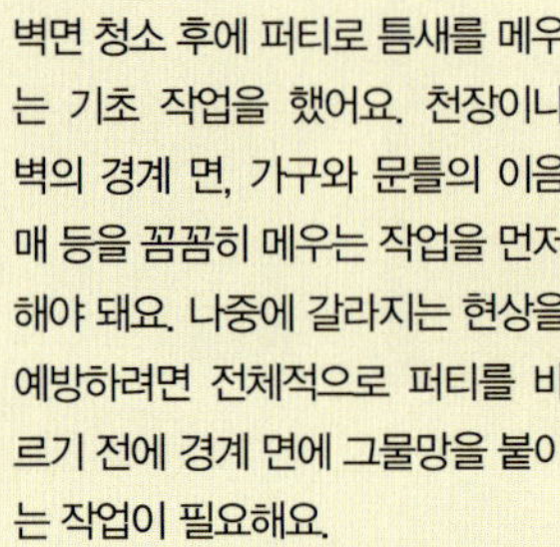

레테가 선택한 페인트

붙박이장 · 가구 초강력 젯소(울트라그립)+가구용 반광 페인트
벽면 수성 페인트(저광)
외부 벽면 드라이비트

주택 외관 공사

에어리스를 이용하면 부드럽고 구석구석 균일하게 페인트를 칠할 수 있지만
페인트 소모량이 많다는 단점이 있어요. 페인팅 작업은 롤러와 붓으로도
깨끗하게 시공되니 직접 하는 것도 충분히 가능해요.
주택 외부 벽면은 일반 외부용 페인트를 쓰지 않고 드라이비트 작업을 했어요.
드라이비트란 외부 시공 방법으로 미관, 방수, 단열 등의 효과가 있고 시공이
비교적 편리해요. 여러 가지 색상과 무늬의 표현이 가능한 공법으로 외부 벽면에
단열재를 시공하고 그물망을 붙인 뒤 드라이비트를 도포하는 방법이 정석이에요.
전문 드라이비트 시공업체에 작업을 맡길 수도 있지만, 레테의 집은 크지 않고
전면에만 뿌리는 작은 공사라 단열재 시공은 생략하고 삼화페인트의 테라코를
에어리스로 뿌려 직접 작업했어요. 드라이비트 시공 후에는 건조되기 전에 커버링 비닐을
조심스럽게 제거해야 돼요. 다 마른 후에는 커버링 제거가 어려울 수 있기 때문이랍니다.

전체적으로 퍼티를 칠해요. 매끈한 질감을 위해 헤라를 이용해 벽면에 고루 바르세요.

매끈한 질감을 내기 위해 샌딩기로 벽면의 퍼티를 매끄럽게 갈아내요. 벽면뿐 아니라 가구나 문틀도 '퍼티 바르가+샌딩기로 갈아내기' 작업을 여러 번 반복하면 마감이 깨끗하고 이음매도 매끄럽게 된답니다. 이때 먼지가 많이 날리니 작업 현장에서 꼭 마스크를 착용하세요.

안방 쪽 벽면에 곰팡이가 피어 있었어요. 그래서 퍼티 작업을 하기 전 곰팡이를 긁어
내고 결로 방지 페인트를 두세 번 칠한 뒤 말렸어요. 습기가 차는 벽면엔 반드시 결
로 방지 페인트를 칠해야 나중에 벽지나 페인트칠 위로 곰팡이가 올라오지 않아요.

페인팅

퍼티 작업이 마무리되면 퍼티 작업을 한 모든 곳에 페인트를 칠해야 가루가 묻어나거나 독성이 나오는 것을 막을 수 있어요. 페인트칠을 하기 전에는 새시나 바닥에 커버링 테이프 작업을 꼭 해야 돼요. 귀찮은 작업이지만 꼼꼼히 해야 나중에 묻은 페인트를 지우는 힘겨운 작업을 피할 수 있어요.

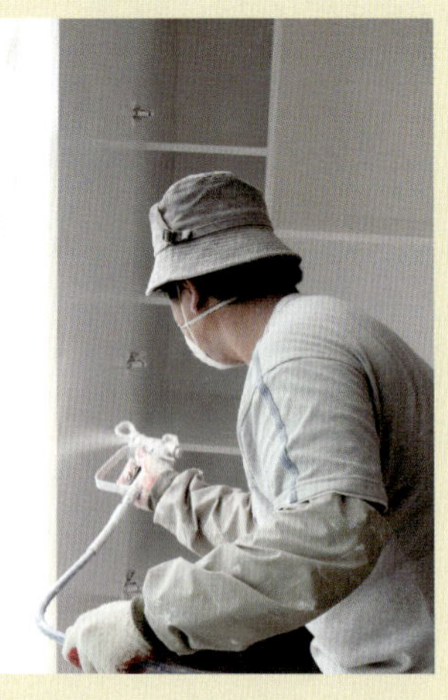

벽면과 가구에는 적합한 페인트를 칠해야 오래 가요. 벽면엔 은은한 벽지용(저광) 페인트, 가구엔 때가 잘 안 타는 가구용(반광) 수성 페인트가 적합해요.

기존 철제 대문은 컬러가 촌스럽고 칙칙한 데 비해 대문 자체는 튼튼해서 컬러만 바꾸는 작업을 했어요. 삼화페인트의 스피롤탄이라는 제품을 사용했는데 자동차나 철제에 입히는 도색제예요. 외부 페인트 작업 때 칠 작업하는 분께 부탁드렸어요.

옥상은 방수 작업비가 비싸서 직접 재료를 사다가 시공했어요. 요즘엔 직접 시공할 수 있는 제품이 많이 나와 있어 어렵지 않게 할 수 있었어요. 3가지 코팅제를 여러 날에 걸쳐 칠하는 작업이라 맑은 날 시공했어요.

그 밖에 창틀이나 담벼락, 지붕 등의 페인트칠은 모든 공사를 끝내고 이삿짐을 정리하면서 직접 했어요. 다른 공사에 비해 페인트칠은 너무 간단해서 무척이나 즐거웠어요. 대문 옆 담은 라임색으로 칠하고, 외부 창틀은 겨자색으로 포인트를 주고, 데크에는 스테인을 칠했답니다.

기타 공사

앞서 소개한 공정 이외에도 여러 가지 공정이 더 있어요. 직접 시공할 부분과 시공을 의뢰할 부분을 나눠
견적과 기간을 미리 계획해두세요. 부엌 가구 제작이나 욕실 리모델링을 전문 업체에 맡기는 경우에는
충분히 잘 알아보고 비교해보는 것이 좋아요. 가전제품이나 욕실 전문 용품은 제품에 따라 가격이 많이 달라요.
같은 제품이라도 온라인, 오프라인, 또 매장마다 가격 차이가 있으니 발품을 팔아 저렴한 가격에 제품을 선택하세요.

부엌 공사

싱크대 제작은 리모델링 과정 중 기초 공사가 끝나면 시작해요. 부
엌 가구업체에서 실측 후 견적을 낸 뒤 시공하게 된답니다. 레테는
전문 업체에서 맞추지 않고 모든 공정이 끝난 후 직접 제작했어요.
부엌 가구를 제대로 갖추려면 비용이 많이 드는 데다가 딱히 마음
에 드는 디자인도 없었기 때문이죠. 직접 싱크대를 디자인한 뒤 인
터넷 목공소에 재단을 주문했어요. 조립과 페인트칠은 집에서 했답
니다.

DATA

★ **기간** 4~7일
★ **견적** 싱크대 제작비=50~100만원, 가스레인지+가스 후드 외 부
엌용 가전제품 구입비=80만원

욕실 공사

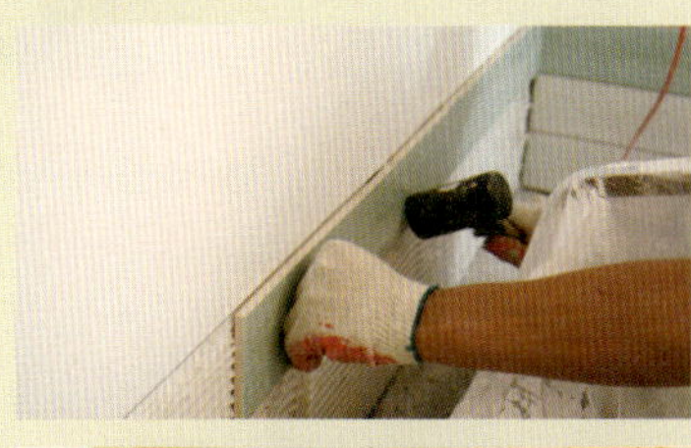
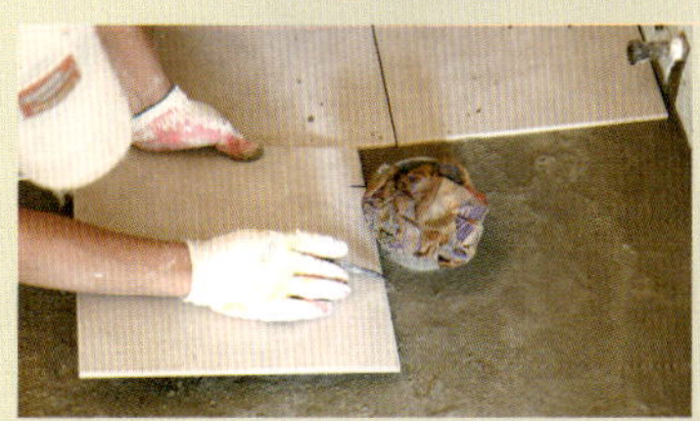

욕실 바닥 설비와 타일 작업, 세면대 미장 작업만 의뢰하고 세면
기·샤워기·욕조·변기 설치는 직접 했어요. 세면대 타일 작업과
벽면 타일 작업도 직접 해서 예산을 많이 줄였답니다. 대신 욕조는
가격이 좀 나가더라도 마음에 드는 걸 골랐답니다.

DATA

★ **견적** 용실용품 구입비(세면대+욕조+양변기+수전 등)=100~150
만원, 욕실 타일 구입비=30~40만원
★ **욕실용품 구입** 아메리칸스탠다드 www.americanstandard.co.kr

마당 옹벽 단조 공사

을지로나 단조·펜스 관련 사이트에서 견적을 알아볼 수 있어요. 단조는 제작 기간
이 2주 정도 걸리므로 미리 실측한 뒤 주문해야 설치 날짜를 맞출 수 있습니다. 가
격은 모양과 전체 크기에 따라 다른데 대략 3.3㎡당 8~15만원 선이지만 환율과
원자재 시세에 따라 변동될 수 있어요. 다른 공사와 마찬가지로 외부 공사 계획을
짠 뒤 업체를 섭외해 현장 미팅 후 견적을 내면 돼요. 설치비가 포함되지 않은 경우
도 있을 수 있답니다.

DATA

★ **견적** 120~200만원
★ **단조 제작** 손잡이나라 www.sjbnara.com

Come
Home!
SCHUME USU
CAPT 21852
RET TO
morathon SINGLE 1

4

공간별 공사 일기

거실 개조 일기

처음 집을 구입했을 때부터 거실 개조 아이디어가 머릿속에서 마구 떠올랐죠.
새시와 벽지, 바닥재 모두를 철거해야 할 정도로 많이 낡은 집이지만, 구조가 네모반듯하고 아파트처럼 넓어서
잘만 고치면 멋진 거실이 될 것 같았어요. 레테는 거실창으로 가정용으로는 잘 쓰지 않는
양문형 시스템창을 선택했어요. 양쪽으로 문을 활짝 열면 바로 연결되는 데크가 툇마루 역할을 하도록
만들고 싶었거든요. 바닥재로는 내추럴한 컬러의 원목마루를 선택해 부엌, 다이닝룸까지 시공했어요.
내추럴한 바닥과 화이트 톤의 깨끗한 벽을 기본 콘셉트로 하고 소품과 패브릭으로 포인트를 주었답니다.

양문형 시스템창은 일반 시스템창보다 비싸고 약간 추울 수도 있지만, 환기를 중요하게 생각했기 때문에 선택했어요.

문짝 · 가구용 페인트 레테페인트-던에드워드 페인트 www.jeswood.com
바닥재 온돌마루(카바)-LG하우시스 지인 www.z-in.co.kr
새시 창호 양문형 시스템창(타웍스 ADR72H)-LG하우시스 지인 www.z-in.co.kr
거실 벽면 퍼티 · 페인트 마감 작업 삼화홈데코 아이곰푸우 팀 www.djpi.co.k

01 거실 개조 전 모습이에요. 침실 문이 작아 햇빛이 한쪽 방향으로만 들어오고 책꽂이 용도의 붙박이장은 별로 쓸모없어 보였어요. 전체적으로 천장도 낮고 부엌으로 들어가는 통로가 답답해 보였죠. 오래된 거실 바닥의 나무는 군데군데 썩었고, 벽에 결로가 있는지 곰팡이가 서려 있었어요.

02 기존 벽면의 합판과 구조목, 문짝, 문틀, 새시, 천장 등을 모두 철거했어요. 철거 과정에서 이 집이 정말 오래되었다는 것을 실감했죠.

03 벽면의 울퉁불퉁한 부분을 1차 미장 작업으로 평평하게 메우고 천장엔 목공사를 했어요. 석고보드를 천장에 시공하고 벽면의 수평, 수직을 맞추는 2차 미장 작업을 했어요. 문틀을 설치하는 목공 작업 후 마무리 3차 미장 작업으로 내부의 기틀이 모두 완료되었어요. 천장 거실등이 들어갈 자리에 미리 전선을 빼두고 등 무게를 버틸 수 있도록 MDF 합판으로 보강해주었어요.

04 새시를 설치하는 모습이에요. 거실창은 양문형 알루미늄 시스템창으로 외부는 흔하지 않은 그린색, 내부는 흰색으로 주문했어요.

05 천장과 벽면 구조가 모두 완성되었어요. 목공사 전 할로겐램프 위치에 전선을 빼두고, 문짝 공장에서 맞춰온 문틀도 설치했지요. 퍼티를 바르고 갈아내는 작업을 반복했어요.

07

거실엔 온돌마루를 깔기로 해서 바닥 평탄화 작업을 새로 했어요. 이 작업은 적어도 온돌마루 깔기 2주 전에 완성해야 건조가 잘되어 나중에 마루가 일어나거나 뒤틀리지 않아요.

06

천장과 벽면에 수성 페인트를 뿌리니 온 집 안이 하얘졌어요. 칠하고 말리기를 두 번 반복해야 돼요.

08

거실 온돌마루 자재가 도착하고 바로 시공에 들어갔어요. 내추럴한 컬러의 온돌마루 시공은 하루 만에 끝났어요. 보통 걸레받이는 바닥재와 같은 컬러로 하지만, 좀 더 깨끗하고 넓어 보이게 하는 화이트 컬러로 하고 싶었어요. 마루를 주문한 업체에는 화이트 컬러의 걸레받이가 없다고 해서 인터넷으로 미리 주문해놓았다가 시공해달라고 했어요.

09

온돌마루는 민감하고 잘 긁히므로 보통 공사 마감쯤에 작업해요. 이사가 완전히 끝날 때까지 마루 보호를 위해 보호용 합지를 꼭 깔아놓으세요. 주문한 문짝을 모두 단 모습이에요.

가구가 들어왔어요. 전부터 쓰던 거실 테이블은 검은색으로 리폼하고, 새집 분위기에 맞게 소파 커버링도 만들었답니다.

아무리 다녀보아도 마음에 드는 거실등을 구하지 못했어요. 결국 남은 각재를 활용해 직접 만들었는데 생각보다 예뻐서 무척 만족스러워요.(천장 조명등 내추럴하게 만들기는 352쪽 참고)

12

거실 한쪽에 세면대와 수납함 역할을 하는 다목적 콘솔을 제작했어요.(거실 수납 콘솔 만들기는 296쪽 참고)

거실은 집 안에서 가장 많이 생활하는 곳이라 특별히 더
신경 썼지만 다른 공간보다는 단순하게 공사했어요.
전체적으로 화이트 톤을 기본으로 바닥재는 밝은 나무 색의
바닥재를 선택했어요. 조명은 일반적인 거실처럼
하나의 천장등으로 거실 전체를 밝히지 않고 형광등, 백열등,
할로겐램프, 샹들리에 등 기존에 있던 전등을 활용하여
부분부분 밝힐 수 있도록 했어요. 부분적으로 사용하면
전기세를 절약할 수 있어요.

침실 개조 일기

레테의 집에서 가장 아름다운 공간이 침실이에요.
창밖으로 보이는 절경이 어떤 인테리어보다도 훌륭해 바깥 경치를 최대한 실내로 끌어들이고 싶었어요.
답답한 벽을 과감히 헐고 전면 시스템창을 설치하니 인왕산의 절경을 한 폭의 그림처럼 감상할 수 있게 되었어요.
밤에는 창밖에 별빛과 야경이 반짝거려 마치 공중에 떠 있는 집처럼 느껴진답니다.
특별한 구조 변경이나 독특한 데커레이션 없이 화이트 톤으로 공사했어요.
가구는 새로 사지 않고 기존의 가구를 리폼해 사용하고 있어요.

벽면에 각목과 합판을 댄 뒤 벽지나 퍼티 작업을 하면 단열과 평면 문제를 동시에 해결할 수 있어요. 레테의 집 침실은 좁기 때문에 벽지를 모두 제거하고 시멘트 벽 위에 퍼티 작업을 여러 번 한 뒤 페인트칠만 했답니다.

페인트
가구용 페인트·젯소–던에드워드 페인트 www.jeswood.com
벽면용 페인트·샐리 결로 방지 페인트–삼화 페인트 www.djpi.co.kr
바닥재 타일(ARTECH(PERLATO)300x600)–상아타일 www.sangahtile.co.kr
새시 시스템창(시스템창 PLS220), 이중창(하우트 D235)–LG하우시스 지인 www.z-in.com
벽면 퍼티 작업 삼화홈데코 아기곰푸우 팀 www.djpi.co.kr

01

개조 전 침실은 햇빛이 잘 드는 위치인데도 창이 작아 어둡게 느껴졌답니다. 창문이 열리지 않도록 못으로 고정되어 있었고요. 못을 빼낸 후에도 창틀이 썩고 틀어져 있어서 문이 제대로 열리지 않았답니다. 그래서 이 부분을 가장 먼저 개조하리라 마음먹었어요. 거실과 연결된 침실문도 너무 낡아 철거해야 했어요.

02

침실의 다 썩어가던 창틀과 창문을 모두 철거했어요. 전망이 좋은 쪽 벽에 큰 새시창을 설치하려고 미리 래커로 창문 크기를 표시해두었어요. 천장 합판과 장판, 문짝과 문짝 틀도 철거하고, 벽을 철거할 때는 안전을 위해 바닥과 천장 사이에 임시 지지대를 설치했어요. 붙박이장을 설치할 것을 감안해 창의 크기를 정했답니다.

03

침실 벽면에 바로 퍼티 작업을 하기 위해 벽지를 깨끗하게 제거했어요. 벗겨도 벗겨도 계속 나오는 벽지는 대략 10겹 정도 되는 것 같았어요. 가장 안쪽에 한문으로 된 신문지가 발린 것을 보니 얼마나 오래된 집인지 실감이 났어요. 여러 겹의 벽지를 제거하기 위해서는 벽지 위에 물을 뿌려 벽지를 불려요. 대걸레에 물을 묻혀 발라도 돼요. 그리고 쇠헤라나 벽지 떼는 칼을 이용해 벽지를 밀어내듯이 긁으세요. 인건비를 절약하기 위해 직접 벽지를 제거했는데 무려 일주일이나 걸렸답니다.

04

벽돌을 쌓은 후 미장 공사를 했어요. 새로 쌓은 벽돌 부분에 1차 미장을 하고 건조되면 전체적으로 수직수평을 맞춰 다시 미장을 했답니다.

침실과 거실 사이 뻥 뚫린 벽에 벽돌을 쌓는 공사를 했어요. 문은 양문형으로 디자인했기 때문에 문의 공간을 뺀 나머지 벽에 조적 공사를 했답니다. 좀 더 튼튼하게 만들기 위해 천장을 임시로 고정한 지지대를 그대로 두고 벽돌을 쌓았어요.

05

침실 전기 공사를 할 때는 실제로 가구를 놓을 자리를 생각하여 전등과 전화선 콘센트 위치를 잡는 게 중요해요. 콘센트, 전화선, TV를 볼 경우 TV선까지 염두에 두고 작업해야 돼요. 천장에 주 조명등 한 개, 침실 머리맡 쪽에 보조 벽등 두 개, 침실과 연결된 외부에 벽등 한 개, 붙박이장 속에 들어갈 할로겐램프 한 개로 전체적인 전기 계획을 세우고 전선을 미리 빼놓아요. 전선은 개조 후에는 변경이 힘들기 때문에 설계 당시에 꼼꼼히 계산해 공사해야 돼요.

06

침실 천장엔 단열을 위해 각목을 대고 안쪽에 50mm 정도의 스티로폼을 넣었어요.

천장과 벽은 모두 벽지 없이 퍼티 작업을 하기로 해서 석고보드를 두 장씩 엇갈려 댔어요. 석고보드의 경계선마다 거즈 같은 것을 붙이고 퍼티로 마감해야 한답니다. 시간과 비용이 들더라도 천장뿐 아니라 가구 이음매, 목공으로 처리한 부분까지 퍼티 작업을 꼼꼼히 해야 갈라지지 않아요.

07

철거 공사 후 창틀 조적 공사까지 마무리되면 바로 새시창을 실측하세요. 새시는 제작 기간이 7~10일 이상 걸리므로 공사 초기에 하는 게 좋아요. 새시가 들어오면 새시창틀을 고정하는 작업을 하고 유리를 끼워요. 유리와 새시틀의 완벽한 접합을 위해 실리콘 파킹까지 끼우면 오케이! 창틀을 보호하기 위한 포장 시트지는 그대로 두었다가 모든 공사가 완료된 후에 벗겨내야 창틀 오염을 막을 수 있답니다. 전망이 좋은 쪽엔 시스템창을, 침대 머리맡 쪽엔 이중창을 시공했어요. 새시 시공이 완성되니 비로소 집의 모습을 갖춘 것 같아 무척이나 뿌듯했어요.

08

붙박이장은 목공사 때 MDF 합판으로 제작했어요. 3개의 장으로 각각 틀을 만들어 맞춰 벽에 세웠어요. 이불, 옷 등 수납할 물건을 잘 계획해서 나눠놓으면 사용하기 편리하니 미리 체크해두세요. 붙박이장 문짝은 현장에서 바로 제작해 달고 천장, 벽면과 붙박이장 사이의 틈도 합판으로 깔끔하게 마무리했어요. 가운데 붙박이장은 화장대로 쓸 계획이라 전등을 달았어요. 전체 도장 공사할 때 이음매 퍼티 작업, 젯소 2회, 가구용 반광 페인트 2회 작업을 했어요.

욕실 공사를 초기에 계획했던 탓에 모든 타일을 공사 초기에 들여오게 되어 다른 공정 때마다 무거운 타일을 여기저기로 옮겨야 하는 불편한 상황이 계속됐어요. 안방 바닥에 시공한 그레이 톤의 빈티지한 타일은 시공 방법도 어렵지 않고 시공 후에도 무척이나 만족스러운 바닥재예요. 보일러를 틀지 않는 가을엔 좀 차갑지만 여름엔 시원하고 겨울엔 금방 따뜻해져요. 또 원목마루로 시공하는 것보다 훨씬 저렴하고, 청소하기도 쉽고, 이국적인 분위기를 내지요.(침실 바닥 타일 시공하기는 176쪽 참고)

다른 집과 다르게 레테의 침실은 개방형이랍니다. 침실에서 보이는 풍경을 거실에서도 온전히 즐기고 싶어 양문형 유리로 침실문을 제작했어요. 침실문을 활짝 열어두면 거실에서도 바깥 전경이 잘 보인답니다. 집이 훨씬 넓고 쾌적해 보이는 데다가 환기도 잘 되고 햇빛도 잘 들어요.

모든 공사가 끝난 후 전등을 달고,
창문에는 멋내기용 나무문을 달았어요.
포근하고 컨트리한 느낌을 살리기 위해서 직접 제작했어요.

LETE 서재 개조 일기

현관 입구 옆에 있는 작은 방은 서재로 계획했죠.
침대 하나만 겨우 들어가는 작은 방을 컴퓨터 작업도 하고, 재봉질도 하고,
책도 읽을 수 있는 다목적 방으로 만들고 싶었어요. 작은 공간이지만
책상을 ㄱ자로 배치하고 효율적으로 활용하면 원하는 공간이 나올 것 같았죠.
기본적인 공사 후에 책상이나 책꽂이 등의 작은 수납함까지 직접 만들었어요.
서재에서 가장 중요한 건 전등의 위치와 전기 작업이에요.
책상 배치 전부터 전등 위치를 잡고 전선을 빼두는 게 중요해요.

다른 방처럼 모두 퍼티 작업을 했어요. 도배를 할 경우엔 작업 시간을 훨씬 단축할 수 있어요. 서재의 ㄱ자 책상 배치에 맞게 갓등을 설치할 것이기 때문에 미리 전선을 빼두는 게 좋아요. 컴퓨터용 콘센트 위치, 인터넷선, 전화선 연결도 미리 계획하세요.

페인트 가구용 페인트, 젯소–던에드워드 페인트 www.jeswood.com
바닥재 온돌마루(자토바)–LG하우시스 지인 www.z–in.co.kr
새시 시스템창(하우트 PTT70K, 시스템창 PLS220)–LG하우시스 지인
2인용 반제품 책상 더숲 www.thesup.co.kr
다목적 수납용 긴 책상 나무 재료 더디아이와이 www.thediy.co.kr
벽면 퍼티 작업 삼화홈데코 아기곰푸우 팀 www.djpi.co.kr

01

원래 창문 두 개, 좁은 문, 벽장으로 이루어진 아주 작은 방이었어요. 오래된 벽지와 낡은 장판에 미닫이 나무창틀이 많이 썩어 있어서 창문이 잘 열리지도 않았어요.

02

여닫이문과 작은 창틀, 천장의 구조재만 빼고 기본 창틀, 천장의 목재를 모두 철거했어요. 몇 겹으로 붙어 있던 벽지는 물을 뿌리고 젖은 상태에서 쇠헤라로 긁어 제거했어요.

03

서재 전기 공사 중 전등 위치를 잡는 모습이에요. 책상 위로 빛이 바로 떨어지도록 갓등 위치 4개와 갓등을 사용하지 않을 때 쓸 천장 형광등 위치를 잡았어요. TV선, 전화선, 전기 코드선도 뽑았어요.

04

목재로 큰 창틀을 만들고 시스템창을 설치했어요.

05

문틀은 문짝 공장에서 맞춰 와 목수가 설치하고, 외곽에 미장 작업을 했어요.

06

전체적으로 퍼티 작업을 한 후 퍼티가 굳으면 매끈한 질감을 위해 전동 샌딩기로 고르게 갈아내고 벽면용 화이트 페인트로 전체를 칠했어요.

07

바닥엔 온돌마루를 깔았어요. 독특한 느낌을 내려고 붉은색 온돌마루를 선택했어요. 거실과 서재 사이 문틀을 없애고 거실 바닥과 높이를 맞춰 시공했어요. 이렇게 하면 바닥 색이 달라도 어색하지 않아요.

08

문짝 공장에서 레테의 디자인으로 만든 문짝을 미닫이 형식으로 달았어요. 워낙 방이 좁아 여닫이로 하면 공간 제약이 많거든요. 미닫이문 레일은 철천지(www.77g.com)에서 주문해 목수에게 설치를 의뢰했어요. 레테는 문짝에 들어간 불투명 유리를 유리집에서 맞춰 와 직접 설치했는데, 문 제작 때 유리 공장에 주문해 목수에게 부탁해도 돼요.

09

천장에 미리 빼놓은 전선 위치에 맞춰 전등을 설치했어요. 책상을 따라 설치한 갓등은 불이 각각 따로 들어올 수 있도록 스위치 개수를 조정했어요. 천장 중앙에도 형광등을 설치했어요.

10

긴 책상을 만들어 벽을 따라 설치했어요. 책상 다리 역할도 하면서 원단 등을 보관할 수도 있는 수납장을 만들어 공간을 절약했어요. 큰 책상이지만 상판 따로, 수납장 따로 작업했더니 만들기가 어렵지는 않았어요.
(긴 원목 수납 책상 만들기는 288쪽 참고)

11

창문에 간단한 커튼을 설치하고 재봉틀과 책꽂이 등을 배치했어요. 컴퓨터 책상으로 쓰는 2인용 기본 책상을 긴 책상과 연결해 ㄱ자로 설치한 모습이에요. 다락방 문짝 옆에 책장도 배치했어요.

서재는 아주 작은 공간을 효율적으로 활용할 수 있도록 설계했어요. 컴퓨터 작업도 하고 책도 보고 재봉틀도 사용할 수 있는 레테와 핑테만의 일터랍니다.

욕실 개조 일기

욕실 공간은 직사각형 구조라 배치가 조금 까다로웠어요. 쾌적하고, 동선도 편리하고,
내 스타일에 꼭 맞는 욕실을 만들기 위해 공사 시작 한 달 전부터 많이 돌아다녔어요.
타일, 욕실용품 등을 판매하는 자재상들을 돌고 카탈로그를 꼼꼼히 챙기며 아주 신중하게 선택했어요.
견적에 맞추어 마음에 드는 물건을 고르려면 레테처럼 발품을 많이 팔아야 한답니다.
욕실의 타일은 전체적인 분위기를 좌우할 정도로 중요해요. 레테는 벽 타일은 파스텔 톤의 그린,
바닥 타일은 따뜻한 그레이 컬러의 큰 사각 타일을 선택하여 시공했어요.
욕조는 조금 욕심내서 심플한 디자인이 마음에 쏙 드는 이동식을 구입하고,
적당한 공간이 없어 설치가 어려운 샤워기는 욕조 위쪽에 단 해바라기 수전으로 대체했어요.

욕실 자재는 공사 하루 전에 도착하도록 주문해야 돼요. 너무 빨리 도착하면 다른 공사 때마다 부피가 큰 자재들을 이리저리 옮기며 작업해야 돼서 불편하답니다. 또 철거 때 배관을 잘 살피고 설비 공사를 해야 물이 새는 등의 실수가 없어요. 구입 업체에 의뢰하면 욕실 변기나 세면기 등의 설치업자를 소개해주기도 하나 설치비는 별도로 내야 돼요.

타일 상아타일 www.sangahtile.co.kr
욕실용품 욕조(아카시아 이동식 욕조), 해바라기 수전(문쉐도우 D20S 레인샤워)
　　　　　세면대(아카시아 탑볼 세면기), 변기(미오션 원피스 양변기)
　　　　　비데(로하스 비데)—아메리칸스탠다드 www.americanstandard.co.kr
욕실 퍼티 작업 삼화홈데코 아기곰푸우 팀 www.djpi.co.kr

01

원래 욕실은 욕조 없이 세면대와 변기만 설치되어 있었는데 너무 낡아 교체가 필요했습니다. 욕조를 꼭 넣고 싶었기에 변기 위치를 바꿔야 했어요. 타일 컬러나 디자인도 너무 우중충해 모두 교체했어요. 기존 타일 위에 덧방을 하는 것도 고려해보았지만 이미 타일이 두 겹이나 시공되어 있어서 모두 철거했어요. 벽과 바닥 타일과 창문 교체, 세면대 · 변기 교체와 위치 변경, 욕조 설치, 스위치와 콘센트 위치 변경, 전등 추가 등의 작업이 필요하답니다.

02

철거 공사가 진행 중인 욕실 모습이에요. 세면기와 변기 등을 철거하고 난 후 벽면 타일과 천장, 바닥 타일, 욕실문과 문틀을 철거했어요. 욕실 바닥 타일 철거 때는 바닥 배관을 건드리지 않는 것이 중요해요.

03

욕실 배관 설비 공사는 전문가의 도움을 받는 것이 좋아요. 위치 변경이 필요 없는 세면대는 그대로 두고, 변기는 변경할 위치에 맞게 하수 배관을 재정비하고 물이 내려가는 하수구 위치를 바꿔야 해요. 이동식 욕조는 물 빠지는 하수 배관 위치만 잡고 샤워기를 설치할 수도 위치를 재배치했어요. 욕실 입구에 또다른 세면대를 설치하기 위해 수도배관을 욕실 벽 밖으로 연결시키는 작업도 했어요. 배관 설비 공사를 할 때 주방 또는 외부의 수도 설비나 배관까지 함께 작업하는 게 좋아요.

04

철거 후 바로 조적과 미장 공사에 들어갔어요. 두 겹의 타일을 뜯었더니 벽면이 고르지 않아 전체적으로 메우는 1차 미장 공사를 하고, 애매한 크기의 창문 쪽엔 벽돌을 쌓아 작게 만들었어요. 바닥 방수와 물매 잡는 공사의 스케줄은 타일 공사할 때로 잡았어요.

05

상판에 얹어 사용하는 톱볼(top bowl)형의 세면대를 설치할 거예요. 세면대틀은 조적과 미장 공사로 만들었어요. 벽돌을 쌓아 세면대 다리를 만들고, 상판으로 얹은 각재 위에 벽돌을 올려주었답니다.

06

천장 부분에 각재로 틀을 설치한 뒤 스티로폼을 넣고 방수 석고 보드를 두 장씩 겹쳐 시공했어요. 먼저 욕실벽의 허리 지점부터 천장까지는 타일 공사 없이 퍼티 작업만 했어요. 천장등과 벽등, 환풍기등의 위치를 목공사 전에 잡고, 콘센트는 드라이기 사용과 전동 칫솔 충전을 위해 세면대 주위에 한 개, 비데 설치를 위해 변기 주변에 한 개 설치했어요.

07

욕실 타일 공사는 직접, 물매와 방수 작업이 까다로운 안방 바닥과 욕실 바닥 부분 공사는 전문가를 불러 시공했어요. 아래쪽엔 연두색 직사각 타일, 바닥엔 그레이 톤의 정사각 타일, 그리고 세면대엔 컨트리풍의 화이트 타일을 붙였답니다.

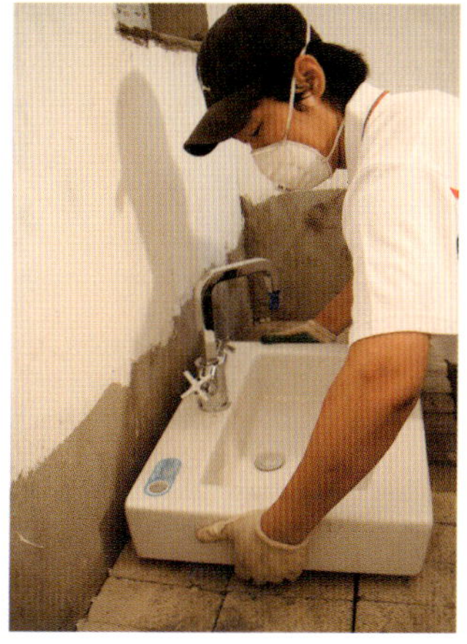

08

욕실의 기본 공간 공사가 끝난 후 변기와 세면대, 욕조, 샤워기 등을 설치했어요. 타일 설비 작업자에게 맡겨도 되지만 쉽게 설치할 수 있도록 설명서가 잘되어 있어 직접 설치했어요. 배관과 타일 공사 직후에 변기를 설치하려고 보니 변기 위치가 벽에서 떨어지게 되어 있어 작업자를 다시 불러 그 부분의 타일을 뜯어내고 배관을 재조정했어요. 이런 실수를 하지 않으려면 벽면 타일 작업을 미리 끝내고 바닥 작업 때 배관 위치를 정확히 잡아야 해요. 또 샤워기 수도꼭지의 높이, 물 빠지는 하수 배관의 위치도 중요해요. 이동식 욕조는 욕실의 모든 공사를 끝낸 후 들여놓았답니다.

09

너무 낡은 데다 공간을 많이 차지하는 기존의 여닫이 욕실문의 문짝과 문틀을 철거하고 미장 공사 후 문짝을 달았어요. 미닫이 형식의 나무로 된 문으로 디자인해 문짝 공장에서 맞췄답니다. 유리는 안이 비치지 않는 옛날 바둑판식 유리를 구해 직접 달았어요.

10

세면대 아랫부분에는 선반을 달았어요. 각종 욕실용품이나 세재 등 많은 것을 수납할 수 있는 공간이에요. 자투리 나무로 덧문을 만들어 달아놓으니 보기에도 좋아요. 기존에 쓰던 거울은 페인트칠해 색을 바꿔 달고, 태국 여행 때 구입했던 앤티크한 갓등으로 조명등도 만들었어요.

욕실의 경우 배관 공사를 네 번이나 수정해야 했어요. 물을 틀어보니 물이 새거나 변기 위치가 맞지 않거나 하는 문제들이 발생했기 때문이에요. 중간에 두 번의 교체 작업은 어깨 너머로 배운 핑테 님이 배관용품을 사다가 직접 했답니다. 타일만으로도 욕실 분위기를 확 바꿀 수 있기 때문에 타일을 먼저 선택하고 변기, 세면대, 욕조의 디자인을 맞추면 훨씬 쉽답니다. 욕실 타일 설비 작업자가 타일 설치까지 하는 경우가 많아 작업자 선정도 아주 중요해요. 타일이나 욕실용품 전문점에서 소개받거나 다른 공정의 작업자에게 소개받을 수 있으며 무엇보다 직접 현장 미팅 후 작업하는 게 중요하답니다. 욕실 공사는 전문 업체에 의뢰할 수도 있으니 여건에 맞는 방식을 선택하세요.

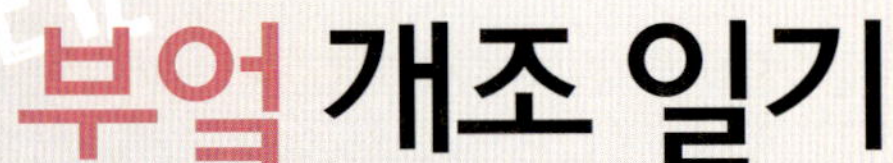

부엌 개조 일기

공사 전 부엌은 너무 좁아서 식탁 놓을 자리조차 없어 보였어요.
부엌에서 요리하는 걸 좋아하는 우리 부부는 작은 방 하나를 다이닝룸으로 개조하기로 마음먹고
방과 부엌 사이의 벽을 철거했어요. 방은 하나 줄어들지만 부엌 공간이 넓어지고
다이닝룸의 창문으로 주방까지 빛이 들어오기 때문에 결정한 거였죠.
낡은 싱크대를 모두 철거하고 직접 싱크대를 만들기 위해 공사를 시작했어요.
부엌 사이의 벽을 철거해도 냉장고 들어갈 자리가 애매해서 참 고민이 많았어요.
뒤꼍으로 통하는 문을 살릴까 하다가 난방과 효율적인 동선을 고려해 문을 막고
냉장고 들어갈 자리에 목공사를 했어요.

싱크대를 직접 만들 계획이라면 부엌 수전과 하수 배관 위치를 미리 생각해두고 가스레인지 놓을 위치도 계산해서 도시가스 배관을 옮겨놓아야 해요. 새로운 가전제품을 들일 예정이라면 반드시 치수를 알아두어야 해요. 레테는 싱크대는 모든 공사가 끝난 후에 만들었어요.

부엌 싱크대 반제품 나무 재단 · 부속 더디아이와이 www.thediy.co.kr
페인트 나무와사람들 www.jeswood.com
싱크 레일 · 기타 부속 철천지 www.77g.com
싱크볼 인터넷 검색 주문
가스레인지 · 후드 LG전자
바닥재 온돌마루(카비)–LG하우시스 지인 www.z-in.co.kr
새시 시스템창(하우트 PTT70K)–LG하우시스 지인

01

공사 전 부엌은 싱크대를 양쪽에 설치할 경우 통로처럼 느껴질 정도로 좁았어요. 싱크대에 가려진 커다란 창문은 단열에도 문제가 있었고, 주방 출입구 문틀과 벽은 부엌을 더 좁아 보이게 하는 구조였어요. 싱크대도 불규칙적으로 설치되어 있었고 마룻바닥은 습기 때문에 군데군데 썩어 있었어요. 천장 또한 높이가 일정하지 않고 턱이 져 있었고, 뒤꼍으로 나가는 문 쪽에 냉장고를 놓아두어 문과 단열 역할 두 가지 다 제대로 못하는 형편이었어요. 수납 공간이 필요 이상으로 많고 싱크대도 낡아 고치지 않고는 생활하기 불편할 정도였답니다.

02

부엌의 모든 가구와 벽 마감재, 천장재를 모두 철거했어요. 벽이 어찌나 오래되었던지 시멘트까지 부서지는 상황이었지요. 벽과 싱크대까지 철거하니 그나마 공간이 조금 넓어진 느낌이었죠. 작은 방과의 경계 면 벽에는 냉장고를 넣을 계획이라 전체를 철거하지 않고 문틀과 경계선을 없애는 느낌으로 반쯤 철거했어요. 수도관 위치, 가스 배관도 변경해야 했던 터라 기본 구조만 남기고 모두 철거했답니다.

03

싱크대 수전을 설치할 위치에 수도 공사를 하고 하수 배관 위치도 잡았어요. 조립 전 먼지나 이물질이 하수 배관으로 들어가지 않게 하려면 종이나 마대로 막아두세요. 도시가스 배관의 위치 변경은 공사 초기, 가스 공급을 중단할 때 요청하세요. 레테의 경우 변수가 많아 몇 번이나 재조정하느라 비용이 생각보다 많이 나왔답니다.

04

부엌창의 크기를 줄여 가구가 모두 들어왔을 때 알맞게 보이도록 했어요. 부엌에서 뒤꼍으로 나가는 작은 통로는 벽돌을 쌓고 미장하여 완전히 막아버렸어요. 싱크대를 길게 설치하고 단열에도 신경 써야 했으니까요. 부엌과 거실 벽이 너무 엉성해 일부를 철거하고 다시 벽돌을 쌓았어요. 설치할 싱크대 높이와 딱 맞게 벽을 만들었었답니다.

05

부엌은 가전제품 등 전기 쓸 일이 많은 곳이에요. 전기 작업을 할 때는 가스레인지, 정수기, 냉장고, 전기오븐, 후드 등의 위치를 고려해 콘센트 위치를 잘 잡아야 해요. 천장의 전등 위치도 중요해요. 레테 부엌의 조명은 모두 갓등이라 조금 어두울 수 있어서 메인등과 설거지통 위, 김치냉장고 구석 쪽 세 군데 위치에 전선을 빼달라고 했답니다.

06

부엌 천장에 단열을 위해 각목을 대고 스티로폼을 얹었어요. 석고보드는 퍼티 작업을 위해 겹쳐서 두 장씩 댔어요. 천장의 모든 이음매와 틈새는 퍼티로 작업했어요. 부엌과 거실 천장 경계면에 멋내기용 나무틀도 만들어주었어요.

07

주방에 설치한 섀시는 창문이 위로만 살짝 들리는 형식으로, 개방성보다는 환기에 신경 쓴 창호랍니다.

08

냉장고가 들어갈 곳의 틀은 나무로 짰어요. 냉장고 크기에 맞게 공사해야 하니 미리 냉장고 크기를 꼭 적어두세요. 목공사를 한 부분도 모두 퍼티 작업을 해주세요.

09

부엌 전체 벽면에 퍼티 작업을 했어요. 퍼티를 고르게 칠하고 샌딩기로 평평하게 갈아주는 작업을 반복했답니다.

10

을지로 조명 상가를 샅샅이 뒤져 구입한 전등을 달았어요. 그린색 전등을 찾느라 발품을 얼마나 많이 팔았는지 몰라요.

11

바닥은 거실과 연결되는 바닥재인 온돌마루를 깔았어요.

12

싱크대는 직접 만들었어요. 디자인한 도면을 인터넷목공소에 넘겨주면 나무를 재단해 배달해줘요. 낱개로 조립해서 상판을 얹는 형식으로 만들었어요. 싱크대 하부장을 모두 만들고 상판까지 얹었어요. 싱크 볼과 가스레인지도 직접 설치했어요.(전문가처럼 컨트리풍 싱크대 만들기는 331쪽 참고)

13

싱크대 상부장 대신 선반을 달았어요. 오픈형으로 자주 쓰는 그릇을 올려놓고 사용하니 정말 편해요. 선반 재료는 인터넷에서 구입해 직접 조립한 뒤 화이트 페인트로 칠했답니다.

주방은 기본 작업만 전문가에게 의뢰하고 싱크대는 직접 만들었어요. 싱크대 만들기는 생각보다 어렵지 않았어요. 재단해서 배송해주는 인터넷목공소가 있으니 조립만 하면 되지요. 싱크대 상판은 목조 주택 자재업체에서 방부목을 살 때 함께 구입했어요. 이렇게 하면 배달비도 줄일 수 있으니 미리미리 주문해두세요.

LETE 다이닝룸 개조 일기

원래 작은 방이었던 곳의 벽을 헐어 주방과 연결된 다이닝룸으로 만들었어요.
작은 방 벽을 없애자 주방이 훨씬 넓어 보이고 햇빛도 많이 들어와
집안 전체가 환해졌답니다. 주방과 다이닝룸 사이의 경계를 표시하기 위해
아일랜드 테이블을 만들어 설치하고 노란색 타일로 포인트를 주었어요.
다이닝룸에는 큰 창 하나 대신 두 개의 창을 내 갤러리 같은 분위기를 연출했어요.
오픈된 다이닝룸 덕에 부엌이 넓어 보이고
집 안 전체가 환해져 확장하길 잘했다는 생각이 들어요.

개조 전 보세요

아일랜드 테이블 만들기는 생각보다 어렵지 않아요. 아일랜드 테이블 같은 가구를 만들 때는 DIY 사이트에 원하는 디자인의 가구를 그려 보내면 재단해서 보내주는 서비스를 이용하세요. 집에서는 조립과 페인트칠만 하면 되니 가구 만들기가 수월하답니다.

개조를 준비해요

타일 자기타일(라콘티)–상아타일 www.ciaotoro.co.kr
아일랜드 테이블 나무 재단과 가구 재료 더디아이와이 www.thediy.co.kr
바닥재 온돌마루(카바)–LG하우시스 지인 www.z–in.co.kr
섀시 시스템창(시스템창 PLS220)
　　　이중창(하우트 D235)–LG하우시스 지인 www.z–in.co.kr

01

다이닝룸으로 개조 전의 방은 크기가 작고 창문도 못으로 고정된 상태라 열리지 않아 밖의 멋진 경치를 감상할 수가 없었어요. 문틀과 창틀도 모두 낡은 데다 썩어 있고 벽지엔 곰팡이가 낀 곳이 많았어요.

부엌과 연결된 쪽은 문이 좁고 거실과 분리되어 있어서 작은 방의 용도가 불확실했어요. 그래서 바닥의 문틀과 장판재를 모두 걷어내고 부엌과 연결된 다이닝룸으로 변신시키기로 마음먹었답니다.

02

일단 창문 크기를 크게 하기 위해 기존 창문과 창틀을 제거하고 창문 크기를 새로 계획한 다음 커팅기로 벽을 잘라냈어요. 창문이 커져서 버팀목으로 임시 지지대를 설치했고요. 문 쪽의 문틀과 문을 제거하고 벽도 반쯤 터서 부엌과의 경계를 없앴답니다. 다이닝룸 창문을 원하는 크기로 확장하니 바깥 경치가 한눈에 들어와요.

03

크게 낸 창문 가운데에 벽돌을 쌓아 창문을 두 개로 나눴어요. 창문 크기가 전체의 방 이미지를 좌우하기 때문에 계산을 잘해서 철거해야 해요. 섀시는 틸트 & 턴 방식의 시스템창을 설치했어요. 창문으로 보이는 경치를 한 폭의 그림처럼 감상하고 싶었거든요.

04

다이닝룸 역시 벽지를 모두 떼어낸 뒤 퍼티 작업을 하고 페인트칠 했어요. 다이닝룸과 부엌 사이의 벽을 터서 오픈형이 됐지만 특색 있는 경계를 만들기 위해 천장에 창틀을 만들었어요. 기능적이기보다는 디자인적인 측면에서 욕심을 낸 건데, 굳이 그렇게 해야겠느냐며 이해 못 하는 분도 많았죠.

05

페인트칠이 끝난 후 전등을 달았어요. 나중에 들어올 식탁 위치를 미리 정해놓고 식탁 위에 빛이 바로 떨어지도록 3개의 전등을 배치했어요. 모든 공사가 끝나기 전까지는 페인트나 먼지가 묻지 않도록 전등 커버나 새시 커버를 떼지 마세요.

06

바닥에는 원목마루를 깔았어요. 거실과 부엌, 다이닝룸 모두 화이트와 잘 어울리는 따뜻하고 내추럴한 느낌의 원목마루를 깔았어요.

07

부엌과 다이닝룸의 반쯤 남은 경계 벽에 가벽을 세워 냉장고를 수납하고 아일랜드 테이블을 만들어 경계를 지었어요. 부엌이 작은 만큼 수납에 특히 신경 썼어요. 부엌에서 일하면서 다이닝룸과 소통이 잘되도록 동선을 잘 맞췄어요. 거실에서 보이는 가벽과 아일랜드 테이블 상판엔 자기타일로 포인트를 주었답니다. (레테식 만능 수납 아일랜드 테이블 만들기는 308쪽 참고)

욕실 공사가 자꾸 미뤄지는 바람에 애물단지가 되어버린 욕조예요.
이 공사 저 공사 할 때마다 여기저기 옮기느라 많이 고생했죠.
역시 자재가 들어오는 날짜는 공사 바로 직전이어야 해요.
다이닝룸에 놓인 욕조에 들어간 핑테 님이에요!

LETE CARTOON

나중에 알고 보니,
'정'을 놈이라고 하더라구요
공사 용어중에는 평소에
쉽게 접하지 못하는 말이
많으니, 차근차근
배워나가요!

창고 개조 일기

레테의 집 뒤꼍엔 작지만 아늑한 공간이 있어요.
하늘이 보이는 천장이 너무도 멋진 곳이지만
예전엔 창고로만 쓰인 듯해요. 뒤꼍의 작은 창고도
잘 활용하면 멋지게 될 것 같아 가슴이 두근거렸지요.
바닥을 돋우고 문짝을 교체하고 바닥재 작업을 했어요.
세탁실도 되고 작업실도 되는, 또 겨울엔 온실도 되는 다목적 공간이랍니다.
세탁기 옆엔 애벌빨래를 할 수 있는 개수대를 넣은 수납장을 짰어요.
빈티지 핑크로 칠하고 벽면에 유리타일을 붙였더니
한층 사랑스러워졌답니다.

개조 전 보세요

데코타일 바닥재는 인터넷에서 쉽고 저렴하게 구할 수 있어요. 손쉽게 직접 붙일 수 있답니다.

개조를 준비해요

유리타일 타일이야기 www.tilestory.com
개수대 수납장 재료 더디아이와이 www.thediy.co.kr
큰 나무 데코 시트지 삼화홈데코 www.djpi.co.kr

01

개조 전의 뒤꼍 건물은 방이라기보다는 작은 창고였어요. 천장 투명창에 붙은 시트지도 거슬렸고 출입구도 아주 낡은 상태였답니다. 바닥은 콘크리트 그대로였고요.

02

창고로 통하는 낡은 출입문과 문틀을 철거했어요. 철거 후 새로 문틀을 만들고 문을 달았지요.

03

천장의 지저분한 시트지는 모두 떼어냈어요. 햇볕을 가리기 위해 붙여놓은 것 같았는데 하늘을 보고 싶어 투명한 상태로 두었어요.

04

바닥면을 돋우는 목공사를 했어요. 진짜 방이 아니라 난방 공사를 하지 못하지만 나무를 이용해 바닥면을 방과 비슷한 높이로 맞췄어요.

05

데코타일 바닥재를 구입해 직접 시공하는 모습이에요. 모서리부터 시작해 붙여나가기만 하면 되는 작업이라 쉬워요. 바닥과 벽 사이는 실리콘으로 마감했어요.

06

각종 집기를 둘 곳이 마땅치 않더라고요. 그래서 세제는 물론 페인트, 전동 공구 등을 모두 수납할 수 있는 수납장을 짜 넣었어요.

07

한 그루 나무 모양의 데코 시트지를 구입해 붙였어요. 밋밋한 벽에 손쉽게 포인트를 줄 수 있는 방법이에요. 주워온 낡은 나무판으로 벤치를 만들어놓았더니 훌륭한 휴식 공간이 되었답니다.

08

세탁기에 빨래를 넣기 전 애벌빨래를 할 수 있도록 세탁기 바로 옆에 세탁 싱크대를 설치했어요. 아파트에 살 때부터 꼭 만들고 싶었던 공간이었답니다.
(편리한 세탁 싱크대 만들기는 373쪽 참고)

09

전체 모습이에요. 빈티지 핑크 싱크대 위 벽엔 반짝반짝한 블루 유리타일을 붙였어요. 전체적으로 약간 동화적인 느낌을 살렸어요. 비 오는 날 천장에 미끄러지는 빗방울이 분위기를 더욱 운치있게 만들어주는 방이랍니다.

LETE 현관 개조 일기

오래된 현관문은 기능적으로나 미관상으로 교체가 필요했어요.
현관인데 잠금장치도 허술하고 신발장은 너무 작아 여러 켤레의
신발을 수납하기에 무리였어요. 이 집을 처음 봤을 때부터
빨간 현관문을 염두에 두고 그에 맞춤 문 그림을 그리기 시작했죠.
좁은 현관문 안쪽에 꽉 차게 신발장을 만들어 신발을 수납하고
거실로 통하는 길목에 중문을 설치하기로 했어요.

건축자재 박람회 때 눈여겨본 제품의 카탈로그와 인터넷에서 검색한 현관문들을 비교해보고 결정했어요. 디자인을 먼저 선택한 후 원하는 컬러로 주문했답니다.

바닥 타일 상아타일 www.sangahtile.co.kr
패널벽 재료 더디아이와이 www.thediy.co.kr

01

예전 현관문은 문고리가 허술하고 전체적으로 낡아서 철거했어요. 현관과 거실이 바로 연결되어 먼지도 많이 쌓일 것 같고 신발이 바로 보여 깨끗이 치워도 지저분해 보일 것 같았어요.

02

신발장이 너무 작아 사계절 신발을 모두 수납하기 어려워 보였어요. 신발장을 새로 크게 짜 넣기로 하고 모두 철거하니 거실 벽에 뻥 뚫린 구멍이 생겨서 벽돌로 쌓고 전체적으로 새롭게 미장 작업을 했어요.

03

목공사를 할 때 가구를 잘 짜는 목수분을 만나 신발장과 붙박이장 제작을 의뢰했어요. 공간이 좁기 때문에 신발의 앞부분이 보이게끔 비스듬히 기울인 선반 제작도 부탁했어요. 집의 전체적인 톤을 고려해 화이트로 페인트 칠했답니다.

04

공사 막바지에 현관문을 설치했어요. 직접 달아도 되지만 튼튼하게 하려면 설치 기사에게 의뢰하는 게 좋아요. 디지털 도어로크는 인터넷에서 주문해 설치했어요.

05

현관 바닥에는 공사 이후에 구입한 타일을 직접 붙였어요. 전체적인 분위기에 맞게 크고 밝은 색상의 타일을 붙였는데 크고 넓을수록 타일 자르기가 힘들었어요.(현관 바닥 타일 붙이기는 206쪽 참고)

06

작은 현관이지만 거실과 분리되도록 중문을 설치했어요. 보온 기능을 높이고 현관을 통해 오염 물질이 거실로 들어오는 것을 막기 위해 유리로 된 중문을 문짝 공장에서 맞췄어요.

07

신발장 맞은편은 화이트 회벽인데 너무 밋밋해서 패널 벽을 만들었어요.(접착제 없이 패널 벽 시공하기는 184쪽 참고)

LEIE 주택 외관 개조 일기

30년은 족히 넘었을 듯한 붉은 벽돌로 이루어진 아담한 1층집! 그대로 페인트칠만 해서 마무리하려다가 욕심이 생겼어요.
기필코 빨간색이어야만 한다는 생각에 현관문을 빨간색으로 맞추니
집 전체 컬러도 현관문 색과 어울리게 하고 싶더라구요. 그래서 새시 외부 색상은 다크그린으로 정하고
벽돌 위에 아이보리와 올리브그린 컬러의 드라이비트를 칠하기로 했어요.
깨끗하고 새로운 느낌의 외관을 원했거든요. 주택 외관 개조 작업은 실내 개조가 끝날 무렵에 진행했답니다.

 **개조 전 보세요**

드라이비트는 일반적으로 외부 단열에 사용하는 제품이에요. 외부 미관과 단열을 동시에 해결할 수 있고 시공 시간이 짧다는 장점이 있지요. 외벽에 단열재를 대고 그 위에 드라이비트를 시공해주면 된답니다. 시공 후 남은 드라이비트는 보관해두었다가 오염이 생겼을 때 붓으로 덧칠하면 돼요. (드라이비트는 여러 가지 색상 중 선택할 수 있답니다.)

개조를 준비해요

드라이비트·페인트 공사 삼화홈데코 아기곰푸우 팀 www.djpi.co.kr

01

오래된 외관 붉은 벽돌과 알루미늄 현관문, 잘 열리지 않는 새시와 창문을 모두 철거했어요.

02

철거 직후 새시 실측을 한 뒤, 목공·미장 공사 후 설치했어요.

03

밋밋한 창에 포인트를 주고자 창틀을 나무로 덧대어 만들고 붉은 벽돌에 깨끗이 미장을 했어요. 미장한 부분에만 드라이비트를 시공할 수 있답니다.

04

지붕 처마의 손상된 부분을 보강하고 화이트 페인트로 깨끗이 칠했어요.

05

창문에 페인트가 묻지 않도록 보강 작업을 한 후 드라이비트를 뿌렸어요. 현관문을 기점으로 서재 외관은 톤다운된 그린 컬러를 칠했어요.

06

지붕 처마와 서재 외관을 제외한 모든 부분엔 아이보리 톤의 드라이비트를 시공했어요.

07

외부 페인트 공사가 모두 끝난 모습이에요. 새시틀 등 세부적인 페인트칠은 모두 직접했어요.

08

지붕은 핑테 님이 직접 올라가 주황색으로 칠했어요. 다이닝룸 외관엔 컨트리풍 어닝을 만들어 창틀 위에 작은 지붕을 달았답니다.

새시틀은 연그린색으로 칠했어요. 자칫 밋밋해 보이는 아이보리 컬러 벽에 포인트를 주기 위해서예요.

마당 개조 일기

집 내부 공사가 거의 마무리 될 즈음 실외 공사를 했어요. 작은 마당이지만 푸른 잔디밭과 한옥의 툇마루처럼
거실과 연결된 멋진 데크도 갖고 싶었죠. 레테 집의 포인트는 전망이에요. 그래서 별채를 철거하고
옹벽 쪽 담을 낮추는 작업을 했어요. 데크를 깔지 않는 한쪽 마당은 시멘트를 제거하고 흙을 깔아 잔디 씨를 뿌려두었어요.
마당 수돗가도 아담하게 꾸몄고요. 담벼락과 대문을 직접 단장하는 것은 힘들었지만 즐거운 작업이었답니다.
조경과 관련된 공사는 따로 하지 않고 이사 온 후 쉬엄쉬엄 했어요.
파릇파릇한 새싹이 돋아나 마당을 채우니 비로소 인테리어가 완성된 느낌이 들어요.

개조를 준비해요

단조 공사 손잡이나라 www.sjbnara.com
천연 방부 데크재 · 목재 사이딩 타이거우드 www.tigerwood.co.kr
담 페인트 외부용 페인트—삼화페인트 www.djpi.co.kr
사이딩 스테인 외부용 수성 스테인—나무와사람들 www.jeswood.com

01

옹벽 쪽 담장을 잘라내고 단조를 대는 작업은 가장 걱정했던 공사예요. 전망을 가리는 담을 허무니 상상했던 것보다 훨씬 멋진 전망이 펼쳐져 감탄을 했어요. 단조 공사는 일주일 전 현장 미팅 후 높이와 길이를 측정하고 디자인을 선택한 뒤 견적을 내요. 단조는 무겁기 때문에 전체를 일정한 길이로 나누어 여러 개로 제작한 뒤 현장에서 조립해요. 곡선 등 외부 변수가 생길 수 있어 절단, 용접 등은 현장에서 바로 한답니다.

03

흙을 메우고 미장 공사를 다시 했어요. 비가 올 때를 대비해 물이 하수구 쪽으로 잘 내려가도록 물매를 잡는 작업이 중요해요. 데크 공사는 3일 만에 완료했답니다. 천연 방부 데크재로 시공했어요.
(야외 데크 공사는 140쪽 참고)

02

별채가 있던 앞마당이에요. 한 달 정도 고민 끝에 결국 별채를 철거하기로 했어요. 방 하나가 없어지더라도 넓은 마당을 갖고 싶었거든요.

04

데크가 완성된 후 지저분한 담벼락에 다시 미장을 하고 전원주택 외장재로 많이 쓰는 사이딩 목재를 시공했어요. 틀만 목수가 짜주고 사이딩 설치는 직접 했지요. 데크재에 오일 스테인을 칠하고 사이딩에는 외부용 수성 스테인을 칠했어요.

05

데크를 시공하지 않은 현관 앞쪽 마당엔 시멘트를 걷어내고 흙을 채웠어요. 화단의 쓸데없는 자잘한 나무와 무성한 잎을 모두 깨끗이 정리하니 나무들이 한결 돋보이고 깨끗해 보였어요.

07

별채를 철거한 쪽에 수도가 있었는데 수도관을 벽면 쪽으로 빼고 야외 세면대를 만들었어요. 수도관을 뽑고 시멘트로 세면대를 만든 후 벽면에 자기 타일을 붙였답니다. 야외에서 바비큐 파티하면서 설거지를 하거나 화단에 물 줄 때 참 편리해요.(지중해풍 야외 세면대 만들기는 219쪽 참고)

09

데크를 깔고 잔디가 모두 자란 모습이에요. 똑같은 나무들인데 예전과 비교해보면 훨씬 예뻐보여요. 단독주택은 페인트칠만 잘해도 180도 달라 보이는 것 같아요. 친정엄마께서 나무를 동그랗고 예쁘게 다듬어 주셨어요.

06

마당의 콘크리트를 걷어내고 잔디를 심었어요. 잔디 씨앗을 구해 뿌리면 금방 자란답니다. 빨간 현관문과 파란 잔디가 어찌나 잘 어울리는지. 정말 싱그러워 보여요. 아기자기한 토분들에 야생화를 심었는데 아파트에서 기를 때보다 훨씬 잘 자라요.

08

기존의 대문을 검은색으로 칠하고 벽면엔 톤다운된 겨자색의 외부용 페인트를 칠했어요. 담벼락에는 외부용 페인트를 두 번 칠하면 돼요. 간단하죠?

10

지저분한 텃밭에 울타리를 만들고 씨앗을 뿌려 꾸며보았어요. 초보 농사꾼 레테·핑테 부부가 키운 잘 자라난 무공해 채소가 밥상을 풍성하게 해줘요.

전문 장비와 기술이 부족한 레테가 마당 절반 규모의 데크를 직접 만들기는 무리였어요.
그래서 데크 공사 전문가를 섭외했지요. 전문 목수를 도와 함께 일하며 레테 부부도
많이 배웠답니다. 데크 공사는 방부목으로 전체적인 틀을 만들고 데크 목재를 조립하는
공정이에요. 태커를 이용하면 작업이 편한 대신, 조립 부위가 쉽게 벌어져 오래 가지 못한다는
단점이 있어요. 그래서 나사로 조립하는 것이 더 좋다고 해요. 더운 여름날 드릴과 나사로
일일이 데크를 조이는 작업은 현기증이 날 정도로 힘들었어요.
그렇지만 고생한 만큼 튼튼하게 완성되어 정말 뿌듯해요.

개조 전 보세요

데크 목재는 종류에 따라 특징과 가격이 다르기 때문에 꼼꼼히 따져본 후 결정하세요. 공사에 들어가기 전 실측 단계에서 데크 전문가와 함께 소요되는 재료의 양을 계산해 자재점에 주문하면 돼요. 레테는 천연 데크 목재 '바투'와 기본틀이 될 방부목 등을 구입했어요. 데크 시공 후 외부용 스테인을 전체적으로 칠해주는 것도 잊지마세요.

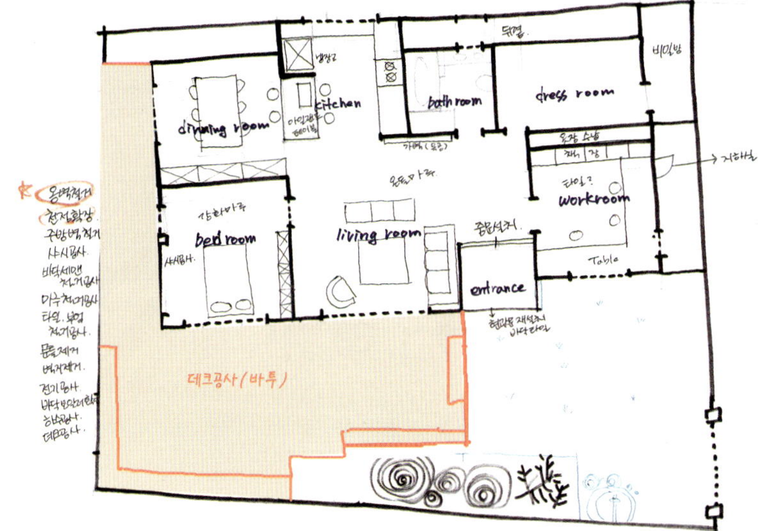

LETE'S TIP

데크 목재는 시공 2~3일 전에 받으세요. 미리 받아놓으면 보관도 힘들고 나무가 휠 염려도 있거든요. 일기예보도 잘 체크하여 비오는 날 작업하는 일이 없도록 주의해요.

01

시공 전 데크 공사 전문가와 조립 방식에 대해 상의해요. 설치될 데크의 방향(한쪽 방향, 격자 등)에 따라 기초 공사가 다르기 때문이에요. 레테는 격자로 시공하기로 했어요.

02

전체적인 수평을 측정한 후 벽면에 표시해요. 표시한 벽면에 기본틀이 될 두꺼운 방부목을 굵은 콘크리트 앵커로 고정해요.

03

벽면에 고정한 방부목과 수평이 맞게 방부목을 연결해요.

04

일정한 간격을 두고 연결해 나가요.

05

천연 데크 목재의 길이로 격자의 크기를 정한 뒤 방부목을 배열해 조립해요. (데크를 격자가 아닌 한 방향으로 시공하고 싶다면 방부목을 평행하게 연결해주면 돼요)

06

데크의 뼈대가 완성된 모습이에요. 울퉁불퉁한 마당 바닥을 수평으로 맞추다 보니 구조가 복잡해졌지만 반듯한 바닥에서의 작업이라면 간단하답니다.

07

데크 공사 전문가의 설명에 따라 레테와 핑테도 팔 걷어부치고 공사에 참여했어요.

08

기초 공사가 완료된 방부목에 일정한 간격을 두고 데크 목재를 조립합니다. 드릴을 이용해 이중 드릴날로 구멍을 내고, 녹슬지 않게 아연으로 도금한 긴 나사못을 박아주어요.

09

데크 조립이 완료되면 먼지가 없어지도록 물청소를 하고 건조시켜요. 롤러로 외부용 스테인을 칠하면 완성입니다. 롤러 대신 도배용 넓은 붓을 사용하면 붓자국 없이 훨씬 잘 칠해져요.

스테인을 주기적으로 잘 칠해주면 데크의 수명이 20~30년 이상 지속된다고 해요.
레테는 1년에 한 번 날씨가 좋은 가을날 칠하기로 했답니다.

LETE CARTOON

부암동의 봄여름가을겨울

종로구 부암동에 둥지를 틀었다. 공사할 때는 과연 내가 이 집에서 살 날이 오기는 올까 하는 생각이 들 정도로 너무 힘들었는데, 어느새 여름, 가을, 겨울, 봄 그리고 다시 여름 그렇게 사계절을 살아냈다. 감격적인 1년이 되던 날…. 아무리 고생스러워도 이런 날이 오는 걸 보면 힘들다고 포기할 일은 없는 듯하다.

집을 내 스타일로 예쁘게 꾸며가는 과정은 고민하느라 머리가 아플지라도 충분히 해볼 만한 작업이었다. 사실 리모델링 공사는 시작한 지 한 달 만인 지난해 6월에 모두 끝났다. 그러나 이사한 후에도 가구나 소품들을 만들고 리폼하느라 외출을 하지 못했다. 온 집안 창문에 달 커튼과 소파 커버링, 침구까지 재봉질을 했다. 직선박기와 말아박기밖에 모르는 내가 그렇게 엄청난 양의 일을 해내다니 스스로도 대견했다.

단독주택으로 와서 좋은 점을 꼽으라면 100만 가지도 넘겠지만 그중 하나를 꼽으라면 빨래 널기다. 뜨거운 햇볕 아래 걸어놓은 빨랫줄에 빨래를 널고, 난간에 이불을 걸어 매일 말려주고, 가끔은 패브릭 소파도 마당으로 내다가 바람과 햇빛에 실컷 소독해준다. 텃밭 가꾸기도 빼놓을 수 없는 즐거움이다. 이랑과 고랑도 제대로 구분 못했던 초보였지만 상추와 바질, 고추 등을 심은 후, 지렁이를 주워다 넣어주고 퇴비도 만들어 뿌려주었더니 여름에 텃밭이 풍성해졌다. 시골에 계신 친정엄마께서도 텃밭이 마음에 드셨는지, 채송화, 봉숭아 등을 잔뜩 챙겨 올라오셔서는 꽃밭을 만드셨다. 덕분에 야생화를 집 곳곳에 많이 두고 싶다는 나의 소망도 이루어졌다. 봄이 되었을 때, 꽃을 심은 화분들이 창문과 펜스에 탐스럽

게 걸렸다. 봄, 여름, 가을, 겨울, 계절마다 색색이 변하는 마
당의 단풍나무와 텃밭의 고추, 깻잎, 그리고 만발한 허브들
과 꽃들이 내 두 번째 책의 진도를 느리게 하는 주범들이다.
요즘 사람들을 만나면 주택에 살면 불편하지 않느냐고 묻는
다. 그럼 나는 "난 이제 아파트에선 못 살아요." 라고 대답
한다. 눈이 오면 눈이 와서 설레고, 비가 오면 비가 와서 운
치 있다. 주택에 살게 되면서 우리에게 일어난 변화는 계절
에 무척 민감해졌다는 것이다. 주택이라 손 갈 일이 많지만
그런 소소한 일들이 마냥 행복하다. 마당에 떨어진 낙엽을
치우는 일이 나에게 더 없는 즐거움이 된 것처럼….

Spring

Summer

Autumn

Winter

5

공간 변신

침실에 프로방스풍 나무 창문 만들기

침실엔 큰 통창이 있고 침대 머리맡 쪽에 이중 창문이 하나 더 있었어요.
모든 창에 커튼을 치자니 너무 치렁치렁하고 답답해 보일 것 같았죠.
그래서 나무 창틀을 만들고 그에 맞게 양쪽에 창문을 달고 가운데 부분에만 포인트로 커튼을 달았어요.
내추럴한 나무 창문 사이로 아침 햇살이 들어오면 프로방스 마을에 온 것처럼 아늑한 느낌이 든답니다.

DATA
SIZE 창문
LEVEL ★★★★
TIME 7~8시간
PRICE 4~5만원

 만들기 전 보세요

문짝을 만들 합판은 너무 무거워도 안 되지만 얇아도 안 돼요. 햇빛을 받으면 금방 휘어져버리기 때문이죠. 그래서 좀 더 두꺼운 합판을 쓰거나, 문짝 앞면처럼 뒷면에도 1cm 정도 두께의 각재를 박아요.

재료를 준비해요

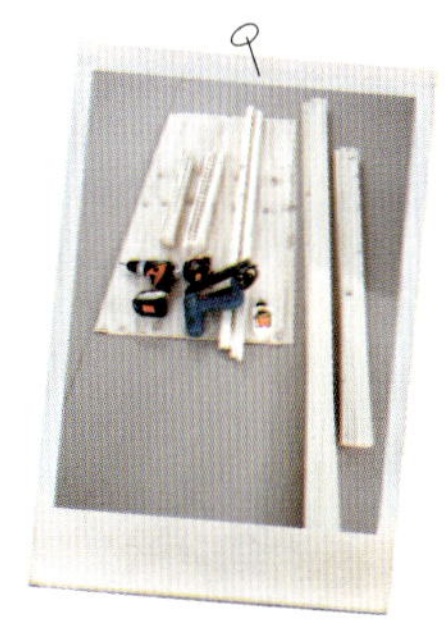

기본 재료 드릴, 나사, 목본드, 붓
주재료 합판과 각재, 가구용 페인트, 바니시, 우아미 경첩 6개, ㄱ자 꺾쇠 6개, 콘크리트날, 앵커 12개, 스텐 자석, 손잡이
재료 구입 더디아이와이 www.thediy.co.kr

침대 머리맡에 크게 자리 잡은 안방 창문을 커튼으로 가려놓았더니 답답하고 지루했어요.

01

이렇게 주문했어요

- 창문틀은 24mm 두께의 스프러스 판재를, 창문은 15mm 두께의 합판과 12mm 두께의 스프러스 판재를 사용해요.
- 스텐 자석 두 개, 우아미 경첩 6개, 앵커 12개, ㄱ자 꺾쇠 6개를 보내주세요.

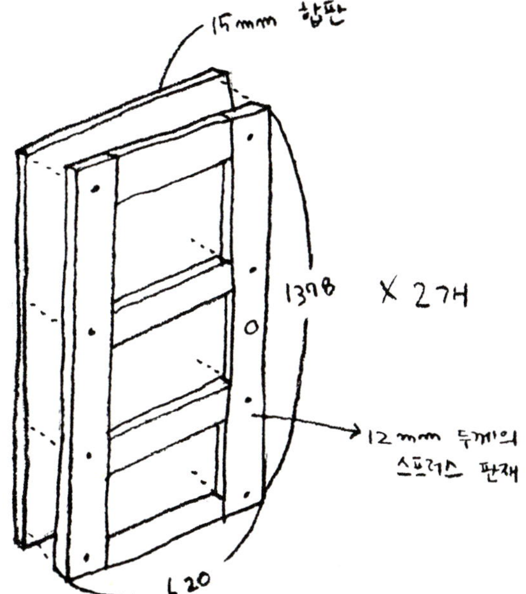

※ 창문 크기에 맞도록 주문할 창문을 스케치한 뒤 인터넷 목공소에 재료를 주문해요.

02

기본 창틀을 조립해요. 긴 나사를 박아야 튼튼해요.

04

창틀 형태로 조립하되 가운데 두 개의 세로 각재는 창문이 완성된 후 조립해야 간격을 맞추기 좋아요.

03

ㄷ자로 조립한 뒤 ㅁ자 형태로 맞춰요.

05

창문용 합판 안쪽에 각재를 목본드로 접착한 뒤 뒷면에서 드릴로 박아 창문 두 개를 만들어요.

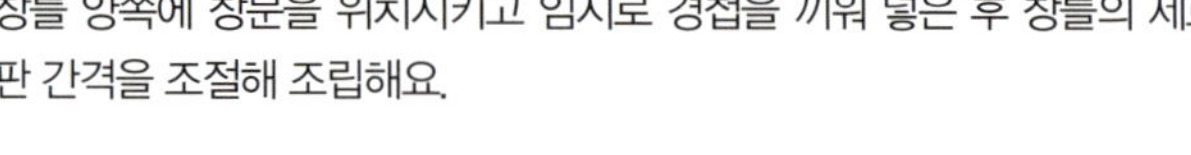

창틀 양쪽에 창문을 위치시키고 임시로 경첩을 끼워 넣은 후 창틀의 세로판 간격을 조절해 조립해요.

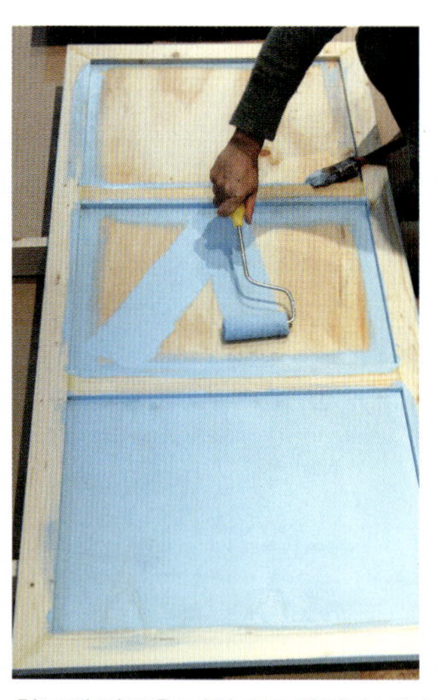

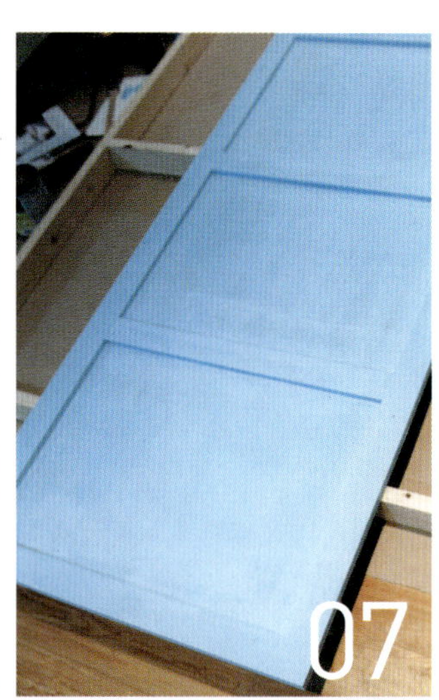

창문에 가구용 페인트를 앞뒤로 모두 칠하고 바니시를 칠한 후 말려요.

08

창문틀은 원목 질감을 살리기 위해 바니시만 칠했어요.

ㄱ자 꺾쇠를 창틀 위에 3개, 아래에 3개 미리 박아놓아요.

꺾쇠 박기 상세 설명

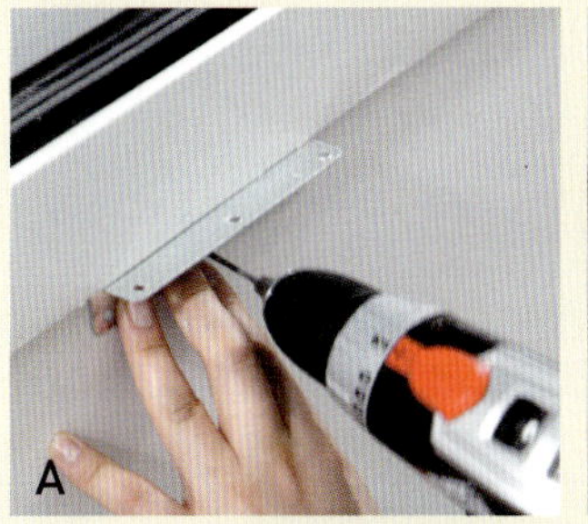
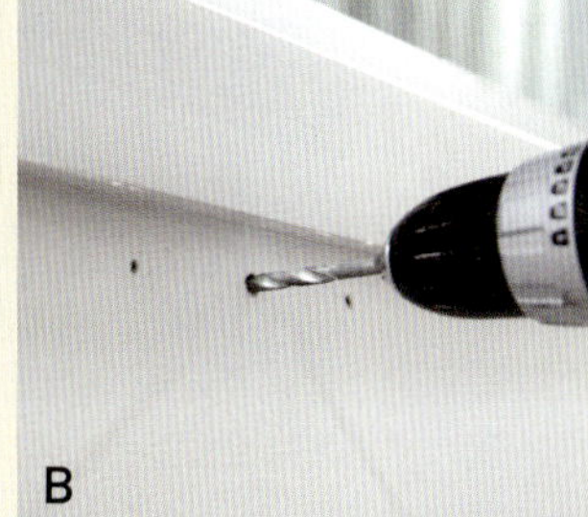
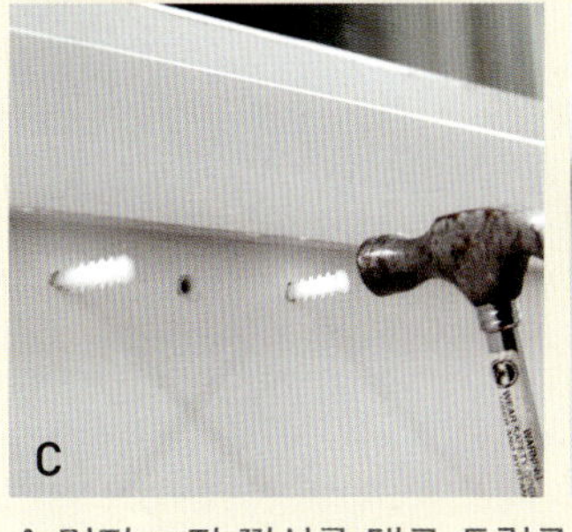
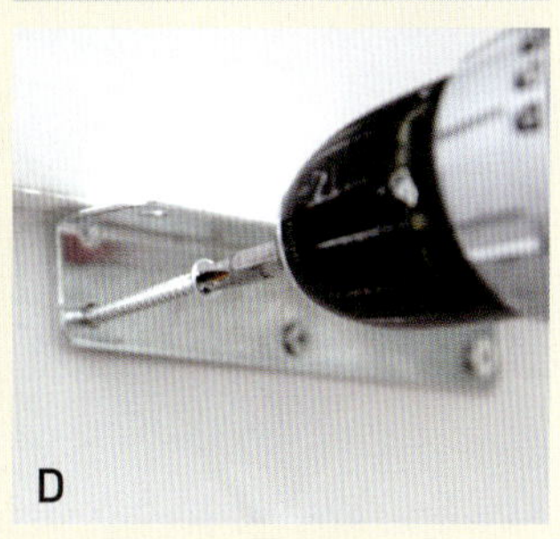

A 먼저 ㄱ자 꺾쇠를 대고 드릴로 나사 구멍을 표시해요.

B 콘크리트날을 이용해 구멍을 뚫어요.

C 앵커를 망치로 박아놓아요.

D ㄱ자 꺾쇠를 대고 앵커 위치에 맞춰 나사를 박으면 OK!

10

창틀을 창에 맞춰 잘 고정시
켜요.

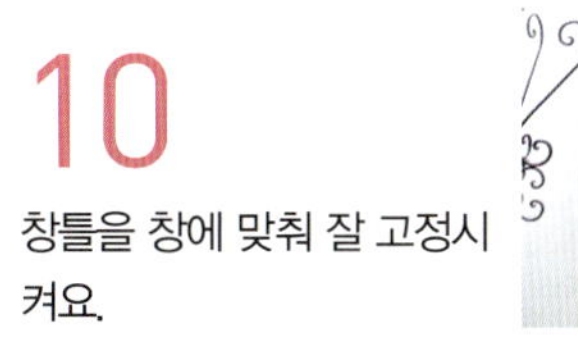

11

미리 박아놓은 ㄱ자 꺾쇠에
창틀을 고정하고 조립해요.

경첩을 이용해 창문을 창틀에 달고 문 안쪽에 스텐 자석을 설치한 뒤 손잡
이도 달아요.

침실 창틀에 나무 창문을 설치한 모습이에요.

DATA
SIZE 벽면 한 쪽
LEVEL ★★★
TIME 3~4시간
PRICE 1~2만원

페인팅으로 스트라이프 벽지 만들기

간단한 페인팅 방법으로 스트라이프 무늬를 만들 수 있어요.
한 가지 색으로 페인팅하는 것이 지루하다면 시도해보세요.
무늬를 어떻게 만드냐고요? 기존 벽지에 스펀지만 이용하면 OK! 삐뚤빼뚤하지만 그것도 개성이지요.

 ### 만들기 전 보세요

작업 전 벽에 스트라이프 밑그림을 그리지 않아도 돼요. 가운데 홈이 패인 스펀지로 한 번 칠하면 두 줄이 생기고, 그다음 칠할 땐 먼저 칠한 한 줄과 겹쳐 칠하면 자연스럽게 수평이 맞아요.

 ### 재료를 준비해요

기본 재료 스펀지, 커터칼, 마스킹 테이프, 비닐, 붓, 트레이
주재료 벽지용 페인트

01 스펀지를 3등분해 가운데 부분만 도려내요.

02 각을 잘 맞춰 커터칼로 깨끗하게 도려내요.

03 마스킹 테이프와 비닐로 시공할 벽면의 바닥과 콘센트를 가려요.

04 칼집을 낸 스펀지에 페인트를 묻혀요.

05

벽면에 밀착되도록 잘 맞춰
위에서부터 칠해요.

06

두 번째 칠할 때는 먼저 칠한
한 줄에 겹쳐서 내려오면 간
격 맞추기도 쉽고 두 번 칠
하는 수고를 덜 수 있어요.

07

스펀지에 페인트를 자주 묻
혀가며 칠해요.

08

같은 방법으로 벽 끝까지 하
면 된답니다. 잘 말린 후 붓으
로 부분부분 수정해도 돼요.

벽지용 페인트는 기존 실크벽지 위에 바로 시공할 수 있는 페인트예요.
몇 번을 겹쳐 칠해도 색이 잘 먹으니 계절마다 화사하게 집 안 분위기를 바꿀 수 있어요.
레테처럼 벽지 위에 스트라이프 무늬를 내는 것도 집 안에
생동감을 줄 수 있는 방법이랍니다.

벽지 한 롤로
거실 분위기 확 바꾸기

저렴한 비용으로 확실한 변화를 줄 수 있는 집 꾸미기 비법은 벽지를 바꾸는 것이에요.
공간에 변화를 주고 싶을 때 포인트 벽지를 과감하게 바꿔보세요.
도배는 생각보다 어렵지 않아서 누구나 쉽게 할 수 있어요.
레테 따라 셀프 도배하기로 고고씽.

DATA
SIZE 벽면 한 쪽
LEVEL ★★★
TIME 2~3시간
PRICE 2~4만원

벽지 한 롤로 거실 분위기 확 바꾸기

BEFORE

소파와의 컬러를 맞추긴 했으나 벽지 색이 너무 칙칙하고 올드해서 전체적인 분위기가 어둡고 지루해 보였어요.

만들기 전 보세요

도배용 풀은 친환경 도배용 가루를 이용해 만드세요. 밀가루 풀과 오공본드를 섞어 써도 되지만 친환경 도배용 가루는 물에 풀어 쓰기만 하면 되니 편리하고 본드 냄새도 안 나서 좋아요.

재료를 준비해요

기본 재료 커터칼, 걸레, 가위, 도배용 붓, 자, 롤러, 트레이
주재료 벽지 1롤, 도배용 가루, 물

01

기존 벽지가 실크벽지일 경우 커터칼로 그은 후 떼어내면 초배지와 자연스럽게 분리돼요.

02

초배지는 남기고 벽지를 모두 제거한 후 시공할 벽을 깨끗이 닦아요.

03

적당한 양의 물에 도배용 가루(물:가루=30:1)를 조금씩 뿌려가며 덩어리지지 않도록 저어요. 문구용 풀 정도의 농도면 적당합니다.

04

첫 폭의 벽지는 필요한 양만큼 천장부터 재어 10cm 정도 여유 있게 가위로 잘라내요.

05

도배용 붓으로 벽지 뒷면에
풀을 고루 발라요. 모서리 부
분은 충분히 더 많이 발라요.

06

첫 폭의 벽지는 걸레나 넓적
한 붓을 이용해 공기가 빠지
도록 위에서 아래로 꼼꼼히
잘 쓸어가며 붙여요.

07

두 번째 폭부터는 무늬를 맞
추고 첫 폭과 겹치지 않게
옆선도 딱 맞추어 붙이는 것
이 요령이에요.

08

위아래 남는 부분은 자를 대고 커터칼로 잘라 깔끔하게 마
무리해요.

09

벽지가 맞붙은 모서리 부분
은 풀칠을 더 많이 하고 롤
러나 걸레로 꼼꼼히 잘 눌러
요. 같은 방법으로 벽 전체
를 도배해요.

도배 풀의 수분 때문에 벽지가 울 수 있으나
하루 정도 말리면 잘 펴지니 걱정하지 마세요.

DATA
SIZE 현관문
LEVEL ★★★
TIME 3~4시간
PRICE 1~2만원

몰딩과 페인팅으로
유럽식 현관문 만들기

나무 판재나 합판을 사용하지 않고 아주 간단한 방법으로 현관문을 변신시킬 수 있는
방법을 알려드릴게요. 장식용 몰딩으로 프레임을 대고 예쁘게 칠하기만 하면
딱딱한 현관문이 고급스럽게 변신한답니다. 화이트뿐만 아니라 레드나 그린 등의
강렬한 컬러를 사용해도 멋진 분위기를 연출할 수 있어요.

 ## 만들기 전 보세요

철제문처럼 페인트가 잘 안 먹는 곳에는 초강력 젯소(프라이머)를
꼭 칠해야 돼요. 젯소를 칠할 때는 롤러로 얇게 여러 번 칠하고 말
리는 과정이 중요해요. 그래야 쉽게 벗겨지지 않거든요. 몰딩과
문을 같은 색으로 칠할 경우 몰딩을 먼저 붙인 뒤 젯소와 페인트
를 칠하는 것이 편리해요. 아래 과정은 방송 촬영 중간에 찍은 거
라 순서가 조금 복잡해졌어요.

 ## 재료를 준비해요

기본 재료 커버링 테이프, 연필, 45도 각도자, 톱, 실리콘, 글루건, 메꾸미, 사포, 붓
주재료 띠 몰딩, 젯소, 페인트

순서를 간략하게 정리하면 몰딩 커팅⇨몰딩 접착⇨
메꾸미로 메우기⇨젯소 칠하기⇨페인트칠하기랍니다.

01

손잡이 등 페인트가 묻지 않
아야 할 곳에 커버링 테이프
로 보강 작업을 해요.

02

문에 맞게 몰딩 배치를 스케
치한 후 치수를 산출해요.

03

필요한 개수에 맞게 띠 몰딩
을 모두 잘라놓아요.

띠 몰딩 뒷면에 실리콘을 한 줄로 쏘고 중간중간에 글루 건을 쏴요.

05

미리 문에 몰딩이 들어갈 자리를 표시해두고 몰딩을 붙여요. 몰딩 모서리의 이음매에 생긴 틈은 메꾸미로 메우고 사포질하면 매끄러워져요.

06

위아래에 몰딩을 붙인 뒤 가운데 몰딩을 붙이면 간격 맞추기가 훨씬 쉬워요.

07

젯소를 얇게 칠한 후 말려요. 같은 과정을 2~3회 반복해요.

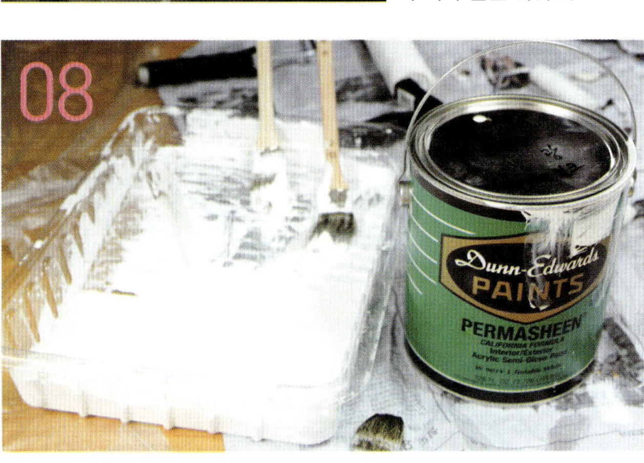

페인트를 같은 방식으로 칠하고 말린 후 하루 정도 더 건조해요.

철제문 페인팅을 한 후에는 일주일 정도 긁히거나 스크래치가 나지 않도록 주의해요.
1~2시간 안에 마르는 것처럼 보이지만 실제로 완전히 굳기까지는 일주일 정도 걸린답니다.

LETE CARTOON

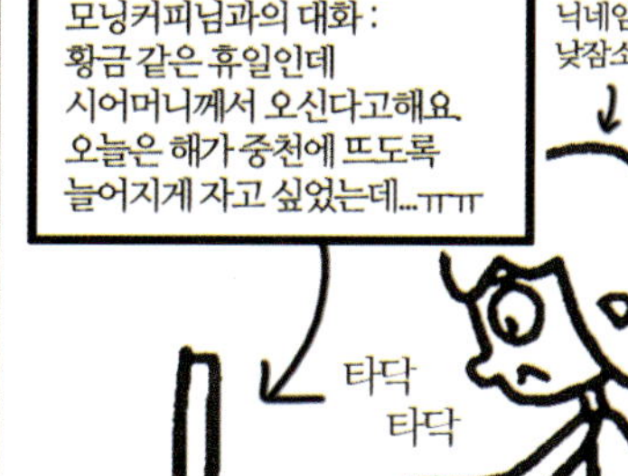

데코타일로 프로방스풍
현관문 만들기

평수에 상관없이 아파트 현관문은 비슷비슷한 철문으로
되어 있어 현관 쪽은 우중충해 보이지요.
그래서인지 차가운 철제 현관문에 나무 판재를 대거나
패널을 붙여 산장 같은 느낌을 연출하는 인테리어가
한창 유행이었어요. 이번엔 접착식 우드 데코타일을 이용해
화사한 현관문을 연출해보아요. 시공도 간편하고 깔끔하게
작업할 수 있어 단시간에 효과를 볼 수 있는 아이템이랍니다.

만들기 전 보세요

인터넷에서 데코타일 바닥재를 검색하면 소량으로 구입 가능한 곳을 쉽게 찾을 수 있어요. 가격도 저렴하고 페인팅 같은 복잡한 과정을 거치지 않아도 되니 처음 리폼하는 분들도 시도해보세요.

재료를 준비해요

기본 재료 실리콘, 커터칼, 자
주재료 접착식 우드 데코타일(7장 박스×3개)

01

접착식 데코타일 뒷면의 종이를 벗겨요.

02

실리콘을 지그재그로 쏴요. 접착 면이 잘 떨어질 수 있으니 꼭 쏴야 해요.

03

현관문 위쪽부터 꼭꼭 눌러 잘 붙여요.

04

도어로크 부분은 크기에 맞춰 칼로 잘 잘라 붙여요.

05

가장자리에 붙일 데코타일은 자를 대고 칼로 그은 뒤 꺾으면 쉽게 자를 수 있어요.

06

필요 없는 부분은 떼어내요.

07

데코타일을 붙일 때 데코타일 사이에 살짝(0.3mm정도) 간격을 두고 붙이면 더 예뻐요.

08

전체적으로 잘 눌러가며 붙이면 끝! 정말 간단하죠?

침실, 몰딩과 벽지 페인팅으로 변신시키기

가구와 소품은 모두 예쁜데 이상하게 분위기가 어둡고 칙칙하게 느껴질 수 있어요.
이럴 때 벽지 색과 어두운 빛의 몰딩 색을 바꾸고 낡아 보이는 큰 창문에 덧문을 달아보세요.
리모델링처럼 큰 공사를 하지 않고도 침실을 화사하게 변신시킬 수 있어요.
침실의 모든 벽을 페인트칠해도 좋지만 침대 맞은편에 포인트 벽지를 시공하면
같은 공간에서 확연히 다른 분위기를 느낄 수 있답니다. 비싼 가구 하나 들이는 것보다 백배는
더 큰 효과를 볼 수 있으니 용기내어 도전해보세요! 여기에 소개하는 침실은 레테가 진행한
올리브 채널의 〈디자인 잇 유어 셀프〉 프로그램에서 방송한 아이템이랍니다.

1 TYPE **페인팅**으로 화사하게 변신시키기

벽지용 페인트로 벽지 컬러를 바꾸면 은은한 광택이 돌고 벽지의 질감도
잘 살아나요. 쉽게 분위기를 바꿀 수 있는 최고의 방법이지요.
가구 컬러가 어둡다면 벽을 좀 더 화사한 색으로 칠해보세요.
밝은 색상이 어두운 가구의 분위기를 한층 더 살려주고 조화롭게 해준답니다.
몰딩 컬러를 천장과 같은 화이트로 칠하면 전체적으로 통일감이 생기고,
벽지 컬러 또한 확 살아나 공간이 보다 넓어 보이는 효과가 있어요.

DATA

SIZE 침실벽 3면
LEVEL ★★
TIME 3~4시간
PRICE 4~5만원

재료를 준비해요

기본 재료 비닐이나 신문지 또는 커버링 테이프, 마스킹 테이프, 붓, 롤러, 트레이
주재료 벽지용 페인트, 젯소, 화이트 페인트

01

페인팅 전 바닥에 비닐이나 신문지 또는 커버링 테이프로 보강 작업을 해요.

02

천장 몰딩과 맞닿은 부분도 마스킹 테이프로 페인트가 묻지 않도록 해줘요.

03

젯소로 몰딩을 칠해요. 칠하고 말리기를 2~3회 반복해요.

04

화이트 페인트로 몰딩을 한 번 더 칠해요.

06

1회 칠하고 한 시간 정도 말린 뒤 전체적으로 한 번 더 칠해요.

05

벽지용 페인트를 전체적으로 칠해요. 좁은 면은 붓으로, 넓은 면은 롤러로 칠하면 돼요.

07

마스킹 테이프를 제거하고 가구를 배치해보았어요.

페인팅이 끝난 벽지입니다. 벽지의 질감이 그대로 살아나고 광택도 돌아 마치 새로 도배한 것 같아요. 기존 벽지가 실크벽지라면 싫증날 때마다 몇 번씩 덧칠해도 괜찮아요.

벽지 한 롤로 변신한 포인트 벽

포인트 벽지를 고를 때는 방 안 분위기와 맞는 컬러와 무늬를 선택해야 돼요.
방 안에 가구가 많다면 너무 화려한 문양의 벽지는 피하는 게 좋아요.
도배할 때 필요한 재료는 리폼 재료 판매 사이트에서 저렴하게 구성된 세트 상품을 구매해두면 두고두고 쓸 수 있어요.
침실 벽 3면은 페인트칠을 하고 시선이 많이 가는 화장대 쪽 벽엔 포인트 벽지를 시공했어요.
화이트로 리폼한 몰딩이 방 안 분위기가 산만해지지 않도록 만들어준답니다.

반제품 갤러리창과 격자창 재료로 리폼한
근사한 나무 창문

반제품을 판매하는 사이트에서 갤러리창 두 개를 구입했어요.
원하는 크기로 재단해 보내주니 집에선 톱질할 필요 없이 조립만 하면 돼요.
기존의 창 양쪽에 갤러리창을 대고, 안쪽의 촌스러운 시트지가 발린 창문에 격자창 재료를 붙여
격자무늬를 만들었더니 마치 새로 인테리어 공사를 한 것처럼 근사해졌어요.

DATA
SIZE 창문
LEVEL ★★★★
TIME 4~5시간
PRICE 12~15만원

만들기 전 보세요

격자창 재료는 대형 마트나 인테리어 리폼 사이트에서 쉽게 구할
수 있어요. 레테는 철천지(www.77g.com)에서 구입했어요.

재료를 준비해요

기본 재료 본드, 스펀지, 가위, 드릴, 나사, 접착제
주재료 갤러리창 재료, 격자창 재료, 페인트,
손잡이, 경첩

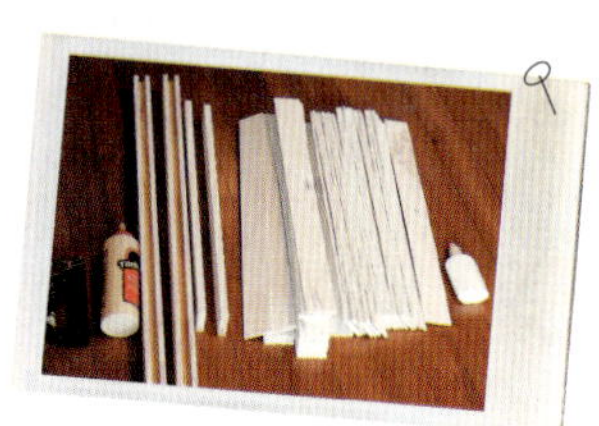

01

갤러리창은 틀을 먼저 조립
한 뒤 빗살무늬에 맞춰 본드
를 바르고 조립해나가요.

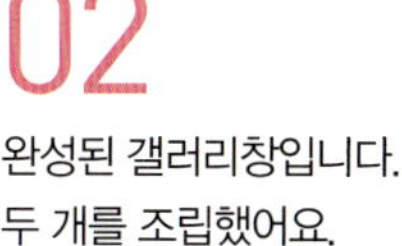

02

완성된 갤러리창입니다.
두 개를 조립했어요.

03

스펀지로 페인트를 칠하면
나뭇결이 은은히 살아나요.

04

예쁜 손잡이도 달았어요.

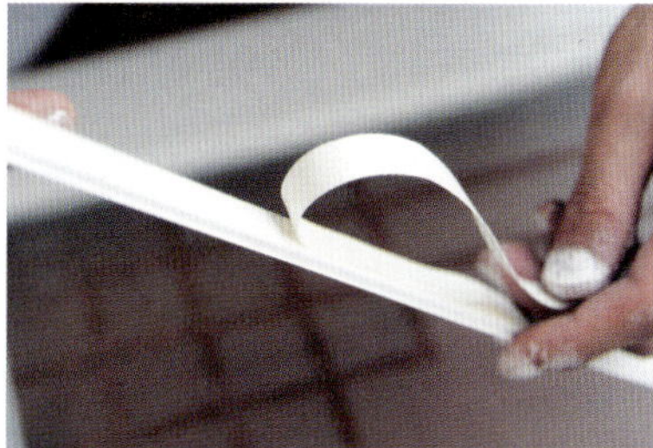

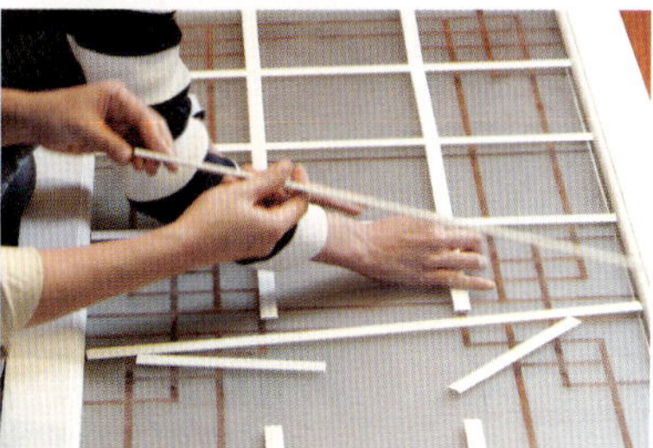

06

갤러리창엔 경첩을 위아래
로 2~3개씩 달고 기존의
창틀에 고정했어요.

05

격자창을 만들 쫄대는 크기에 맞춰 가위로 자르고 접착제가 발라져 있는
뒷면의 종이를 떼어낸 뒤 창틀 안쪽에 일정한 간격으로 붙여요. 먼저 가로
방향 간격에 맞게 붙이고 세로 방향의 쫄대도 크기에 맞춰 잘라 붙여요.

격자창을 끼우고 갤러리창까지 달았어요.

DATA
SIZE 벽면 한 쪽
LEVEL ★★
TIME 3~4시간
PRICE 0원

샘플 벽지로 패치워크 느낌 내기

집에 있는 샘플 벽지들을 어떻게 활용할까 고민하다가
패치워크 느낌으로 도배하니 아트 갤러리에 온 듯한 착각을 불러일으킬 정도로
산뜻하면서도 새로웠어요. 단조로운 도배 방법에서 탈출하여 색다른 느낌으로 도배해보세요.
비용도 절감되고 의외의 효과를 얻을 수 있어 즐겁답니다.
샘플 벽지가 없다면 딱풀로 자투리 천을 붙이는 방법도 괜찮습니다.

 **만들기 전 보세요**

샘플 벽지는 인테리어 상가나 벽지 파는 곳에서 철 지난 것을 얻
을 수 있어요. 기존 벽지는 모두 제거하고 시공하세요.

 **재료를 준비해요**

기본 재료 커터칼, 젖은 걸레, 자
주재료 샘플 벽지, 가루 도배 풀

BEFORE

01

준비한 여러 장의 샘플 벽지를 수평과 수직을 맞춰 같은 크기로 잘라요.

02

잘라놓은 샘플 벽지를 바닥에 놓고 배열해보며 무늬와 컬러에 따라 순서를 미리 결정하세요.

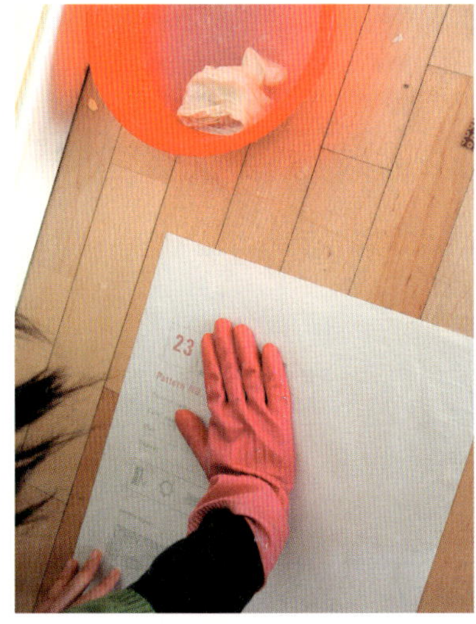

03

벽지 뒷면에 풀을 발라요. 모서리 부분은 특히 꼼꼼히 발라야 해요.

04

미리 배열해놓은 샘플 벽지를 순서대로 붙여요.

05

모서리 부분을 붙일 때는 꼼꼼히 눌러주어야 해요.

06

풀이 묻은 부분은 젖은 걸레로 깨끗이 닦아주세요.

07

전체적으로 살짝 울더라도 걱정하지 마세요. 하루 정도 지나면 풀이 마르면서 펴질 거예요. 모서리 부분의 남는 벽지는 자를 대고 깨끗이 잘라주면 된답니다.

여러분도 용기내어 패치워크 느낌으로 도배하는 데 도전해보세요.

LETE 침실 바닥 타일 시공하기

침실 바닥은 마루가 아닌 특이한 질감의 재료로 시공하고 싶었어요.
자재상을 돌아다니다가 직사각형의 넓은 회색 타일을 발견했는데 빈티지한 터치와 자연석의 느낌이 딱이다 싶었죠.
타일이라 살면서 불편하지는 않을까 걱정했는데 스크래치 날까 조바심 내지 않아도 되고,
청소도 쉽고, 온도 조절도 잘돼서 너무 좋더라고요.

DATA
SIZE 침실 바닥
LEVEL ★★★★
TIME 2일
PRICE 60~80만원

만들기 전 보세요

바닥 타일을 붙일 때는 문에 들어서서 가장 잘 보이는 모서리부터 시작하는 게 좋아요. 그래야 타일을 모두 붙였을 때 훨씬 깔끔해 보인답니다. 타일 간격은 되도록 좁게 해야 나중에 청소하기가 쉬워요. 타일 구입처에 방 넓이를 알려주면 타일 소요량을 계산해주기도 하는데, 직접 시공할 땐 깨질 것도 염두에 두고 조금 여유 있게 구입하세요.

바닥재 구입 상아타일 www.sangahtile.co.kr (ARTECH(PERLATO)300X600)

재료를 준비해요

기본 재료 빗살 헤라, 평면 헤라, 고무망치, 타일 커팅기, 물, 걸레
주재료 타일, 타일 본드, 줄눈용 회색 페인트

01

침실 바닥에 들어갈 타일이에요.

02

타일 본드를 3~5mm 두께로 바닥에 고루 펴 바르고 빗살 헤라로 홈을 만들어야 타일이 잘 붙어요.

03

고무망치로 타일 윗면을 두드리며 수평을 맞춰야 표면이 울퉁불퉁해지지 않아요.

04

가장자리의 타일은 타일 커팅기를 이용해 잘라 붙여요. 몇 번 연습하면 쉽게 자를 수 있어요.

05

타일은 격자로 붙이는 게 예뻐요. 교차해나갈 수 있도록 첫 번째 줄은 타일 크기 그대로 붙이고 두 번째 줄은 반을 잘라서 시작하면 돼요.

06

타일 본드를 균일하게 펴 바르세요.

07

고무망치로 두드려가며 같은 방식으로 계속해서 붙여요.

08

끝까지 모두 붙였다면 타일 본드가 마르도록 하루 이상 기다려야 해요.

10

타일 사이사이의 줄눈을 메워요.

12

10분 정도 말린 후에 고무 헤라로 타일 위의 지저분한 시멘트를 긁어내요.

14

바닥과 벽의 경계선에는 벽 컬러에 맞춘 걸레받이를 시공해도 되고 줄눈용 시멘트로 메워도 된답니다.

09

줄눈용 회색 시멘트에 물을 섞어 치약보다 약간 되직한 농도로 반죽해요.

11

전체적으로 꼼꼼하게 줄눈 작업을 해요.

13

헤라로 타일 위 줄눈을 정리했으면 걸레로 깨끗해질 때까지 몇 번이고 닦아요.

15

타일과 줄눈을 보호하기 위해 바닥에 종이를 깔았어요. 이삿짐이 모두 들어오고 정리가 끝난 뒤 제거하면 돼요.

똑똑하게 리모델링 하기

집을 만들기로 처음 결심하고 얼마 되지 않았을 때 생겼던 일이 하나 있는데요...

이 요구사항대로 진행하시려면 레테님 예산의 ......
예산의 얼마요?

다섯 배 정도...

그래서 결심했죠! 직접 만드는 내 집, 시장조사도 직접 해보기로 말이에요.
좋아! 이렇게 된 거 발품 팔아서 알뜰살뜰하게!

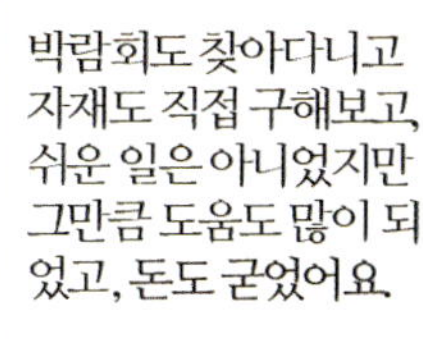

살도 빼고 일석이조!
박람회도 찾아다니고 자재도 직접 구해보고, 쉬운 일은 아니었지만 그만큼 도움도 많이 되었고, 돈도 굳었어요.

예쁜 집을 위해 발품을 팔고 자료를 모으는 건 필수겠죠? 역시 아는 게 힘이랍니다!

데코 시트지로 화사하게 집 꾸미기

썰렁한 집안을 변화시키고 싶은데 힘든 작업이 싫다면, 깜찍한 데코 시트지를 벽이나 가구에 붙여보세요.
저렴한 비용으로 할 수 있는 매우 간단한 작업이지만 시공 후 인테리어 효과는 놀랍답니다.
요즘엔 다양한 디자인의 데코 시트지가 많이 생산돼 쉽게 구할 수 있답니다.
잘 활용하면 예술적인 공간으로도 변신 가능해요. 여러 가지 데코 시트지로 우리 집을 화사하게 만들어보세요.

만들기 전 보세요

데코 시트지 구입 삼화홈데코 www.djpi.co.kr

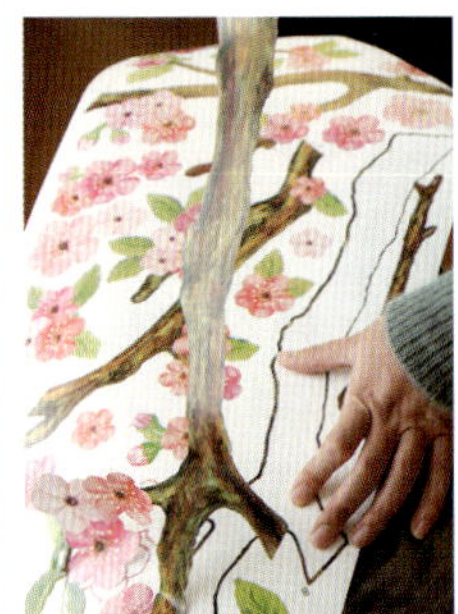

밋밋한 콘솔 위를 꽃나무 포인트로 화려하게 꾸미기

코지 코너나 밋밋한 벽에 가구를 놓아도 여전히 허전하게 느껴진다면 크고 화려한 데코 시트지를 붙여보세요. 화려한 꽃나무 시트지를 벽지 위에 붙이는 것만으로도 공간이 180도 바뀐답니다. 시트지마다 접착력이나 접착 방식이 조금씩 다르지만 어렵지 않아요. 레테는 시트지에 표시된 순서대로 붙이기만 했답니다. 꼼꼼히 잘 눌러가며 기포가 안 생기게 붙이는 게 중요해요. 큰 가지를 먼저 완성한 후 잎사귀와 꽃을 알맞게 붙였어요. 붙이고자 하는 면을 걸레로 깨끗이 닦아낸 후 작업하면 된답니다.

유리 그릇, 라벨 스티커로 재탄생시키기

모양이 예쁜 음료수 유리병을 버리지 않고 모아서 양념병으로 변신시켰어요. 후춧가루, 고춧가루, 설탕 등의 라벨 스티커를 붙이면 양념을 찾기가 쉽답니다. 안의 내용물도 잘 보여서 편리해요. 부엌에서 쓰는 것이라 물이 묻을 수 있으니 양념병 라벨은 접착력이 강한 것으로 선택하는 게 좋아요.

**귀여운 병아리, 집, 나무 등으로
벽에 포인트 주기**

화사한 병아리와 집 모양, 그리고 알파벳을 적절히 조화
시켜 붙였어요. 전체가 화이트 톤이라 좀 밋밋해 보였던
공간에 발랄한 컬러의 데코 스티커를 붙였더니 분위기
가 확 살아났답니다. 스티커 형식이라 떼고 붙이기도 쉬
워요.

냉장고 문에 포인트 주기

냉장고 문에도 예쁜 주방용 데코 스티커를 붙여보세요. 주방용은 접착
력이 강한 스티커를 고르는 게 중요해요. 요즘엔 떼어냈을 때도 이물질
이 남지 않는 데코 스티커가 많아요. 냉장고 문을 깨끗이 닦은 후 자유롭
게 구도를 잡아 붙이면 된답니다. 헝겊이나 밀대 등을 사용해 한쪽부터
밀듯이 붙이면 기포가 생기지 않아요.

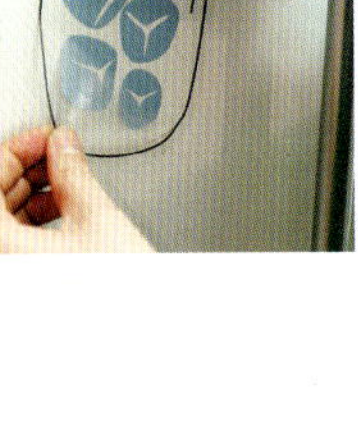

숫자 데코 스티커

숫자 데코 스티커는 큰 벽면 전체를 장식할 수 있어 확실한 포인트가 돼요. 아이 방에 붙이는 경우, 아이와 함께 작업하면 즐거운 놀이 학습이 될 수도 있어요. 붙이기 전 구도를 생각해놓으면 작업이 빠르고 쉬워지니 바닥에 미리 배열해보세요.

대형 데코 스티커로 아트월 만들기

소파를 놓은 벽면, 가구가 없는 벽면 등 휑한 공간에 큰 데코 스티커를 붙이면 마치 아트월 같은 느낌이 들어요. 특별히 마음에 드는 벽지나 컬러가 없을 경우 선택하면 눈길을 확 끄는 공간이 되지요. 크고 무늬가 복잡한 스티커는 대부분 투명 시트지로 도안 전체를 덮어 임시 접착한 후 벽면에 대고 문지르는 판박이 방식이라 크게 어렵지 않답니다.

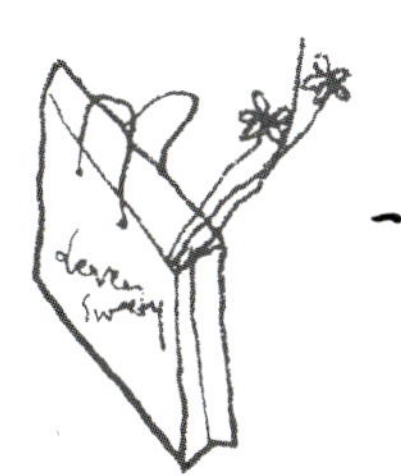

DATA
SIZE 현관벽
LEVEL ★★★
TIME 2~3시간
PRICE 1만원

접착제 없이 패널 벽 시공하기

따뜻한 느낌의 나무 벽은 컨트리풍 인테리어를 좋아하는 사람들의 로망이죠.
글루건과 실리콘으로 시공하는 기존의 방법은 어려울 뿐 아니라 실내 환경에도 좋지 않아요.
접착제 없이 태커와 드릴만으로 패널 벽을 시공하는 간단한 방법을 생각해보았어요.
자, 레테를 따라 접착제 없이 깔끔한 패널 벽 만들기에 도전해보세요!

 ## 만들기 전 보세요

벽 패널 재료로는 원목도 괜찮고 일정한 두께의 합판도 좋아요.
전기 태커가 있다면 정말 손쉽게 작업할 수 있지만, 없어도 망치
와 못으로 박으면 되니 어렵게 생각하지 마세요.
판재 · 각재 구입 근처 목공소

 ## 재료를 준비해요

기본 재료 줄자, 연필, 드릴, 콘크리트날, 콘크리트못, 톱, 전기 태커 또
는 못, 얇은 자, 붓 또는 롤러, 트레이
주재료 시공할 벽면 폭에 맞는 길이의 각재 3개, 패널 여러 장, 걸레받
이, 상판용 각재, 가구용 페인트

01

패널을 시공할 벽면 높이와
폭을 정하고 벽에 표시해요.

02

표시한 패널 높이에 각재로 위치를 잡아 수평을 맞추고 콘크리트날로 벽을
뚫어 콘크리트못으로 연결해요.(콘크리트날의 사용법은 44쪽 참고)

03

중간과 아랫부분에도 각재
를 수평으로 고정해요.

고정된 각재에 맞춰 전기 태커 또는 못으로 패널을 한 장씩 조립해요.

조립한 패널 위에 걸레받이를 대고 태커를 이용해 박아요.

붓이나 롤러로 가구용 페인트를 칠하면 끝!

05

얇은 자나 달력 등을 이용해 간격을 똑같이 맞추어 순서대로 패널을 붙여요.

패널 위쪽을 깔끔하게 다듬은 뒤, 물건을 수납할 수 있도록 상판용 각재를 대고 드릴과 나사를 이용해 조립해요.

접착제를 사용하지 않고도 멋진 패널 벽을 가지게 되었어요.
레테의 친환경 패널 벽 만들기에 도전해보세요.

체리색 새시창 화이트로 칠하기
LETE

가구는 화이트, 벽은 파스텔 톤인데 새시틀이나 몰딩이 생뚱맞은
체리색이나 월넛이라 고민하는 분이 많으세요. 울며 겨자 먹기로 몰딩 컬러 때문에
가구나 벽 색깔을 맞추지 말고 과감히 몰딩이나 새시 컬러를 바꿔보세요.
젯소와 가구용 페인트를 이용해 깔끔한 화이트 톤으로 칠하면 칙칙했던 집 안 전체가 환해지고
가구와 벽의 컬러도 살아난답니다. 참 간단하지만 마음먹기가 더 어려운 새시창 칠하기, 레테와 함께 도전해보세요!

DATA
SIZE 새시창틀
LEVEL ★★★
TIME 4~5시간
PRICE 1~2만원

체리색 새시창 화이트로 칠하기

만들기 전 보세요

젯소와 페인트는 얇게 여러 번 칠해야 돼요. 덩어리지거나 자국이 생기지 않아야 칠한 후에 깔끔해요. 페인트는 2~3시간 안에 마르지만 실제로 완전히 굳는 속도는 느려요. 일주일 정도 손으로 긁지만 않으면 단단하게 잘 굳는답니다.

페인트와 젯소 구입 나무와사람들 www.jeswood.com

재료를 준비해요

기본 재료 마스킹 테이프, 붓, 롤러, 트레이, 커터칼
주재료 젯소, 가구용 페인트

BEFORE

01

페인트가 묻지 않도록 유리와 손잡이, 경첩 등에 마스킹 테이프를 꼼꼼히 눌러 붙여요.

02

새시에 젯소를 칠해요. 붓으로 좁은 면을 먼저 칠해요.

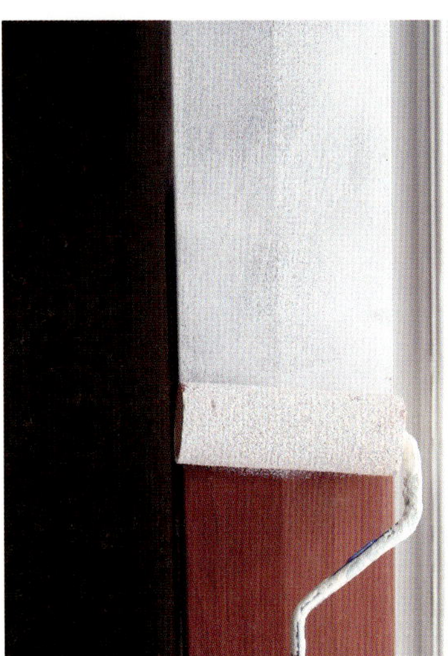

03

롤러로 넓은 면에 젯소를 칠해요. 밑 색이 비치더라도 두껍게 칠하지 말고 마르기를 기다려요.

04

얇게 칠하고 말리기를 1~2회 반복해요.

05

새시에 가구용 페인트를 젯소와 같은 방법으로 1~2회 칠해요.

06

새시 본래의 색이 완전히 감춰질 때까지 얇게 칠하고 말리기를 반복하면 돼요.

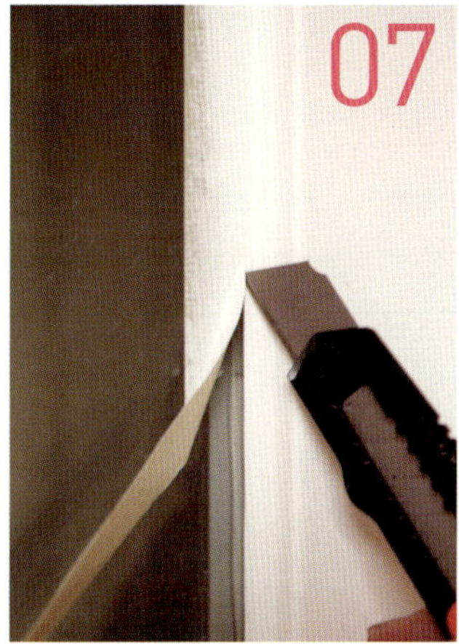

07

커터칼을 이용해 마스킹 테이프 경계 부분을 그은 후 테이프를 모두 떼어내요. (그냥 떼어내면 페인트가 떨어져 나갈 수 있어요)

08

환기를 잘 시키고 일주일 동안 손톱으로 긁거나 스크래치가 나지 않도록 하세요.

새시를 칠한 뒤 페인트가 남았다면 뚜껑을 잘 닫아 밀폐시켜 보관해두었다가 몰딩이나 문짝의 색을 바꾸고 싶을 때 같은 방법으로 페인팅하면 된답니다. 새시틀에 지워지지 않는 오염이 생겼을 때 덧바르면 좋아요.

DATA
SIZE 거실 새시창
LEVEL ★★★★★
TIME 1일
PRICE 25~30만원

거실에 갤러리 폴더 창 만들기

보통 커튼으로 가려놓곤 했던 거실 쪽 넓은 새시창에, 전문 인테리어 시공을 한 것처럼
멋진 나무 창문을 달고 싶었어요. 전원주택 자재점에서 세일하는 갤러리형 폴더 창문과 창문틀을 구입해
접이식 창문 형태로 만들어보았어요. 카페처럼 문을 여닫는 형식으로 시공했는데 커튼 대용으로
이용할 수도 있고, 특별히 꾸미지 않아도 내추럴한 갤러리 폴더 창 그 자체만으로도 완벽한 느낌을 준답니다.

만들기 전 보세요

폴딩 도어는 타이거우드(www.tigerdiy.com)에서 구입했어요. 두 짝이 한 세트로 3세트를 구입하면 돼요. 폴딩 도어, 나사, 레일 부속, 설명서가 함께 들어 있어요. 문짝 크기에 맞춰 문틀 각재 크기를 정해 주문하세요. 폴딩 도어를 구할 수 없어 갤러리 문만 구했다면 각목을 대주고 양문형 여닫이용으로 경첩을 달면 돼요 폴딩 도어 3개를 연결하면 약간의 덜렁거림이 있을 수 있어요.

재료를 준비해요

기본 재료 드릴, 나사, 목본드, 목심
주재료 폴딩 도어 3세트, 문틀용 각재, 가구용 페인트, 쫄대

1 STEP 3단 갤러리 폴더 창문 만들기

01 폴딩 도어 3세트와 문틀 각재를 바닥에 놓고 배치해보아요.

03 갤러리 창문 3개를 경첩으로 연결하고 다른 쪽 창문 3개도 연결한 모습이에요.

02 폴딩 도어는 문짝 두 개가 경첩으로 연결되어 있어요. 우선 연결된 문짝을 분리한 뒤 드릴과 나사를 이용해 경첩으로 조립하여 사진처럼 지그재그로 접히는 모양을 만들어요.

04 문틀과 연결될 고정 부속과 레일 바퀴를 끼워요.

2 STEP 창틀 **만들기**

05

미리 배치해본 문틀 각재 중 천장 쪽 각재에 갤러리 창문이 달릴 레일을 조립해요.

06

폴딩 도어 부속 중 문을 문틀에 고정해주는 ㄱ자 꺾쇠가 있어요. 이 꺾쇠로 아래쪽 문틀과 양옆의 문틀을 조립해요. 이때 아래 문틀에 ㄱ자 꺾쇠가 들어갈 자리를 조각칼로 파내어 맞추고 고정해야 돼요.

07

레일을 단 천장 문틀도 양옆의 문틀과 조립해요.

08

갤러리 창문과 창틀을 가구용 페인트로 칠하고 말리세요.

09

ㅁ자형으로 조립된 문틀을 세우세요.

3 STEP 문틀과 갤러리 폴더 창문 **연결하기**

10

완성된 문틀을 새시에 위치시켜요. 드릴과 긴 나사를 이용해 문틀과 새시를 조립해요.

11

틀 조립 후 창문은 위쪽부터 부속을 끼우고 아래쪽도 레일에 맞춰 부속을 끼우면 돼요.

12

위쪽 레일이 보여 쫄대를 이용해 가려주었어요. 쫄대로는 화방에서 파는 발사를 사용했어요.

13

창문이 양쪽으로 잘 열리는지 확인하면 끝. 양쪽 창문이 만나는 가운데 위치에 스텐 자석을 붙이면 문이 심하게 덜렁거리지 않아요.

DATA
SIZE 벽면 한 쪽
LEVEL ★★★
TIME 3~4시간
PRICE 3~4만원

웨인스코팅 간편하게 시공하기

외국 잡지 속 멋진 저택의 벽면에서 쉽게 볼 수 있는 웨인스코팅.
시트지와 몰딩, 벽지를 이용해 간단하면서도 깔끔하게 시공해보았어요.
벽지 대신 페인팅이나 패브릭을 사용해도 좋아요. 합판을 대면 더 고급스럽고
완벽하겠지만 작업이 어렵게 느껴질 수 있어 좀 더 간단하게 시트지를 이용해보았어요.
럭셔리한 집, 도전해보자고요.

웨인스코팅 간편하게 시공하기

만들기 전 보세요

벽에 붙일 화이트 시트지는 무광으로 선택하면 좋아요
재료 구입 철천지 www.77g.com

재료를 준비해요

기본 재료 줄자, 연필, 커터칼, 분무기, 걸레, 넓은 밀대, 자, 톱, 45도 각도자, 실리콘, 글루건
주재료 벽지, 띠 몰딩, 허리 몰딩, 젯소, 가구용 페인트, 도배용 풀, 화이트 시트지

01

걸레받이가 색이 다를 경우 미리 젯소와 가구용 페인트를 칠해요.

02

웨인스코팅이 들어갈 부분을 연필로 표시해두세요.

03

기존에 실크벽지가 시공되어 있었다면 커터칼로 그어 벽지를 떼어내요.

04

크기에 맞게 자른 벽지 뒷면에 풀을 꼼꼼히 바르고 윗부분에 붙여요.(도배하는 법은 161쪽 참고)

05

윗부분만 벽지를 바른 모습이에요.

06

시트지를 벽 아랫부분에 바르기 전 분무기로 물을 분사하면 기포 없이 잘 붙어요.

07

크기에 맞게 잘라놓은 시트지를 모서리부터 걸레나 넓은 밀대로 밀면서 붙이세요. 공기를 빼듯이 한쪽 부분부터 차례로 붙이면 좋아요.

08

끝 부분의 남는 시트지는 자를 대고 커터칼로 깨끗이 잘라내요.

09

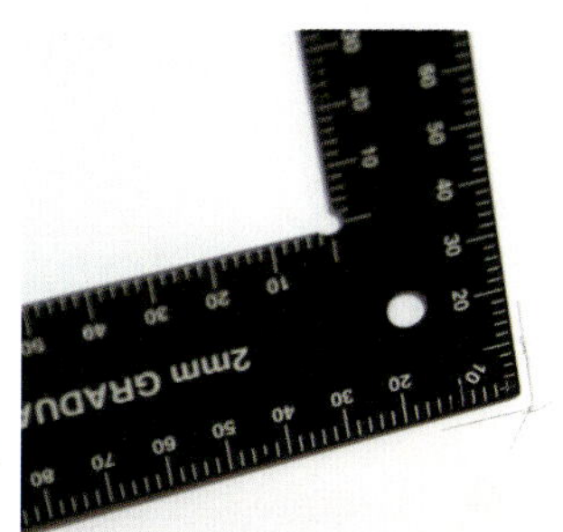

띠 몰딩을 붙일 위치를 시트지에 연필로 살짝 표시해요.

10

액자 프레임이 될 띠 몰딩을 미리 톱으로 45도로 잘라놓아요.

11

몰딩 뒷면에 실리콘을 한 줄로 길게 쏘고 글루건을 2~3군데 덩어리지게 쏴요.

12

벽지와 시트지 경계 면에 허리 몰딩을, 표시해둔 선에 맞게 띠 몰딩을 눌러 붙여요. 이때 시트지 겉면을 마른걸레로 깨끗이 닦아요.

13

계속해서 몰딩을 붙여나가요.

14

전체적으로 모두 붙이면 끝!

리폼으로 새로 태어난 주방

주부들이 집 안에서 가장 먼저 예쁘게 꾸미고 싶은 곳은 주방일 거예요.
기존 주방을 철거하고 원하는 주방을 설치하려면 시간도 문제지만 엄청난 비용에 놀라
주방 개조를 포기하는 분이 많더라고요. 개조 비용을 확 줄이면서 주방을
변신시킬 수 있는 방법이 있어요. 과정이 조금 복잡하더라도 내 손으로 차근차근 싱크대를 리폼해보세요.
저렴한 비용으로 생각보다 큰 효과를 볼 수 있어 깜짝 놀라실 거예요.

주방 리폼을 할 때 타일 붙이기➡싱크대 젯소 칠하기➡싱크대 문짝 만들어 붙이기➡
페인트칠하기➡바니시 칠하기➡타일 줄눈 작업하기로 순서를 잘 정하면 이틀이면 완성된답니다.

주방 벽 타일 리폼하기

주방 벽엔 타일만 새로 붙여도 깨끗한 느낌이 들어요. 유리타일은 기존의 타일을
뜯어내지 않고 바로 위에 시공할 수 있어 좋고 타일칼이 필요 없어 시공도 간편해요.
주방에 어울리는 반짝반짝한 유리타일을 이용해 직접 리폼해보세요.
생각보다 어렵지 않고 비용 대비 효과가 놀라워요.

 **만들기 전 보세요**

인터넷에서 유리타일을 검색하면 판매처가 많이 나온답니다.

 **재료를 준비해요**

기본 재료 줄무늬 헤라, 고무 헤라, 가위, 걸레
주재료 유리타일, 타일 본드, 백시멘트

DATA
SIZE 주방 타일벽
LEVEL ★★★
TIME 2일
PRICE 6~8만원

세탁실 벽면에 시공한 유리타일이에요.
유리타일은 컬러나 모양에 따라 느낌이 많이 달라요.
예전엔 여러 가지 컬러가 섞인 모자이크 타일이 유행했었는데
단색으로 포인트를 주는 게 훨씬 깔끔하고 예뻐요.
시공법은 간단하지만 공간을 품위 있게 변신시켜주는 유리타일!
예쁘게 활용해보세요.

01

기존 타일 위에 타일 본드를 3~5mm 정도 두께로 바르고 줄무늬 헤라로 빗살무늬를 내요.

02

타일을 그물째 꾹꾹 손으로 눌러가며 붙여요.

03

간격을 맞춰 붙이면 돼요.

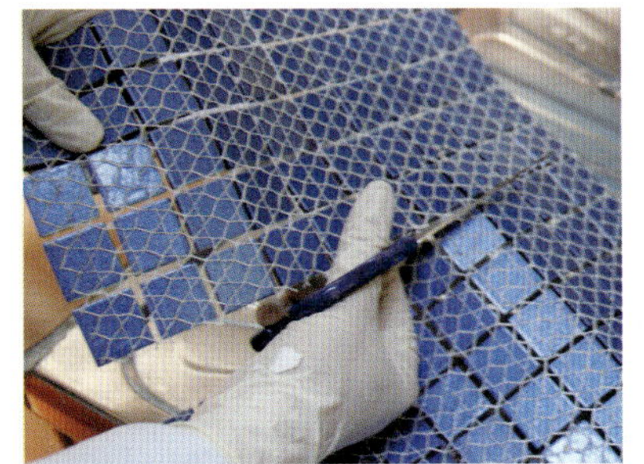

04

좁은 면적에는 유리타일 그물을 크기에 맞게 가위로 잘라 붙여요.

05

콘센트나 기타 부속물의 위치에도 유리타일 그물을 잘라 붙여나가요.

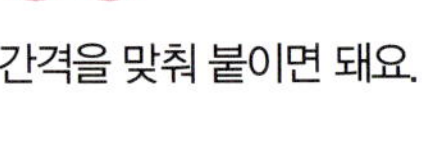

06

전체적으로 모두 붙였어요. 걸레로 타일 본드를 닦아내고 하루 정도 굳기를 기다려요.

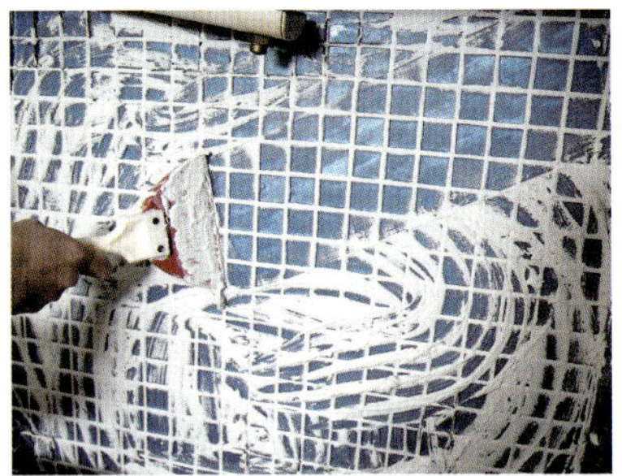

07

하루가 지나면 백시멘트를 치약 농도로 반죽해 타일 위에 발라요.

08

고무 헤라로 틈새를 깨끗이 정리한 후 10분 정도 말려요.

09

걸레와 고무 헤라로 남은 백시멘트를 깨끗이 닦아내면 완성이지요.

싱크대와 문짝 리폼하기

싱크대에 칠할 페인트 색상은 타일 컬러와 어울리는 것으로 고르세요.
레테는 블루와 화이트만으로는 단조로울 것 같아 상부 유리장 부분에
오렌지색을 칠했더니 한층 더 상큼한 분위기가 되었답니다.
싱크대는 문짝만 리폼해도 전체를 리모델링한 것 같은 큰 효과가 있어요.
몰딩이나 나무판을 붙이거나 손잡이를 교체하는 작업 등으로 주방 분위기를 확 바꿔보세요.

만들기 전 보세요

물을 많이 쓰는 주방 상판을 페인팅
하려면 일주일 정도 물을 쓰지 않고
건조시켜야 나중에 벗겨지지 않아
요. 싱크대가 시트지 또는 하이글로
시로 마감된 경우 페인트를 바로 칠
하면 잘 먹지도 않고 잘 벗겨져요.
그래서 꼭 먼저 젯소 작업을 해야 돼
요. 젯소 작업 때는 롤러로 얇게 바
르고 말리기를 반복하면 좋아요. 페
인트칠 대신 시트지를 붙여 리폼하
는 것도 좋은 방법이지요.

재료를 준비해요

기본 재료 마스킹 테이프,
신문지 또는 커버링 테이프, 붓, 롤러, 트레이,
연필, 톱, 실리콘, 글루건, 메꾸미 또는 퍼티,
사포, 스펀지
주재료 합판, 띠 몰딩, 젯소, 가구용 페인트,
바니시, 손잡이

01

페인트가 묻지 않아야 할 경계 면에 마스킹 테이프를 붙이고 바닥은 신문지나 커버링 테이프로 보강하세요.

03

싱크대 상판은 롤러로 젯소를 얇게 칠하고 말리는 과정을 여러 번 반복해요. 한 번에 두껍게 칠하지 마세요.

05

싱크대 상부장에 포인트 컬러로 오렌지색 페인트를 칠해요.

07

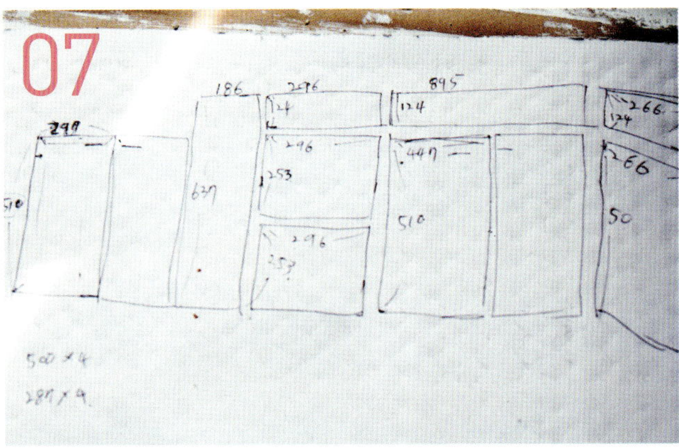

싱크대 하단 문짝에 붙일 띠 몰딩과 합판 크기를 정해 그려요.

02

좁은 면은 붓으로, 넓은 면은 롤러로 젯소를 칠해요.

04

싱크대 전체에 젯소를 칠하고 말려요.

06

전체적으로 페인트칠이 완성된 모습이에요. 얇게 여러 번 칠해야 얼룩이 생기지 않아요.

08

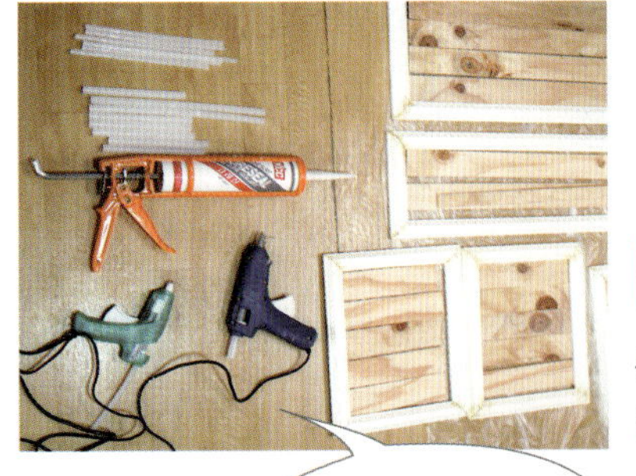

몰딩과 합판을 크기에 맞게 잘라두어요.

09

몰딩 뒷면에 실리콘을 한 줄로 쏘고 군데군데 글루건을 쏴요.

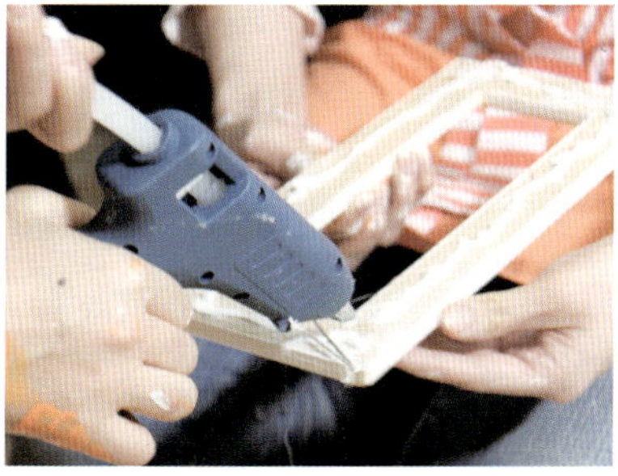

10

문짝에 맞게 몰딩을 붙여요.

11

몰딩 이음매에 틈이 벌어진 곳엔 메꾸미 또는 퍼티를 채워넣고 사포질하면 감쪽같아요.

12

잘라놓은 합판 조각을 3mm 정도 간격을 두고 붙여나가요.

13

합판 사이의 틈은 퍼티를 이용해 메우고 사포로 정리해요.

14

싱크대에 전체적으로 가구용 페인트를 칠해요.

15

문짝 합판 부분은 스펀지로 페인트칠하면 나뭇결이 은은하게 비쳐서 예뻐요.

16

예쁜 손잡이도 달아요.

17

반광 정도의 바니시를 전체적으로 칠해도 좋아요.

DATA

SIZE 붙박이장
LEVEL ★★
TIME 4~5시간
PRICE 2~3만원

드레스룸 붙박이장의 산뜻한 변신

아파트에 살 때 안방 화장실 입구 쪽에 작은 드레스룸이 있었어요.
유행이 한참 지난 체리색 래핑지로 마감한 붙박이장이 설치되어 있었지요.
붙박이장이나 내장재의 경우 페인팅만 잘해도 분위기가 확 달라진답니다.
붙박이장 문짝에 몰딩을 붙이고 밝은 민트색을 칠하니
마치 비싼 가구를 들인 듯 새로워지고 공간도 훨씬 넓어 보여요.

공간이 작은데 어두운 컬러라 칙칙해 보여서 페인트칠했어요

BEFORE

 ## 만들기 전 보세요

젯소는 롤러로 얇게 여러 번 바르는 것이 중요해요. 두껍게 바르면 잘 마르지도 않고 눈물 자국 같은 게 생겨 지저분하므로 롤러로 얇게 칠하고 말린 후 다시 얇게 칠하는 과정을 2~3회 반복해야 돼요. 시트지나 래핑지로 마감되어 페인트가 잘 안 먹는 가구에는 페인팅을 하기 전 반드시 젯소를 칠해요.

 ## 재료를 준비해요

기본 재료 커버링 테이프 또는 신문지, 붓, 롤러, 트레이, 자, 45도 각도기, 연필, 톱, 실리콘, 글루건, 메꾸미, 사포
주재료 띠 몰딩, 장식 몰딩, 젯소, 가구용 페인트, 바니시

01

커버링 테이프나 신문지로 바닥에 보강 작업을 해요.

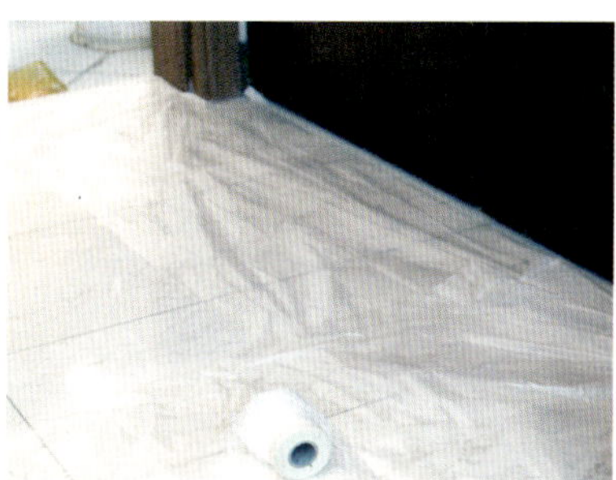

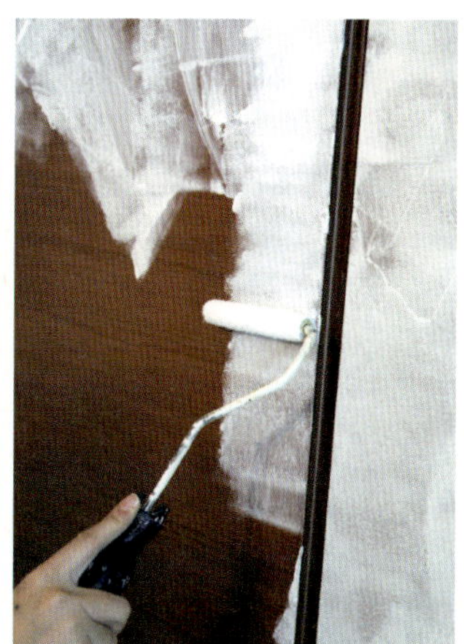

젯소를 칠해요. 좁은 면은 붓을, 넓은 면은 롤러를 사용해요.

03

젯소가 마르면 한 번 더 얇게 전체적으로 칠해요.

04

젯소 작업 후 가구용 페인트를 롤러로 칠해요.

05

가구용 페인트가 마르면 색이 제대로 나오도록 한 번 더 칠해도 좋아요. 페인트가 마르면 띠 몰딩 붙일 위치를 연필로 표시해요.

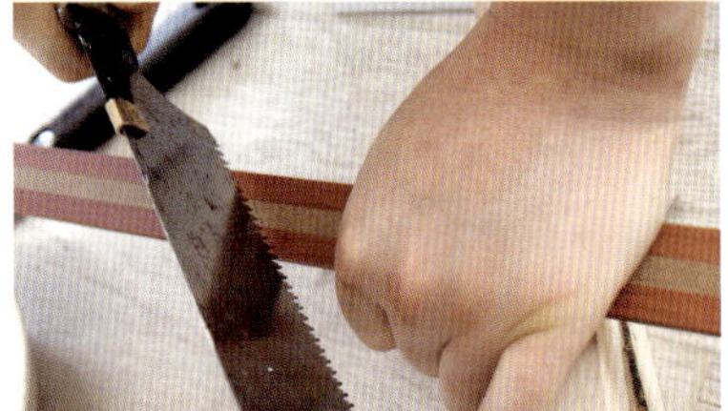

06

띠 몰딩은 붙일 위치에 맞게 치수를 잰 후 45도 각도기로 커팅 면을 표시한 뒤 톱으로 잘라요. 자른 띠 몰딩은 젯소를 칠한 뒤 말려요.

07

문짝에 들어갈 띠 몰딩을 모두 같은 방법으로 재단하고 칠한 후 말려놓아요.

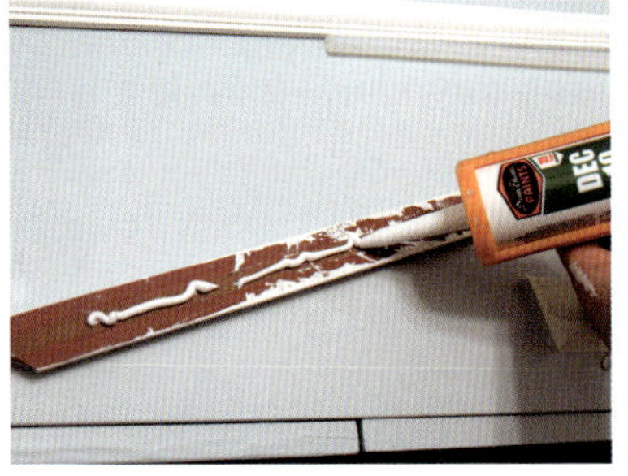

08

띠 몰딩 접착 면에 실리콘을 한 줄로 쏘고 실리콘 중간 중간에 글루건을 쏴요.

09

띠 몰딩을 붙일 위치에 대고 글루건 쏜 부위를 꾹 눌러요.

10

표시한 선에 맞춰 띠 몰딩을 붙여나가요.

11

아랫부분에 들어갈 띠 몰딩도 붙여요.

띠 몰딩이 맞붙은 곳에 틈이 생기면 메꾸미로 메우고 사포로 문지른 후 가구용 페인트를 칠해요.

13

띠 몰딩을 모두 붙이고 마무리해요.

14

중간에 포인트로 장식 몰딩을 붙여도 예뻐요. 바니시를 칠한 뒤 말리면 끝.

화장대 리폼

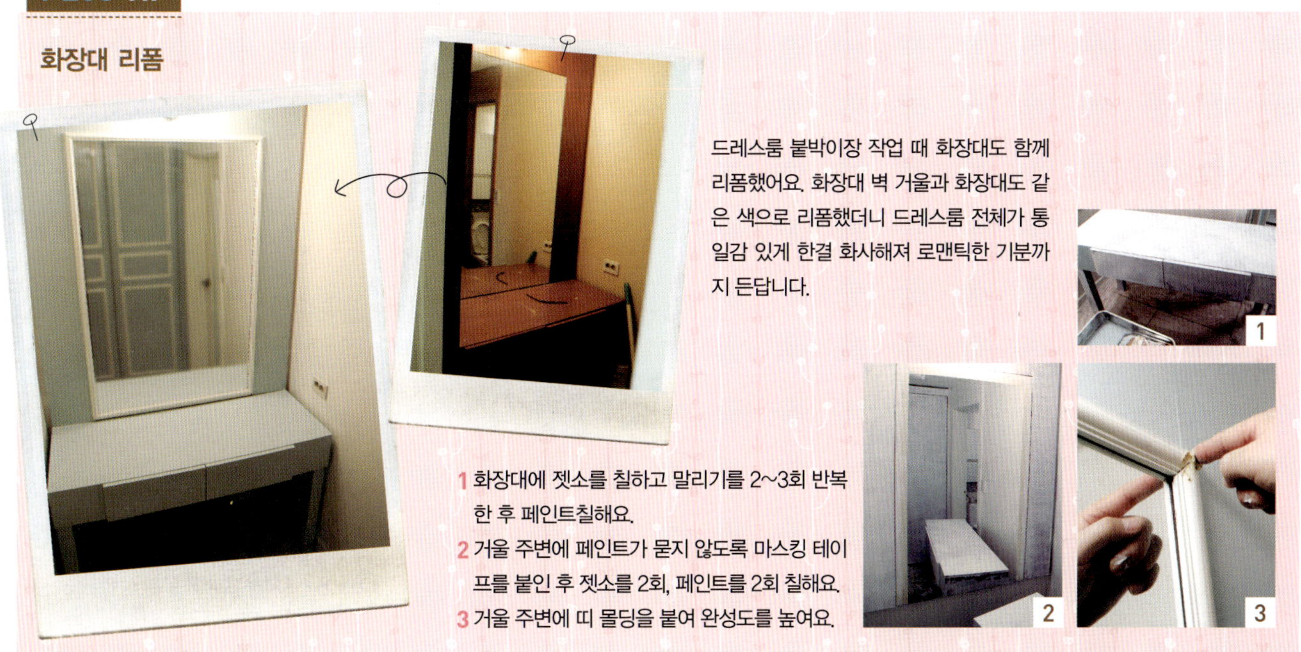

드레스룸 붙박이장 작업 때 화장대도 함께 리폼했어요. 화장대 벽 거울과 화장대도 같은 색으로 리폼했더니 드레스룸 전체가 통일감 있게 한결 화사해져 로맨틱한 기분까지 든답니다.

1 화장대에 젯소를 칠하고 말리기를 2~3회 반복한 후 페인트칠해요.
2 거울 주변에 페인트가 묻지 않도록 마스킹 테이프를 붙인 후 젯소를 2회, 페인트를 2회 칠해요.
3 거울 주변에 띠 몰딩을 붙여 완성도를 높여요.

현관 바닥 타일 붙이기

개조 전 현관 바닥은 너무 낡고 때가 많이 타 있었기 때문에
기존 타일 위에 새로운 타일을 덧방하는 형식으로 시공했어요.
빨간 현관문에 어울리는 깔끔하고 넓은 흰색 타일을 붙였어요.
타일 작업은 타일이 작을수록 쉬우므로 타일칼이 없다면 작은 타일을 선택하는게 좋아요.

만들기 전 보세요

비가 오면 젖기 쉬운 현관 바닥에 타일을 붙일 때는 타일 본드 대신 백색 압착 시멘트를 이용하세요. 레테는 백색이 없어서 회색으로 사용했어요. 타일 커팅기는 DIY 쇼핑몰에서 7~9만원 정도에 구입할 수 있지만, 아파트 하자 관리 팀이나 타일 가게에서 대여해 쓰는 것도 좋아요.

타일 구입 상아타일 www.saagahtile.co.kr
압착 시멘트 구입 건재상, 타일 가게

재료를 준비해요

기본 재료 헤라 또는 흙손, 고무 헤라, 고무망치, 타일 커팅기, 걸레, 고무장갑, 물
주재료 바닥 타일, 압착 시멘트, 타일 본드, 백시멘트

BEFORE

01

압착 시멘트에 물을 넣어 잘 반죽해요. 치약 농도 정도면 OK!

03

간격을 잘 맞춰 타일을 붙여요.

02

헤라 또는 흙손을 이용해 두께가 0.5mm 정도 되도록 시멘트 반죽을 얇게 펴요.

04

조금씩 타일을 붙여나가면서 시멘트 반죽을 다시 바닥에 펴는 작업을 반복해요.

05

타일을 잘라야 하는 경우엔 타일 커팅기를 이용해요.

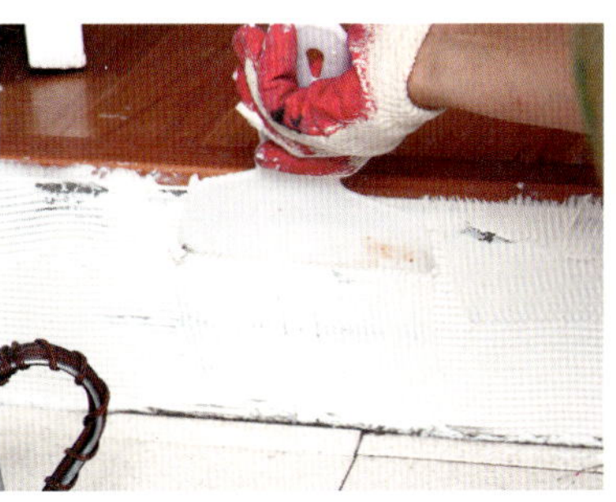

06

문턱 부분의 타일은 타일 본드로 붙이면 돼요. 타일 본드를 얇게 펴 발라요.

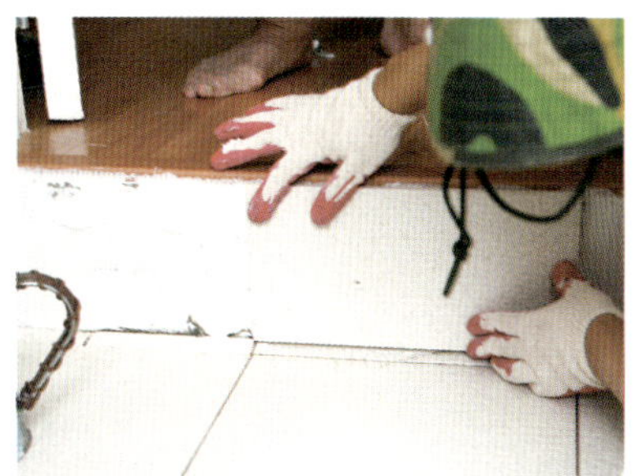

07

문턱 부분에 타일을 붙여요.

08

현관 안쪽 바닥 타일이 완성
되었어요.

09

현관 바깥 쪽 바닥 타일도 같은 방법으로 얇게 편 시멘트 위에 붙여요.

10

사진과 같이 붙이다가 자투리 공간에는 타일을 잘라 붙여요.

11

타일을 다 붙인 뒤 하루 정
도 말려야 타일이 밀리지 않
아요.

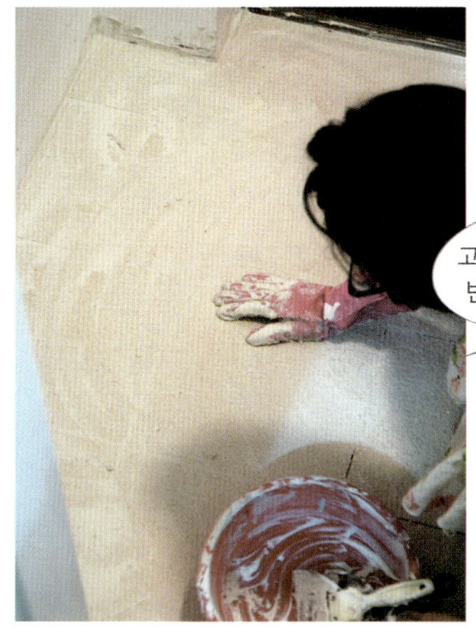

12

하루 동안 말린 후 백시멘트
를 치약 농도로 개어 타일
사이사이 줄눈에 발라요.

13

타일에 묻은 백시멘트를 고
무 헤라로 긁어낸 후 걸레로
깨끗이 닦아요.

벽지 페인팅과 패브릭 벽지 시공으로
거실 변신시키기

올리브 채널 〈디자인 잇 유어셀프〉 프로그램 진행 당시 비싼 돈 들이지 않고 저렴하게
집 안을 변신시키는 방법을 주제로, 한 가정집에 방문하여 촬영한 아이템이에요.
전체적인 집 안 분위기를 바꾸기 위해서는 가구나 소품 하나를 바꾸는 걸로는 부족하죠.
가장 빠른 방법은 벽면의 컬러나 도배지를 바꾸는 거예요. 많은 돈 들이지 않고도 계절마다
벽면의 컬러나 무늬, 질감을 바꿔주기만 하면 새로운 공간이 태어난답니다.
생각보다 훨씬 쉬운 벽지 위 페인팅, 재활용이 가능한 패브릭으로 도배하기, 레테와 함께 시공해보세요!

DATA
SIZE 거실벽 2면
LEVEL ★★★
TIME 6~8시간
PRICE 5~6만원

BEFORE

벽지 페인팅과 패브릭 벽지 시공으로 거실 변신시키기

만들기 전 보세요

벽지 위 페인팅 작업은 기존 벽지 위에 시공하는 거예요. 벽지용
수성 페인트를 두 번 칠하면 되는데 마르면 은은한 광택이 돌고
벽지의 질감도 살아나 새로 도배한 것 같은 효과를 준답니다.
패브릭 벽지의 경우에도 기존 벽지 위에 바로 시공할 수 있어요.
태커로 패브릭을 몰딩에 고정시킨 후 작업하면 더 쉬워요.

재료를 준비해요

기본 재료 마스킹 테이프, 커버링 테이프,
붓, 롤러, 트레이, 분무기, 딱풀, 가위, 걸레
주재료 벽지용 페인트, 패브릭 10마

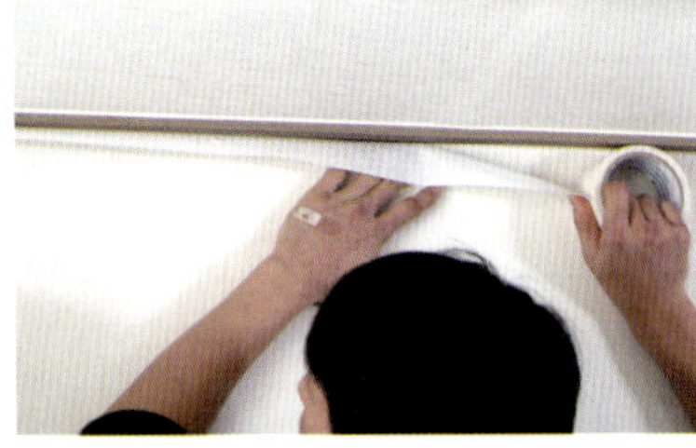

01

페인트가 몰딩이나 바닥, 콘
센트에 묻지 않도록 마스킹
테이프로 보강 작업을 꼼꼼
히 해요.

02

바닥에 커버링 테이프를 깔
고 페인트를 트레이에 부어
요.

03

좁은 면을 먼저 붓으로 칠해요.

04

넓은 면은 롤러로 칠해요.

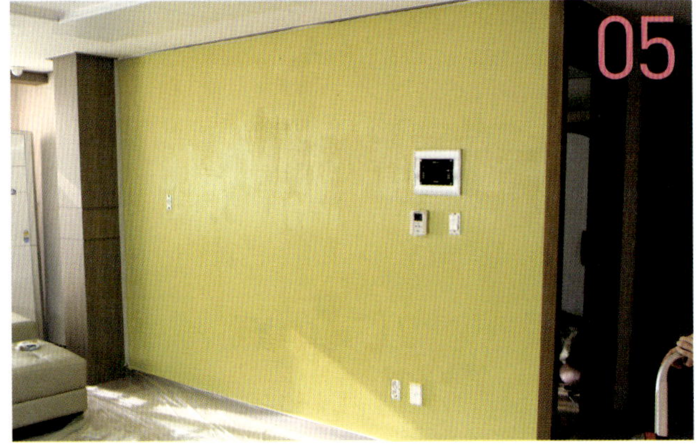

05

1회 칠하고 말려요.

06

두 번째 칠을 할 때까지 트레이의 페인트가 마르지 않도록 분무기로 물을
뿌리거나 비닐로 덮어두면 좋아요.

">

같은 방법으로 1회 더 칠하고 말려요.

패브릭 벽지를 붙일 벽면 전체에 큰 원을 그리며 딱풀을 칠해요.

09

알맞은 크기로 재단한 패브릭을 맨 위부터 걸레로 쓸어내리며 붙여요.

10

첫 번째 폭을 붙인 후 남는 아랫단은 잘라내고, 두 번째 폭은 먼저 붙인 폭과 살짝 겹쳐지도록 붙여요.

11

이때 무늬가 연결되도록 잘 맞춰주며 붙여요. 남은 패브릭도 딱풀을 벽면에 바르고 붙여나가면 된답니다.

마당에서 보이는 담벼락이 너무 황량하고 지저분했어요. 정돈되어 보이면서도 따뜻한 느낌을 주도록
나무로 마감하기로 했죠. 외부에 사용하는 패널은 방수가 잘되고 썩지 않는 방부목 사이딩을 사용해야 돼요.
데크를 시공하는 목수 분이 틀을 만들어주었는데 직접 하는 것도 충분히 가능해요. 사이딩 패널은 전원주택 자재점에서
쉽게 구할 수 있어요. 레테는 데크재를 살 때 함께 구입했어요.

내추럴한 나무 사이딩 벽 만들기

만들기 전 보세요

사이딩은 벽면을 마감하는 소재를 말하는데 목조형 전원주택 외관에 많이 사용하지요. 목재, 금속, 시멘트 등 여러 가지 종류가 있는데 레테는 시공이 쉬운 루바형 목재 사이딩으로 시공했어요. 에어 태커건이 있으면 보다 작업이 빠르겠지만, 없더라도 전동 드릴을 이용하면 충분히 셀프 시공이 가능해요.

재료를 준비해요

기본 재료 에어 태커건, 드릴, 콘크리트날, 수평계, 톱
주재료 방부목 사이딩, 방부목 각재, 외부용 스테인
사이딩 구입 타이거우드 www.tigerdiy.com
외부용 스테인 구입 나무와사람들 www.jeswood.com

01

시공할 벽면 크기에 맞게 적당한 간격으로 방부목 각재 틀을 만들어요.

02

틀을 벽면에 세워 자리를 잡아요.

03

콘크리트도 뚫을 수 있는 에어 태커건으로 고정시키는데, 없을 경우 ㄱ자 꺾쇠와 드릴, 콘크리트날을 이용해 방부목틀을 벽에 조립해요.

04

대부분 벽면은 수평, 수직이 잘 맞지 않아요. 수평계를 이용해 확인해가면서 틀 안쪽에 덧대는 목재 두께를 조절하여 수평, 수직을 맞추며 고정시켜나가요.

05

틀 고정이 끝나면 방부목 사이딩을 아래에서부터 한 장씩 조립해요.

06

사이딩을 조립할 때는 겹쳐
지는 부분에 먼저 드릴로 나
사 구멍을 뚫은 뒤 나사를
조립해야 갈라지지 않아요.

07

야외 세면대가 될 부분을 제외하고 사이딩을 시공했어요.
(지중해풍 야외 세면대 만들기는 219쪽 참고)

08

외곽선까지 깔끔하게 패널
로 막아요.

09

외부용 스테인을 칠해요. 방부목 사이딩 사이사이 틈을 먼저 칠한 후 목재
방향을 따라 면을 칠하면 돼요.

10

색이 선명하게 나오게 하려면 두 번 칠해야 해요. 칠하고 말린 후 한 번 더 칠
해요.

웨인스코팅과 벽지, 페인팅으로 거실 벽 멋내기

밋밋한 거실에 싫증났다면 페인트와 자투리 벽지, 그리고 몰딩을 이용해 유럽풍 벽을 재현해보세요.
조금 복잡한 듯 보이나 차근차근 하다 보면 어렵지 않게 활기찬 공간으로 만들 수 있답니다.
소파 뒤 벽면에 딱히 예쁘게 장식할 만한 것이 떠오르지 않는다면 웨인스코팅으로 디테일을 줘도 좋아요.
기존 벽지 위에 페인팅과 포인트 벽지를 이용해 유럽풍 럭셔리 공간을 만들어보세요.

웨인스코팅과 벽지, 페인팅으로 거실 벽 멋내기

밋밋한 베이지색 벽지와 평범한 가죽 소
파가 지루하고 포인트가 없어보여요.

만들기 전 보세요

포인트 벽지가 없다면 자투리 천을 이용하세요. 패브릭을 벽에 붙일 때는 딱풀을 이용하면 된답니다.

재료를 준비해요

기본 재료 커버링 테이프, 롤러, 트레이, 실리콘, 글루건, 45도 각도기, 톱, 손태커, 목본드, 연필, 커터칼, 도배용 붓, 메꾸미, 붓
주재료 포인트 벽지, 벽지용 페인트, 허리 몰딩, 도배용 풀

01 벽지에 페인트칠을 하기 전 다른 곳에 페인트가 묻지 않도록 커버링 테이프로 보강 작업을 해요.

02 허리 몰딩이 들어갈 위치에 선을 긋고 아랫부분에 라임색으로 페인트칠 해요.

03 경계선 아래는 라임색을 두 번, 위는 크림색을 한 번 칠해요.

04 경계선에 붙일 허리 몰딩에 실리콘과 글루건을 교차해서 쏘아줍니다.

05 벽면 경계선에 허리 몰딩을 잘 붙여요.

06 45도 각도기를 이용해 액자틀이 될 몰딩을 길이에 맞게 톱으로 잘라요.

07

손태커와 목본드를 이용해 액자틀을 조립해 붙여요.

08

완성된 액자틀이에요. 벽면 너비에 맞게 크기를 정한 틀 4개를 만들어요.

09

액자틀을 벽에 대고 벽지가 들어갈 자리를 그려요.

10

페인트를 칠해 말린 액자틀을 벽지에 대고 선을 그은 뒤 오려두세요. 액자틀 바깥선보다 약간 안쪽으로 자르면 나중에 붙였을 때 벽지가 삐져나오지 않아요.

11

오려낸 벽지 뒷면에 풀을 골고루 칠해요.

12

벽면에 미리 그려둔 자리에 맞게 벽지를 붙여요. 모서리 부분을 꼼꼼하게 붙이는 것이 중요해요.

13

액자틀에 실리콘과 글루건을 교차해서 쏴요.

14

액자틀을 벽지 위에 잘 맞춰
붙여요. 웨인스코팅 한 개가
완성되었어요.

15

액자 몰딩을 만들 때 톱질이 정확하지 않아 틈이 생겼다면, 벽에 틀을 붙인
후 메꾸미를 이용해 틈을 메우고 페인트칠을 하면 감쪽같답니다.

16

나머지 3개도 같은 방법으
로 벽에 붙여요.

17

몰딩과 벽지에 페인트를 한
번씩 더 칠해요.

18

전체적으로 말리기만 하면
완성이에요.

PLUS TIP

액자 몰딩으로 코너 벽의 분위기를 바꿀 수 있답니다. 나무 콘솔 위에 패
브릭을 딱풀로 붙이고 액자 몰딩을 붙이기만 하면 끝! 변신 전의 코너벽
은 허전하고 차가운 느낌이었지만 웨인스코팅으로 약간 변화를 주었더
니 포근한 리넨 패브릭과 원목 콘솔이 어우러져 한층 따뜻하고 내추럴한
공간이 되었답니다. 메모지나 사진을 꽂는 등 아이디어를 더하면 더욱 특
별한 나만의 공간이 되겠지요.

DATA
SIZE 수돗가
LEVEL ★★★★
TIME 1일
PRICE 2~3만원

지중해풍 야외 세면대 만들기

마당에서도 손을 씻을 수 있고, 야외 바비큐 파티 후 설거지도 할 수 있는
야외 세면대가 필요했어요. 작은 마당이지만 아기자기하게 꾸미고 싶었거든요.
세면기를 사는 대신, 야외용이니 좀 투박해도 컨트리풍 느낌이 들도록 시멘트와
벽돌을 이용해 만들었어요. 야외 세면대 설치 계획은 공사 중반에 낸 아이디어라서
수도꼭지를 벽에 매립하지 못한 게 무척이나 아쉬웠지만,
핑테 님이 수전과 배관을 직접 연결해서 공사비는 따로 들지 않았답니다.

지중해풍 야외 세면대 만들기

만들기 전 보세요

수전 재료는 동네에 있는 배관 자재점에서 구입할 수 있어요.
외부용 페인트 구입 나무와사람들 www.jeswood.com
타일 구입 상아타일 www.sangahtile.co.kr (라콘티)

재료를 준비해요

기본 재료 흙손 또는 헤라, 빗살 헤라, 고무 헤라, 타일 커팅기, 걸레, 스펀지, 붓
주재료 타일, 수전, 압착 시멘트, 백시멘트, 벽돌, 외부용 페인트

미장 공사 때 수도가 있던 마당 한쪽에 세면대틀을 만들어놓았어요. 벽돌과 모르타르를 올리고 나무판으로 상판 지지대를 댄 다음 다시 벽돌을 올려 테이블 모양으로 미장공사를 해두었답니다. 이때 상판에 배수구와 수전을 설치할 구멍을 미리 계획해 만드는 게 중요하답니다.

BEFORE

01

압착 시멘트를 치약 농도로 만들어 타일을 붙일 면에 흙손이나 헤라를 이용해 펼쳐 발라요.

03

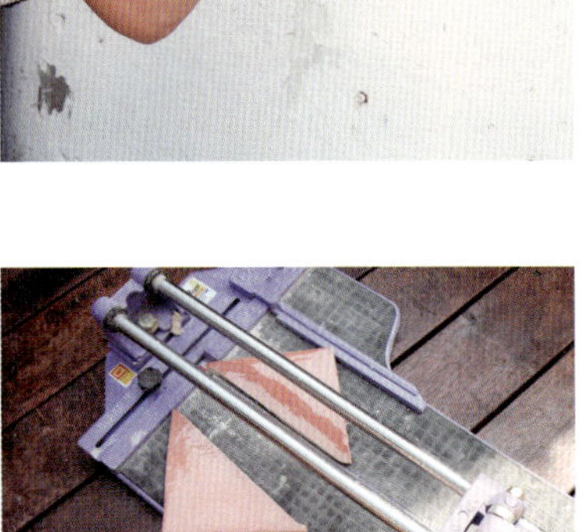

타일을 마름모꼴 형태로 붙여 나가다가 외곽 부분은 타일 커팅기를 이용해 절단해요.

02

빗살 헤라로 발라놓은 압착 시멘트에 홈을 낸 후 타일을 붙여요.

04

타일을 붙이고 하루가 지난 다음 고무 헤라를 이용해 백시멘트로 사이사이를 메워요. 조금 마른 뒤 걸레로 닦아내면 타일 벽은 완성이에요.

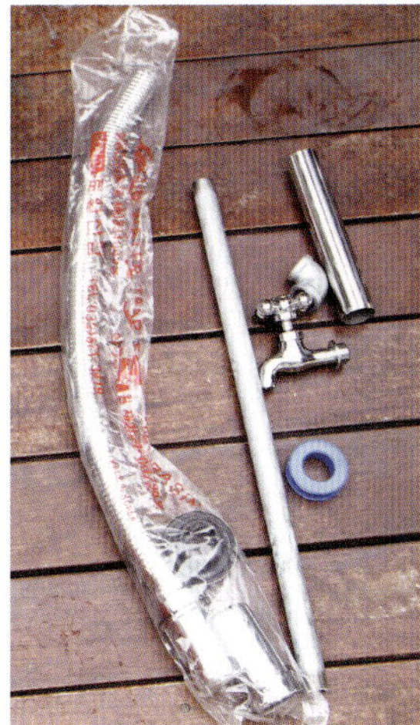
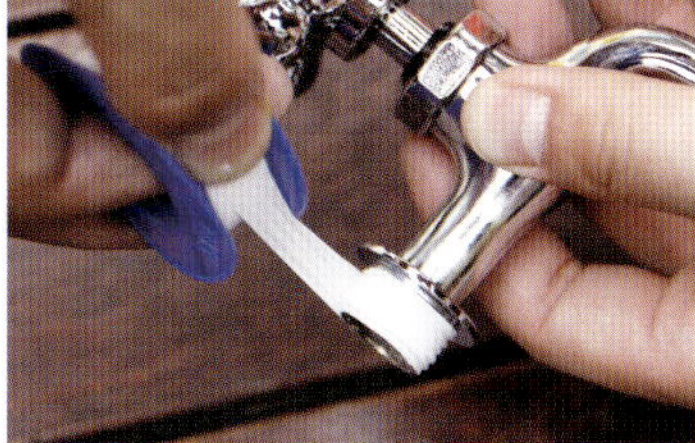
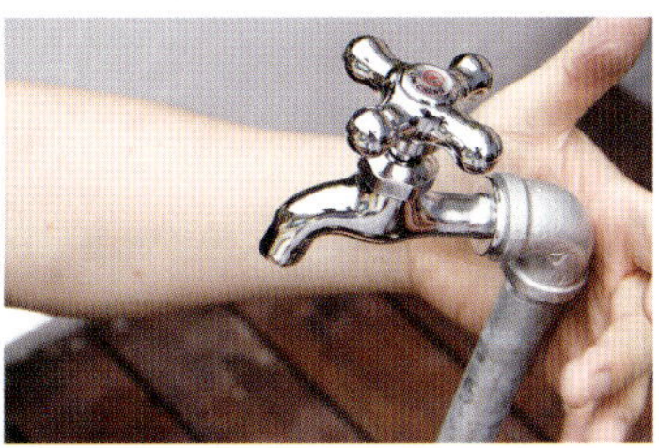

동네 배관 자재점에서 구입한 수전, 수도 연결관, 트랩 배관을 조립해요.

06

세면대의 물이 빠지는 하수 배관 연결 호스도 하수구와 연결해요.

07

수전을 끼우고 벽돌을 두 겹씩 쌓아 세면대 형태를 만든 후 시멘트를 발라요.

08

시멘트를 모두 바른 후 젖은 스펀지나 붓으로 문질러 표면을 전체적으로 매끄럽게 만들어 건조시켜요.

09

시멘트가 건조된 후 외부용 페인트를 2회 칠하면 완성이에요.

야외 수전은 겨울에 사용이 어렵고 동파될 수 있으니 꼭 방한 작업을 하세요.

DATA
SIZE 벽면 한 쪽
LEVEL ★★★★
TIME 6~8시간
PRICE 3~4만원

옹이합판으로 패널 벽 만들기

컨트리풍의 벽면을 만들고 싶을 때 가장 흔하게 이용하는 것이 패널이죠.
제품화된 패널도 있지만 좀 더 특별하게 연출하고 싶어서 폭이 넓은
합판을 이용해 큼직하게 시공했어요. 나무 벽의 내추럴한 질감이 잘 살아나서
전원주택에 와 있는 듯한 기분이 든답니다.
옹이합판은 가격이 저렴하며 옹이가 제대로 보여 페인트칠을 하면 예쁘답니다.

BEFORE

옹이합판 시공을 하기 전에 벽지를 떼어
내세요. 레테는 벽지 위에 바로 시공했지
만, 합판이 들뜨는 것을 막으려면 반드시
실크벽지를 제거해야 돼요.

 ## 만들기 전 보세요

옹이합판은 목공소에서 쉽게 구입할 수 있어요. 목공소에서 합판
을 20cm 폭으로 잘라 오세요. 미리 벽 사이즈를 재어 남는 자투리
공간에 들어갈 합판의 치수도 고려해 잘라 오면 편하답니다. 벽이
합판으로 되어 있다면 접착제 없이 못으로 박기만 하면 된답니다.

 ## 재료를 준비해요

기본 재료 오공본드, 글루건, 걸레, 자투리 나무, 사포,
드릴, 나사, 요술톱, 자, 고무 헤라, 젖은 걸레나 수세미,
롤러, 트레이, 마스킹 테이프, 붓
주재료 옹이합판(1200×2400mm) 총 3판을 20cm
폭으로 커팅, 양쪽 모서리에 들어갈 12cm×15cm 패널
각 1장씩, 가구용 페인트, 퍼티

01

옹이합판 뒷면에 오공본드
를 지그재그로 바른 후 패널
양 끝과 중간 부분은 글루건
을 덩어리지게 쏘아요.

02

벽면에 합판을 대고 잘 붙도록 글루건 부위를 힘껏 눌러요.

03

패널 한 장을 지지대로 삼아
자투리 나무로 눌러가며 붙
이면 안정감 있게 잘 붙어
요. 사포로 마무리해요.

04

콘센트가 들어갈 자리를 합판에 연필로 표시한 뒤 드릴로 네 귀퉁이에 구멍을 내고 요술톱으로 자른 후 사포로 마무리해요.

05

약 2~3mm 간격을 두고 패널을 계속 이어 붙여요. 패널 사이에 자를 끼우면 간격 맞추기가 편리해요.

06

패널을 붙일 때는 순간 접착제 역할을 하는 글루건 바른 부분을 꾹 눌러요.

07

전체적으로 다 붙였어요.

08

고무 헤라를 이용해 퍼티로 패널 사이사이 틈을 메워요.

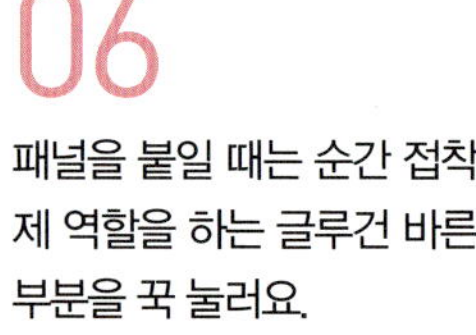

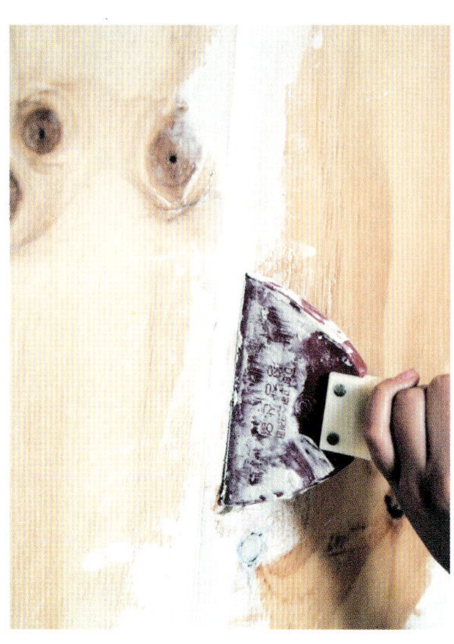

전체적으로 빈틈을 모두 퍼티로 꼼꼼히 메워요.

09

10

젖은 걸레나 수세미 등으로
삐져나온 퍼티를 닦아내요.

11

가구용 페인트를 롤러에 묻
혀 패널을 꼼꼼히 칠해요.

12

콘센트 부분은 미리 마스킹 테이프로 보강 작업을 해두고 붓으로 칠해야
해요.

전체적으로 다 마르면 완성이에요. 페인트가 마르기 전 옹이 부분을 살짝
살짝 닦아내면 내추럴한 느낌이 더 살아나요.

패널 벽에 나무 액자나 거울을 걸어 장식해요.

6

리폼

책상 위 수납이 편리한 벽 선반 만들기

이 벽 선반을 만들기 전, 책상 위엔 언제나 메모지며 명함이며 필기구들이 아무렇게나 널려 있었죠.
이것들을 깨끗하게 정리할 수 있는 다목적 벽 선반을 만들어볼 거예요. 재활용품이나 쓰지 않는 물건을 이용해
만드니까 제작 비용도 저렴하고 수납도 되고 메모도 할 수 있고 인테리어 효과까지!
만능 벽 선반을 레테와 함께 만들어보아요!

만들기 전 보세요

칠판 페인트는 각종 리폼 사이트 또는 나무와사람들(www.jeswood.com)에서 구입할 수 있어요.

재료를 준비해요

기본 재료 자, 연필, 작은 톱, 사포, 붓, 목본드, 글루건, 드릴, 나사, 못
주재료 와인 상자, 깡통, 페인트, 집게, 작은 나무판, 스테인, 칠판 페인트, 분필

01

책꽂이가 될 와인 상자에 책이 꽂히는 높이를 계산해 선을 그어놓아요.

02

작은 톱을 이용해 선을 따라 자르고 사포로 절단 면을 매끄럽게 만들어요.

03

캔은 페인트로 얇게 두세 번 칠하고 말리기를 반복한 뒤 약간 사포질해서 빈티지하게 만들어요.

04

집게를 붙일 작은 나무판 외곽은 사포질로 둥글고 매끄럽게 만들어요.

05

페인트나 스테인을 한 번만 칠해요.

06

각각의 수납함을 큰 나무판에 자유롭게 배치해요. 물건이 들어갈 공간을 생각해 배치하는 것이 중요해요.

07

잘라놓은 와인 상자는 목본
드로 붙여요.

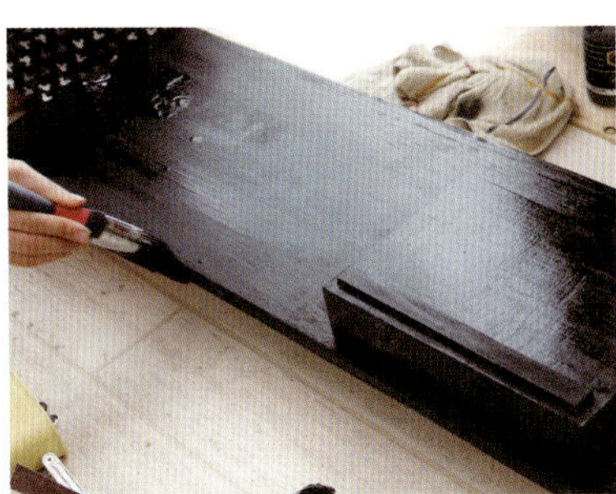

09

마르면 고운 사포로 갈아낸
후 칠판 페인트를 한 번 더
칠해요.

11

연필꽂이가 될 깡통은 칠판
페인트로 칠하고 말려요.

08

칠판 페인트를 전체적으로
칠해요.

10

메모꽂이는 글루건으로 붙이고 깡통은 나사로 고정해요.

12

집게는 나무판에 나사나 못
으로 고정해요.

13

책꽂이가 될 와인 상자엔 분필로 그림을
그리거나 글씨를 써놓으면 더 예뻐요.

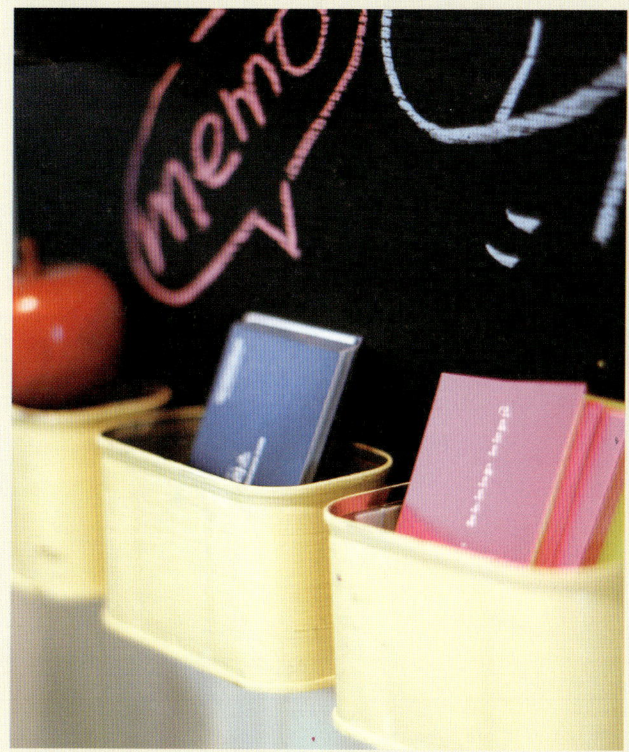

메모꽂이엔 명함이나 메모지를 분류해 넣어두세요.

집게판에는 메모지를 꽂으세요.

연필꽂이 깡통도 나사로 고정하고 연필을 꽂으면 된답니다.

수납 선반을 벽에 걸 때는 벽에 나사를 박고 수납판 뒷면에 못 머리가 들어갈 구멍을 뚫어 끼우면 깔끔하게 걸 수 있답니다.

칠판 페인트로 칠한 부분은 어디든 분필로 글씨를 쓸 수 있고요.
책도 쏘옥 들어가니 정말 훌륭한 벽 선반인 것 같아요!

참치 캔으로 화분 수납 선반 만들기

손쉽게 구할 수 있어서인지 그만큼 쉽게 재활용 통에 버려지는 참치 캔을 나무판에 붙여 화분 수납 선반을 만들어보았어요.
화분을 보통 선반 위에 올려두면 물이 흘러내리기 십상인데 이제 그런 걱정이 싹 사라졌답니다.
재활용품으로 분리수거될 운명이었던 참치 캔을 멋진 화분 수납 선반으로 재탄생시켰어요.

DATA
SIZE 41cm×10cm
LEVEL ★★
TIME 2~3시간
PRICE 0원

 **만들기 전 보세요**

화분 받침이 필요 없다면 참치 캔 대신 다른 깡통을 이용해 만들어 수저통이나 연필꽂이로 활용하세요.

 **재료를 준비해요**

기본 재료 붓, 드릴, 콘크리트못, 드라이버, 나사, 스펀지
주재료 참치 캔, 나무판, 페인트, 젯소, 글씨를 파낸 종이, 바니시

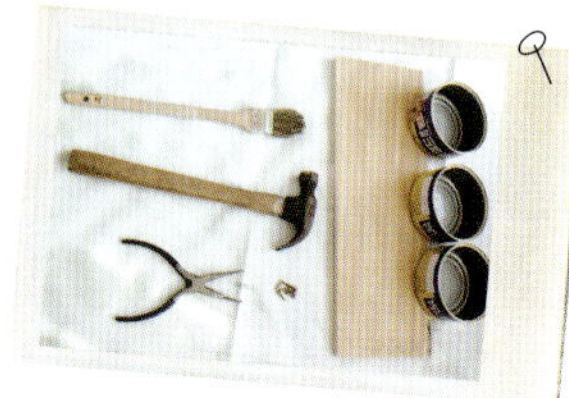

01

뚜껑을 조심해서 따낸 참치
캔을 깨끗이 씻어 말려요.

02

나무판은 80 사포로 다듬어놓아요.

03

나무판에 민트색 페인트를
대충 칠해요. 내추럴하게.

04

참치 캔에는 젯소를 한 번
칠한 후 페인트칠해요.

05

참치 캔과 나무판 접착 부
위에 콘크리트못을 이용해
구멍을 뚫어요.

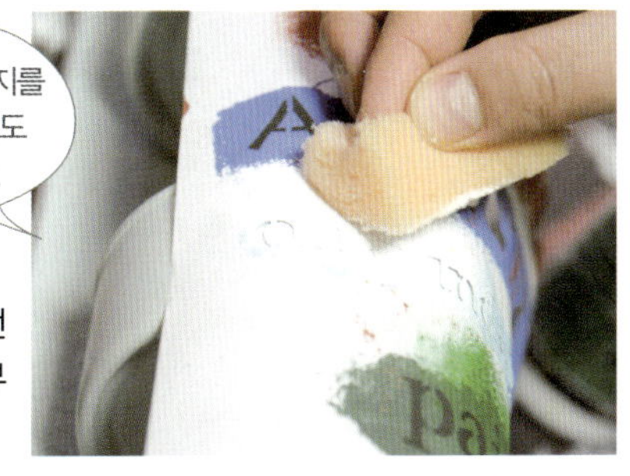

06

드라이버로 나사를 2개 박
아요.

07

글씨를 판 종이를 대고 스펀
지에 페인트를 묻혀 글씨 부
분에 톡톡 찍어요.

08

종이를 떼어내고 바니시를
칠해요.

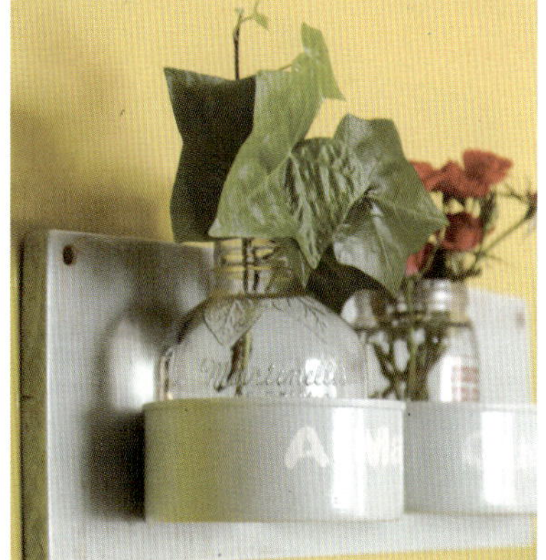

09

드릴로 벽에 걸기 위한 구멍
을 뚫어요.

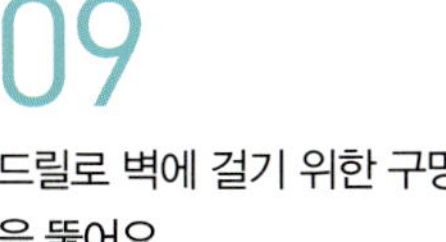

10

벽에 걸어 예쁜 화분을 넣어
주세요.

LETF 드레스룸 문 칠하기

집 전체가 화이트 톤이라 지루하지 않게 하기 위해
드레스룸 문에 블루그레이 컬러를 칠했어요.
문에 색다른 컬러를 주면 다른 어떤 장식보다도
훌륭한 인테리어 포인트가 되지요.
집 분위기가 밋밋할 때 시도하기 좋은 아이템이에요.

DATA

SIZE 방문
LEVEL ★
TIME 2~3시간
PRICE 1만원 이하

기존에 페인트칠이 되어 있는 문짝이나 가구에는 가구용 페인트(반광)를 칠하면 돼요. 젯소(프라이머)는 페인트가 잘 안 먹는 시트지나 코팅된 가구 표면에 페인트가 잘 칠해지도록 하는 초벌제지요. 얇게 여러 번 바르는 게 중요해요. 가구용 페인트를 칠할 때는 바니시를 칠하지 않아도 돼요.

재료를 준비해요

기본 재료 커버링 테이프, 마스킹 테이프, 붓, 롤러, 트레이
주재료 페인트

01

손잡이, 경첩, 유리, 바닥에 커버링 테이프와 마스킹 테이프를 붙여요.

02

일반 붓으로 좁은 면이나 구석진 틈 부분부터 페인트칠을 해요.

03

넓은 면은 롤러로 칠해요. 롤러는 붓에 비해 얼룩이 덜 생기고 페인트가 균일한 두께로 칠해져서 좋아요.

방문 리폼은 가장 기본이 되는 리폼이에요. 페인트를 처음 접하는 분이 도전하기 좋은 아이템이죠.

04

같은 방법으로 반대쪽을 칠하고 말리면 된답니다.

DATA
SIZE 침대
LEVEL ★★
TIME 3~4시간
PRICE 1~2만원

헌 침대 페인팅으로 새롭게 태어나기

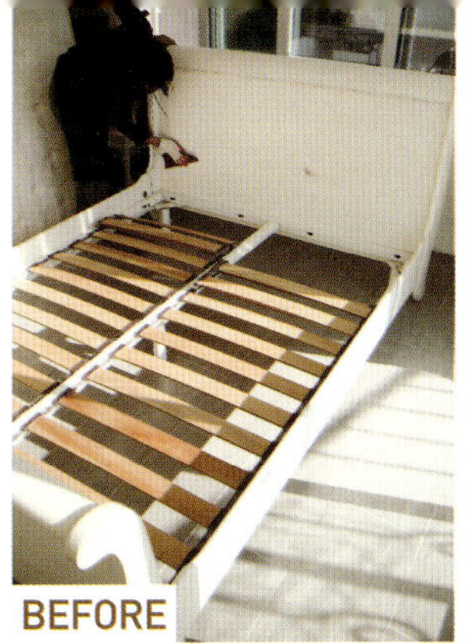

새집에 어울리지 않는다는 이유로 멀쩡한 가구를 덥석 바꾸기는 부담스럽죠.
이럴 때 페인트를 이용해 새집에 어울리는 가구로 변신시켜주세요.
레테는 5년 정도 사용한 화이트 침대를 연그린 그레이 컬러로 칠했어요.
화이트 컬러가 주조색인 침실에 놓인 화이트 침대가 너무 차갑고 밋밋해 보였기 때문이에요.
비슷한 계열이라도 색 온도에 따라 체감되는 컬러감이 많이 다르니 전체적인 컬러를 맞춰
가구를 들이거나 리폼하는 게 중요해요. 생각보다 훨씬 쉬운 페인팅 작업에 도전해보아요!

 ## 만들기 전 보세요

일반적으로 페인팅이 된 가구는 사포질만 하고 가구용 페인트로 칠하면 돼요. 코팅된 가구나 페인트가 잘 안 먹는 시트지로 마감된 가구라면 젯소(프라이머)를 꼭 칠한 후 페인트칠하세요.

 ## 재료를 준비해요

기본 재료 사포, 걸레, 커버링 테이프, 붓, 롤러, 트레이
주재료 가구용 페인트

01 침대 매트리스를 분리하고 220 사포로 적당히 사포질한 후 걸레로 닦아요.

02 주변 바닥에 페인트가 묻지 않도록 커버링 작업을 해요.

03 마땅한 컬러의 가구용 페인트가 없어 조색하는 과정이에요.

04 먼저 붓으로 좁은 면과 구석을 칠해요.

05

넓은 면은 롤러로 칠해요. 롤러를 사용해야 속도도 빠르고 붓 자국도 안 나요.

06

보이는 부분을 모두 칠하고 말리세요.

07

건조 후 2차로 페인트칠해요. 좁은 면을 붓으로 먼저, 넓은 면은 롤러로 나중에.

08

모두 건조한 후 에지 부분을 사포질해요. 지저분하지 않게 라인에만 사포질해 칠을 벗겨내면 컬러에 깊이감이 생기고 섬세해져요.

표면을 320 정도의 고운 사포로 살짝 사포질하면 매끄러워져요.

09

전체적으로 걸레질한 뒤 말리면 돼요.

DATA

SIZE 아기 의자
LEVEL ★★
TIME 2~3시간
PRICE 0원

레테가 아주아주 좋아하는
조카 주은이

LETE 아기 의자 리폼하기

쓰레기 분리수거날 재활용장에 버려진 예쁜 아기 의자! 칠은 벗겨지고 끈이 끊어지긴 했지만
너무도 멀쩡한 의자였어요. 이런 것도 사려면 돈일 텐데, 조카 주은이를 위해 좋은 일 해보기로
하고 주워 왔지요.
귀여운 주은이는 고모가 리폼해준 의자에 앉아 밥을 먹으며 더욱 예쁘게 자라겠지요.
아기가 좋아하는 동물이나 캐릭터를 그려 넣어도 좋아요.

아기 의자 리폼하기

 **만들기 전 보세요**

아이가 앉는 의자이니 반드시 무독성 페인트로 칠하고 투명 바니시도 꼭 바르세요.

페인트 구입 나무와사람들 www.jeswood.co.kr

 **재료를 준비해요**

기본 재료 사포, 붓, 롤러, 트레이, 분무기, 연필
주재료 아기 의자, 가구용 페인트, 아크릴물감, 바니시

01 상판과 다리에 칠할 페인트를 준비해요.

02 살짝 사포질한 후 다리 부분에 붓으로 페인트를 칠해요. 모서리는 붓으로, 넓은 면은 롤러로 칠해요.

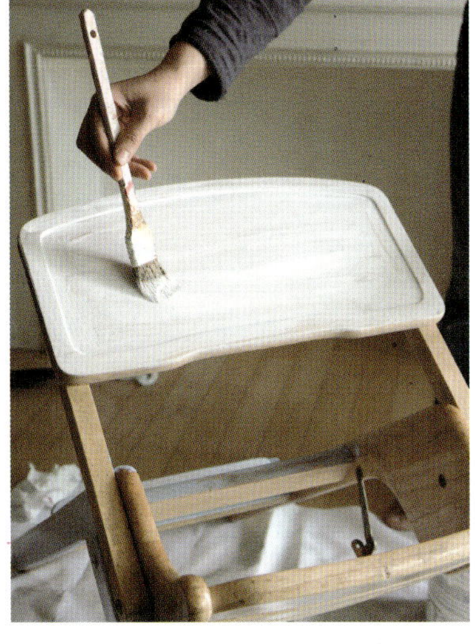

03 상판이 될 부분도 흰색으로 칠해요.

04 처음 칠할 땐 붓 자국에 신경 쓰지 말고 덩어리지지 않을 정도로만 얇게 칠하면 돼요.

05 전체적으로 얇게 칠한 뒤 1시간가량 말리고 같은 방법으로 다시 칠해요.

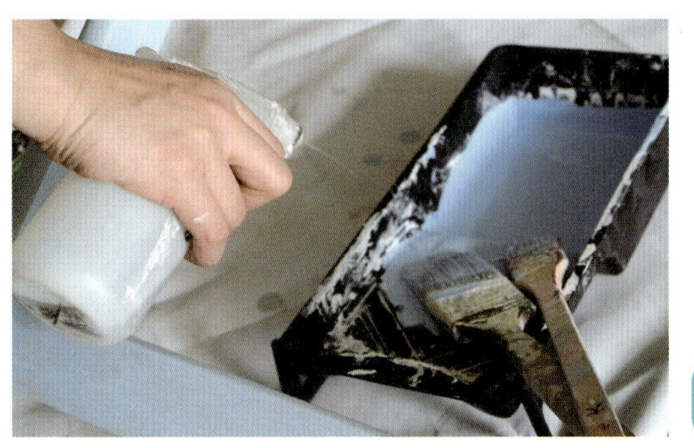

06 두 번째 페인트칠할 땐 붓이 뻑뻑할 수 있으니 분무기로 미리 물을 조금 뿌려두세요.

페인팅 후 상판에 아크릴물감으로 그림을 그려요. 먼저 연필로 밑그림을
그려놓으면 편해요.

연한 색부터 칠해요.

점점 진한 색을 칠하고 명암과 그림자도 표현해보아요.

아기 이름과 사인도 적어 넣으면 재미있겠지요.

그림이 마르면 바니시로 마무리!

헌 액자 폼 나는
명품 액자로 재탄생시키기

갤러리에 온 듯 벽면의 멋지게 통일된 세트 액자가 탐나는 분, 많으시죠?
집에 각양각색의 액자가 있다면 새로 구입하지 않고도 폼 나는 명품 액자 세트를 만들 수 있어요.
레테의 집에는 처치 곤란한 여러 개의 액자가 늘 수납장 여기저기에 처박혀 있었죠.
이것을 초간단 리폼으로 갤러리풍 액자 세트로 재탄생시켰답니다.
자, 집에 있는 짝이 안 맞는 액자를 모두 꺼내보세요!

BEFORE

액자 크기나 형태가 달라도 상관없어요. 색깔만 맞추면 형태가 다른 게 오히려 더 멋스러울 수 있어요. 액자에 넣을 마땅한 사진이 없다면 잡지에서 오린 사진, 엽서 또는 패브릭을 이용하세요. 잡지를 보다가 좋은 그림이나 사진을 발견하면 그때그때 스크랩해 두어도 좋겠지요?

기본 재료 붓, 자, 칼, 연필, 커터칼, 태커, 드릴, 콘크리트날
주재료 여러 가지 액자, 잡지에서 오린 사진 또는 엽서, 하드보드지, 젯소, 가구용 페인트

01 여러 가지 액자의 틀과 유리, 뒤판 등을 분리해요. 액자틀에 젯소를 2~3회 칠한 뒤 마르면 가구용 페인트를 칠하고 말려요.

02 액자 크기에 맞게 자른 하드보드지에 사진이 들어갈 크기만큼 연필로 표시한 뒤 커터칼을 이용해 잘라내요. 액자틀 안쪽 뒷면에 태커로 고정해요.

03 각 액자의 크기가 다르고 형태도 다르므로 그림이나 사진의 컬러 등을 맞춰보고 골라두어요.

04 그림을 끼우고 뒤판 조립 후 유리를 끼워 완성한 액자예요.

05 다양한 크기의 액자들이 페인트와 하드보드지 덕분에 세트처럼 보이게 되었어요. 벽에 걸어도 예쁘지만 콘솔 위나 벽면에 세워두어도 예쁘답니다.

06 드릴과 콘크리트날을 이용해 벽에 구멍을 뚫고 콘크리트못을 박은 후 액자를 걸면 OK!

PLUS TIP

벽에 구멍 내지 않고 액자 걸기

작은 액자의 경우 벽에 걸 때 구멍을 내기 싫다면 벽지 위에 붙이는 매직테이프(후크테이프)를 액자 뒷면에 붙인 후 벽에 붙이면 돼요. 이런 매직테이프는 마트에서 쉽게 구입할 수 있어요. 작고 가벼운 액자라면 실크벽지에 시침핀을 꽂아두고 액자 뒷면에 끈을 달아 걸면 벽지 손상 없이 걸 수 있지요.

DATA
SIZE 자개장
LEVEL ★★★★
TIME 7~8시간
PRICE 5~6만원

헌 자개장 레테표
유리 장식장으로 재탄생시키기

재활용하던 날 버려진 자개장을 발견했어요. 자개장은 리폼하기가 무척이나 까다롭지만
크기가 아담해서 용기를 내어 들고 왔어요. 손잡이도 다 떨어져 나가고
다리도 부러졌지만 리폼해서 나만의 가구로 탄생시키고 싶었거든요. 자개 느낌을 그대로 살려
페인팅하고 유리문을 단 상부장을 올려 멋진 장식장으로 만들었어요.
헌 가구의 무한 변신! 리폼의 매력은 어디까지일까요?

만들기 전 보세요

유리는 동네 유리 가게에서 크기에 맞게 잘라달라고 하세요. 유리를 이용해 가구 문짝을 만들면 훨씬 더 고급스러운 느낌을 줄 수 있어요. 문짝은 미리 인터넷목공소에 재단, 제작을 의뢰해 주문하면 돼요.
문짝 재단 더디아이와이 www.thediy.co.kr

재료를 준비해요

기본 재료 스크래퍼, 메꾸미, 사포, 드릴, 나사, 본드, 붓, 롤러, 트레이, 목본드, 태커, 실리콘
주재료 자개장, 상부장용 집성목, 뒤판용 합판, 문짝용 나무판, 선반용 나무판, 가구 다리, 문짝용 유리, 젯소, 경첩, 가구용 페인트, 바니시, 손잡이

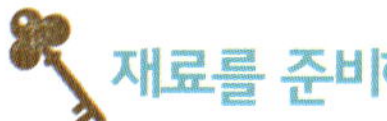

01

자개가 뜯어지거나 일어난 곳은 스크래퍼를 이용해 깨끗이 제거해요. 파인 곳은 메꾸미를 이용해 메우고 사포질하면 감쪽같아요.

02

서랍을 분리하고 문짝 부분의 나무 가시 등 불필요한 것들도 스크래퍼를 이용해 없애요.

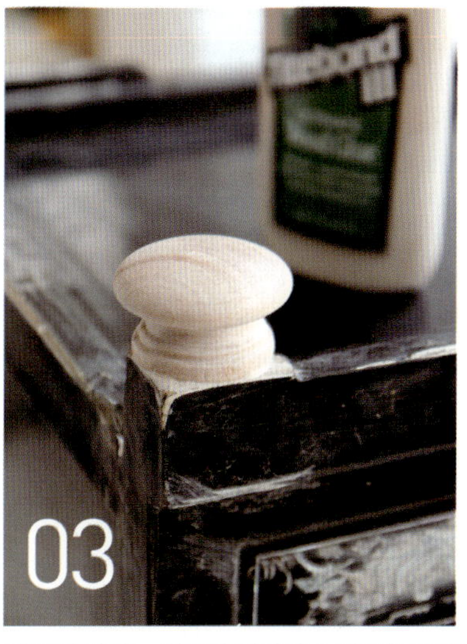

04

가구를 뒤집어놓고 젯소를 전체적으로 얇게 칠해요. 좁은 곳은 붓으로, 넓은 곳은 롤러로.

03

기존의 다리는 깨끗이 떼어내고 새로운 다리를 나사와 본드를 이용해 조립해요. 레테는 가구 다리가 없어 동그란 손잡이를 다리로 응용했어요.

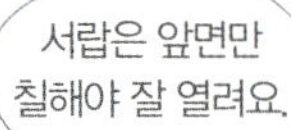

05

다 마르면 뒤집어서 젯소를
칠하고 말려요. 이 과정을
2~3회 더 반복해요.

06

상부장을 만들기 위해 자개
장 위에 집성목으로 임시틀
을 만들어 올려놓고 적당한
크기를 측정해요.

07

나무판을 ㄷ자 형태로 목본드와 나사를 이용해 고정해 상부장의 틀을 만들
어요. 그리고 뒤판에 들어갈 합판을 재단해요. 레테는 큰 합판이 없어 자투
리 나무를 이어 붙였어요.

상부장 뒤판을 조립한 모습이에요.

08

09

문짝이 상부장 크기보다 조금 작아 문짝이 들어갈 부분에 나무판을 접착제
로 붙이고 태커로 고정했어요. 문짝이 상부장에 딱 맞는 디자인이라면 이
과정을 생략해도 좋겠지요.

10

하단 부분에 선반이 될 나무판을 태커로 고정해요.

조립한 문짝 몸체에 경첩을 달아 상부장과 연결해요.

가구용 페인트를 하부장에 꼼꼼히 칠해요.

13

롤러와 붓을 이용해 상부장도 칠해요.

14

페인트가 마르면 사포로 모서리 부분을 갈아내어 깊이감을 줘요.

15

문짝 손잡이 부분에 드릴로 나사 구멍을 뚫은 뒤 손잡이를 달아요.

16

문짝 크기에 맞춰 재단한 유리를 실리콘으로 고정해요.

17

바니시를 칠하고 말리면 완성이랍니다.

초간단 연필꽂이 만들기

연필꽂이 같은 소품은 깡통을 페인팅하는 등 재활용품을 리폼해서 사용해도 멋스럽죠. 레테는 자투리 합판으로 아주 간단하게 연필꽂이를 만들었어요.
여러 개 만들어 지인들에게 선물했더니 다들 무척 좋아했답니다. 칸막이를 넣어 명함꽂이처럼 써도 되고 앙증맞은 화분을 수납하면 컨트리풍 화분이 된답니다.

DATA
SIZE 13cm×11cm×8cm
LEVEL ★★
TIME 2~3시간
PRICE 0원

 **만들기 전 보세요**

조금 두꺼운 나무를 이용할 때 태커가 없다면 못질을 해도 돼요. 라벨지는 인터넷 검색창에 '라벨지'라고 검색하면 관련 이미지가 많이 나오니 프린트해서 준비하세요.

 **재료를 준비해요**

기본 재료 목본드, 태커, 사포, 스펀지, 붓, 딱풀
주재료 자투리 나무, 페인트, 라벨 이미지, 바니시

01
자투리 나무를 사각 형태로 톱질한 뒤 목본드로 붙여 조립하고 태커로 박아요.

02
사포질을 하고 스펀지나 붓으로 페인트칠해요.

03
미리 라벨 이미지를 인쇄한 후 딱풀로 꼼꼼히 붙여요.

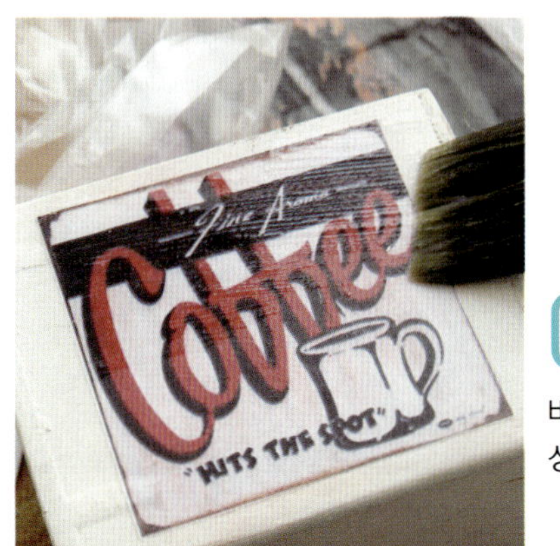

04
바니시를 칠하고 말리면 완성이에요.

LETE CARTOON

안 쓰는 거실 가구를
아이 방 가구로 변신시키기

시청자의 사연을 받고 집을 고쳐주는 프로그램인 올리브 채널 〈디자인 잇 유어 셀프〉를 진행할 때 작업한 아이템이에요.
쓸모없는 거실 장을 아이 방 가구로 리폼하고 싶다는 주부의 요청이었죠.
유리로 된 장식장과 TV 받침이 있는 거실 장을 밀크 페인트를 이용해 아이 방 가구로 리폼했어요.
버려질 뻔한 가구가 페인팅만으로 멋진 새 가구로 탄생하는 과정을 지켜보세요.

1 TYPE 거실 유리 장식장으로 아이 방 옷장 만들기

쓸모없는 거실 유리장을 아이 방에 두고 옷장으로 쓰고 있었는데, 문과 옆면이 유리라 아이 방에서 사용하긴 조금 위험해 보였어요. 컬러와 문짝을 바꾸어주니 비싼 아동용 가구가 부럽지 않답니다.

DATA
SIZE 75cm×120cm×35cm
LEVEL ★★★
TIME 7~8시간
PRICE 2~3만원

만들기 전 보세요

빈티지한 느낌을 살리기 위해 컬러 젯소와 밀크 페인트를 사용했어요. 문짝은 크기를 정하고 인터넷 사이트 철천지(www.77g.com)에서 주문한 후 미리 조립해두었어요. 옆면 유리 대신 들어갈 합판도 함께 주문했어요. 내부는 유리 선반 대신 나무 선반이나 봉을 끼워 사용하세요.

재료를 준비해요

기본 재료 사포, 붓, 롤러, 트레이, 드릴, 나사
주재료 거실 유리 장식장, 옆면용 합판, 반제품 문짝 두 개, 컬러 젯소, 밀크 페인트 또는 가구용 페인트, 경첩, 스텐 자석, 바니시, 손잡이

01

유리 문짝을 분리해요. 선반의 유리도 모두 떼어내고 옆면 유리도 제거한 후 옆면에 드릴과 나사를 이용해 합판을 대주어요.

02

80 사포로 표면을 살짝 갈아요. 광을 없애는 정도로만 하면 돼요.

03

붓과 롤러를 이용해 컬러 젯소를 전체적으로 칠하고 말려요.

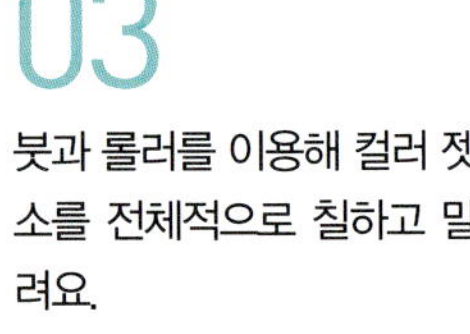

04

컬러 젯소가 마르면 한 번 더 칠하고 말려요.

05

밀크 페인트를 칠해요. 밀크 페인트 대신 가구용 페인트를 써도 괜찮아요.

06

가구 겉부분만 페인트를 칠하고 내부는 그대로 두세요.

07

미리 조립해둔 문짝에도 컬러 젯소를 칠하고 말린 후 밀크 페인트를 칠해요.

09

 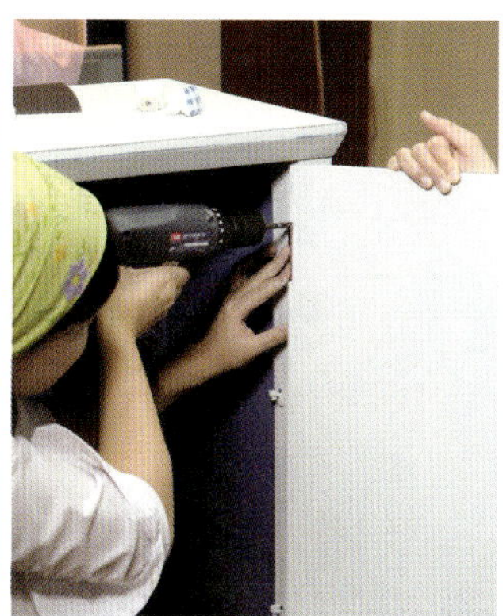

문짝에 경첩을 달아요. 문을 문틀에 잘 맞게 잡아주고 경첩 위치를 표시한 후 나사로 연결해요.

08

150 사포로 페인트칠한 면을 살살 갈면 밑의 젯소 컬러가 나와 빈티지한 느낌을 줄 수 있어요.

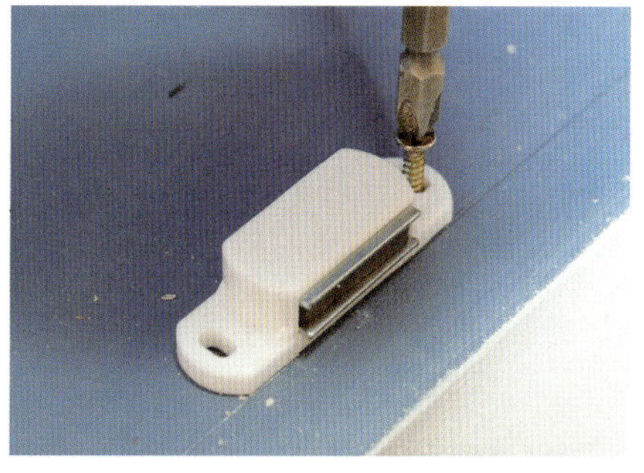

10

하단부에 스텐 자석을 달고 문짝에도 부속을 달아야 완성 후 문이 잘 닫혀요.

11

전체적으로 바니시를 바르면 완성이에요.

12

예쁜 손잡이도 달아주세요.

안 쓰는 TV 받침대
아이 방 수납 가구로 변신시키기

TV를 얹어놓는 구식 TV 수납장도 아이 방 수납장으로 사용하고 있어서 아이 방 분위기에 맞게 페인팅하고
새로운 문짝을 달아주었어요. 아이가 좋아하는 색과 디자인으로 아이와 함께 리폼하면 즐거운 추억이 되겠지요?
새 가구 부럽지 않은 독특한 아이 방 가구를 함께 만들어보아요.

DATA
SIZE 160cm×50cm×45cm
LEVEL ★★★
TIME 4~5시간
PRICE 2~3만원

 만들기 전 보세요

기본 과정은 아이 방 옷장으로 변신시키는 것과 같아요. 문짝만
크기에 맞춰 반제품 철망장을 구입해 조립해서 달았어요.

 재료를 준비해요

기본 재료 사포, 목본드, 태커, 드릴, 나사
주재료 TV 받침대, 철망장, 컬러 젯소, 밀크 페인트, 경첩, 손잡이

01

서랍과 문짝을 분리하고 컬러 젯소를 칠하고 말린 다음 밀크 페인트를 덧입혀요.

02

문짝틀을 목본드와 나사로 조립해요.

03

문짝에도 컬러 젯소와 밀크 페인트를 칠한 후 사포로 표면을 갈아 빈티지한 느낌을 만들어요.

04

뒷면에 철망장을 대고 태커로 고정한 후 손잡이를 달아요. 철망장도 문짝과 같은 색으로 칠하면 예뻐요.

05

경첩으로 문짝을 연결해요.

06

아이 방 가구인 경우 손잡이만 예쁘게 달아주어도 멋진 분위기를 낼 수 있어요. 재미있는 손잡이를 달아주세요.

재활용품으로 컨트리풍 소품 만들기

쓰자니 너무 낡았고 버리자니 아까운 애매모호한 살림살이…
약간의 아이디어와 정성을 더해 새 생명을 불어넣어주세요. 리폼, 뭐 있나요?
그냥 쓸모없어진 물건을 뚝딱뚝딱 새롭게 변신시켜주면 되는 거죠.
버리지 않고 재활용하면 경제도 좋아지고 환경도 보호할 수 있으니 일석이조랍니다.

채반 메모걸이 만들기

구멍 난 채반이 있다면 체인을 연결해 행주걸이나 메모걸이로 변신시
켜보세요. 요즘은 천장에 달아 사용하는 다용도 메모걸이 소품이 많
이 나오는데 굳이 돈 들여 살 필요 없어요. 동그란 채반과 체인, 나무
집게만 있다면 손쉽게 만들 수 있어요. 펜치를 이용해 체인을 채반에
걸고 나무집게도 체인에 연결해주면 완성! 참 쉽죠? 체인은 액세서리
부속 파는 곳에서 구할 수 있어요. 주방 근처에 걸어두고 행주를 말리
거나 요리 레시피를 적은 메모지를 걸어도 예뻐요.

주스 병 뚜껑 리폼하기

유리로 된 주스 병은 크기도 깜찍해서 이모저모 활용
할 데가 많아요. 똑같은 모양으로 된 병을 모아두었다
가 뚜껑을 아크릴물감이나 페인트로 칠하세요. 페인
트를 칠하기 전 젯소를 칠해야 알루미늄 뚜껑에 페인
트가 잘 먹어요. 이렇게 모은 유리병은 양념통으로 활
용해도 좋고 시침핀, 압정 등 잃어버리기 쉬운 작은
부속을 넣어두고 써도 편리해요. 색색으로 뚜껑을 칠
한 유리병은 그 자체로도 예쁘니 유리병이 생기면 버
리지 말고 모아두었다가 여러모로 활용해보세요.

공간 활용 플라스틱 보관함 만들기

방송에서 플라스틱 보관통의 유해성이 논란이 되면서 반찬통을 모두 유리 용기로 바꾸었어요. 그러다 보니 플라스틱 보관통들은 처치 곤란이 되어버렸죠. 버리기 아까워하던 중 선반 아래에 뚜껑을 붙여 수납함으로 사용하면 좋겠다는 생각이 들었어요. 선반 아래쪽을 활용하여 자질구레한 것들을 수납하기도 좋고 공간도 차지하지 않아 일석이조예요. 뚜껑에 글루건을 발라 선반 아래에 고정하고 필요할 때마다 뚜껑을 열어 사용해요. 나뭇조각에 칠판 페인트를 칠하고 보관통 앞에 붙여 수납한 물건의 이름을 써두니 장식 효과도 있더라고요.

철 쟁반, 자석 메모판으로 변신시키기

요즘엔 가정집에서도 잘 사용하지 않는 철 쟁반을 어떻게 활용해볼까 고민하다가 철 쟁반의 특성을 활용해 자석 메모판을 만들기로 했어요. 철 쟁반에 칠판 페인트를 여러 번 칠하고 말리세요. 유리타일 뒷면에 작은 자석을 글루건으로 붙여 메모홀더로 사용하세요. 반짝이는 유리타일에 레터링 글씨를 넣어도 예뻐요. 자석은 문방구에서 쉽게 구할 수 있답니다. 사진이나 메모지를 붙이거나, 분필로 메모도 할 수 있는 자석 메모판! 한번 만들어보세요.

바구니 샹들리에 만들기

예쁘고 내추럴한 전등갓을 원할 때 바구니만큼 자연적인 소재도 없는 것 같아요. 바구니 자체 질감만으로도 컨트리풍 느낌이 물씬 나거든요. 여기에 예쁜 비즈를 낚싯줄과 액세서리 체인으로 엮어 걸면 한층 더 로맨틱한 분위기를 낼 수 있답니다.

나무 도마 스케줄러 만들기

낡은 나무 도마를 리폼했어요. 나무 도마를 깨끗이 씻어 말린 후 나무 질감이 그대로 드러나도록 스테인을 스펀지로 칠하고 말려요. 쓰지 않는 포크나 스푼 등을 글루건으로 붙여두면 더 예뻐요. 손맛 나게 달력을 그린 종이를 오려 붙이기만 하면 간단하게 완성된답니다. 한눈에 볼 수 있는 나의 한 달 스케줄! 이제 계획적인 일과로 행복해지자고요.

냄비 뚜껑과 나무 주걱으로 키친타월걸이 만들기

냄비는 어디 가고 혼자 남게 된 뚜껑과 오래된 나무 주걱으로 키친타월걸이를 만들어보았어요. 냄비 뚜껑은 손잡이를 분리하고 나무 주걱 밑부분에 나사 구멍을 뚫어요. 긴 나사를 냄비 뚜껑 안쪽에서 나무 주걱 방향으로 돌리면서 끼우면 쉽게 조립 돼요. 나무 주걱엔 아크릴물감으로 취향에 맞는 글씨나 그림을 그려 넣으세요. 키친타월을 다 쓰면 나무 주걱을 돌려서 냄비 뚜껑과 분리해 교체하면 돼요.

불판 국자걸이 만들기

고기를 구워 먹을 때 쓰는 불판이에요. 가격이 저렴해서 한 번 고기를 구워 먹고 처박아두었다가, 깨끗이 씻어 벽걸이 수납 액자로 만들었어요. 철망이지만 짱짱하고 힘이 좋아 의외로 쓸 만해요. 철망에 맞게 자투리 나무를 액자처럼 둘러주면 한층 더 완성도가 높아진답니다. 국자나 주방 집기 수납용으로도 손색없어요.

쓰지 않는 도기 찻주전자 도트 무늬로 물들이기

천원숍에서 구입한 작은 찻주전자와 양념병이 주방 수납장 구석에서 먼지만 뽀얗게 쌓여갔었죠. 모양이 예쁘긴 한데 딱히 쓸 데를 찾지 못해 애물단지였어요. 예쁘고 싸다고 해서 구매하는 버릇은 이제 그만! 늘 갖고 싶었던 도트무늬 법랑 제품을 조금 흉내낸 장식품으로 변신시키고 싶었어요. 빨간 아크릴물감을 전체적으로 칠하고 화이트 컬러로 도트무늬를 그려 넣었어요. 실제로 주방에서 사용하긴 어렵지만 장식용으로 훌륭한 역할을 한답니다. 안 쓰는 접시나 금이 간 컵에 활용하여 데코용 소품을 만들어보세요!

DATA

SIZE 43.5cm×25cm×60cm
LEVEL ★★★
TIME 3~4시간
PRICE 1만원 이하

도마 3개로 사이드 테이블 만들기

레테의 첫 번째 책 〈5만원 인테리어〉에 소개한 도마 스툴이 선풍적인 인기를 끌다 보니
도마에 대한 도전을 계속해보고 싶었어요. 쓰지 않는 오래된 나무 도마와 각재만 있으면 OK!
소파 옆에 두고 전화기를 올려놓거나 책을 수납할 수 있는 예쁜 포인트 수납장을 만들어봐요.

만들기 전 보세요

도마는 구하기 쉽고 튼튼하기 때문에 리폼하기 더없이 좋은 재료
예요. 낡은 도마 구하기가 어렵다면 천원숍에서 구입할 수 있어
요. 가격도 싸고 나무가 부드러워 톱질하기도 좋답니다.

재료를 준비해요

기본 재료 톱, 사포, 드릴, 나사, 메꾸미, 붓
주재료 큰 도마 한 개, 작은 도마 두 개, 다리용 각재, 바니시

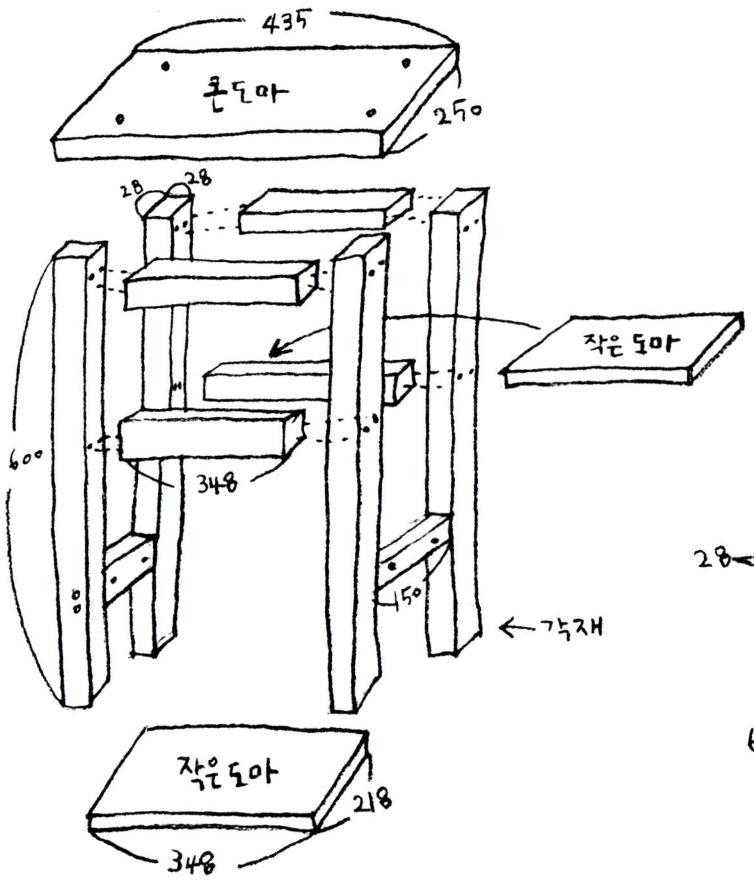

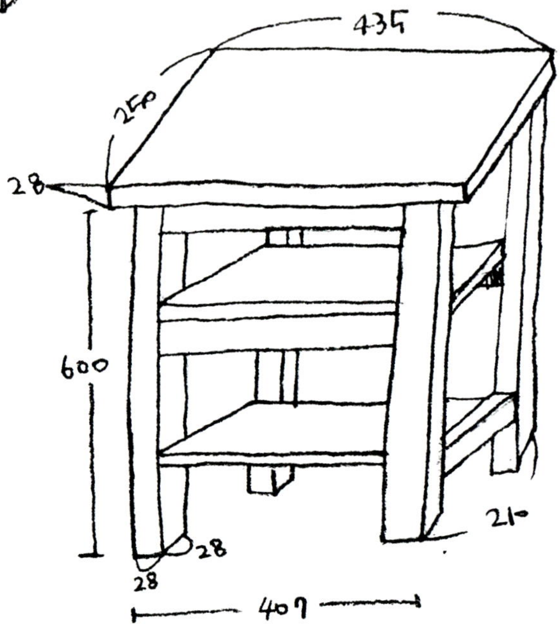

01 세 개의 도마와 각재를 준비해요.

02 각재를 높이에 맞게 같은 크기로 잘라요.

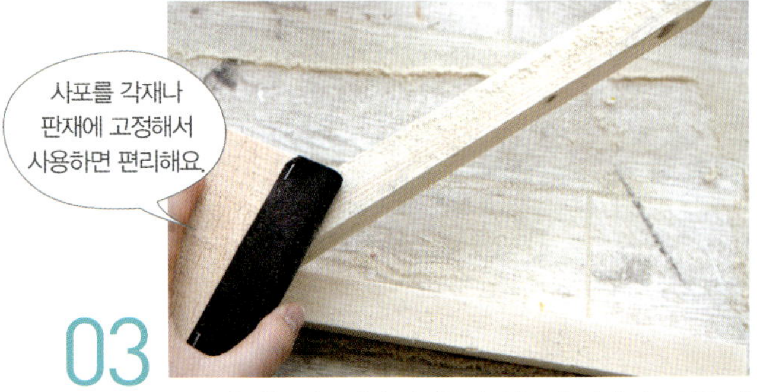

03 조립 후에는 사포질이 어려울 수 있으니 미리 사포질을 해 두세요.

04

이중 드릴날을 이용하여 중간 도마 위치에 맞춰 각재에 구 멍을 내요.

05

중간 도마와 다리 4개를 나 사로 조립해요.

06

맨 아래판이 될 도마와 다리 네 개를 드릴과 나사로 조립 하고 상판이 얹어질 각재를 ㄷ자 모양으로 조립해요.

07

뒤집어서 상판 도마와 다리를 조립해요.

08

상판 고정 후 나사 구멍에 메꾸미 작업을 하고 사포로 문지르면 나사 구멍 이 보이지 않아요.

09

바니시를 칠하고 말려요. 도 마 색이 예뻐 색을 칠하지 않 고 투명 바니시만 칠했어요.

레테는 전동 드릴과 나사를 이용했는데 접착제와 못을 이용해도 돼요.
다리 부분의 각재를 길이대로 똑같이 잘라주기만 하면 어려울 것이 없으니
도전해보세요. 완성 후 한참 쓰다가 밀크 페인트로 칠해 분위기를 바꿔보았어요.
무거운 TV를 올려놓아도 끄떡없답니다.

타일을 이용한 여러 가지 소품 만들기

인터넷에서 타일을 검색해보면 정말 예쁜 타일이 많아요.
특히나 작은 타일들이 그물에 일정한 간격으로 붙어 있는 모자이크 유리타일은 가위로 잘라 쓸 수 있고
줄눈 맞추기도 수월해 누구나 손쉽게 DIY에 이용할 수 있는 제품이지요. 형형색색의 유리타일, 자기타일….
모양도 색도 다양해서 레테도 리폼에 많이 이용한답니다.
깨끗하고 차가운 느낌과 반짝이는 질감 때문에 특히 여름 소품에 더없이 잘 어울려요.

만들기 전 보세요

모자이크 타일은 인터넷에서 구입 가능하고 부자재도 함께 구입
할 수 있어 적은 돈으로도 리폼할 수 있어요. 욕실이나 주방 벽 등
에 시공하고 남은 타일을 버리지 말고 두었다가 나만의 시원한 여
름 소품을 만들어보세요.
타일 구입 타일이야기 www.tilestory.com

1 TYPE 타일 비누 받침대

쓰지 않는 작은 사기그릇을 이용해 비누 받침대를 만들어요.
앙증맞은 크기의 모자이크 타일을 골라 그릇 안에
먼저 배치해보고 작업하면 좋아요.
타일의 반짝이는 느낌이 욕실 소품으로 딱이랍니다.
이제 비누도 예쁜 타일 비누 받침대에 담아두세요.

재료 모자이크 타일, 가위, 사기그릇, 타일 본드, 백시멘트, 걸레

타일 작업을 하며 줄눈을 넣을 때는 반드시
타일 본드가 다 굳을 때까지 기다렸다가 하세요.
보통 반나절 정도 충분히 말려야 백시멘트 줄눈
작업 때 타일이 밀리지 않아요. 그리고 작업할 때
장갑을 착용해야 손이 트는 걸 방지할 수 있어요.

01

사기그릇을 깨끗이 닦아요.

02

작은 헤라를 이용해 그릇에 타일 본드를 평평하게 발라요.

03

타일을 색깔별로 어울리게 하나씩 배치해가며 타일 본드로 붙여요.

04

모서리 부분이 둥글게 꺾이도록 그릇 바닥에서 조금 올라온 부분까지 붙여요.

05

5시간 이상 충분히 말린 다음 백시멘트를 치약 농도로 개어 타일 사이사이에 넣어요.

06

평평하게 줄눈을 채워야 해요.

07

굳기를 기다렸다가 걸레로 타일에 묻은 백시멘트를 닦아내요.

컨트리 타일 꽃병

투명한 유리병이 밋밋해서 자기로 된
모자이크 타일을 이용해 컨트리풍 분위기를 내보았어요.
전체에 타일을 붙이는 것이 아니라 반 정도만
가리도록 작업했어요. 못 쓰는 화분이나
선물 상자 등을 활용해도 좋아요.

재료 모자이크 타일, 가위, 타일 본드, 유리병, 백시멘트

01 모자이크 타일을 유리병에 맞게 미리 배열해 필요한 양만
큼 가위로 잘라요.

02 타일 뒷부분에 타일 본드를 2mm 정도 두께로 평평하게 발
라요.

03 유리병에 잘 밀착되도록 손으로 꾹꾹 누르세요.

04 타일 본드가 완전히 굳도록 반나절 이상 말리고 백시멘트
를 개어 타일 위에 잘 펴 발라요.

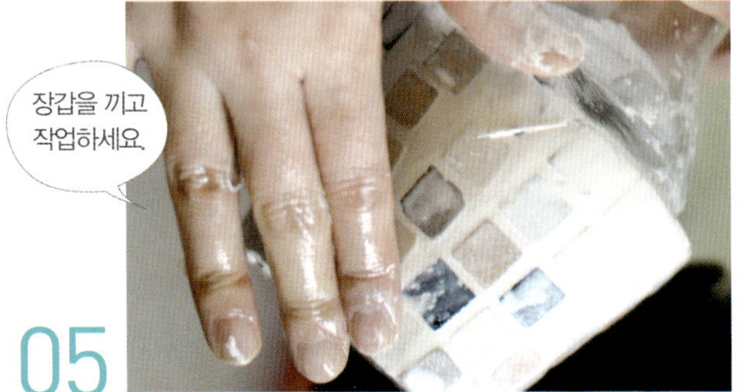

05 조금 마른 뒤 남은 백시멘트를 걸레로 닦아내고 물기 있는
손으로 꼼꼼히 백시멘트를 정돈하고 말리면 끝!

3 TYPE 유리타일 프라이팬 시계

바닥 코팅이 벗겨져 못 쓰게 된 작은 프라이팬을 시계로
리폼해보았어요. 낡은 프라이팬 뒷면에 페인트칠을 하고
안 쓰는 시계에서 분해한 부품을 조립하면
멋진 프라이팬 시계가 완성된답니다.
여기에 동그란 유리타일을 하나씩 숫자판
위치에 붙이면 독특한 주방 소품이 돼요.

재료 동그란 유리 타일, 프라이팬, 드릴, 젯소, 페인트, 붓, 시곗바늘

01

프라이팬 중앙에 드릴로 구
멍을 뚫어요.

02

프라이팬 손잡이를 분리해
젯소를 두 번 칠해요.

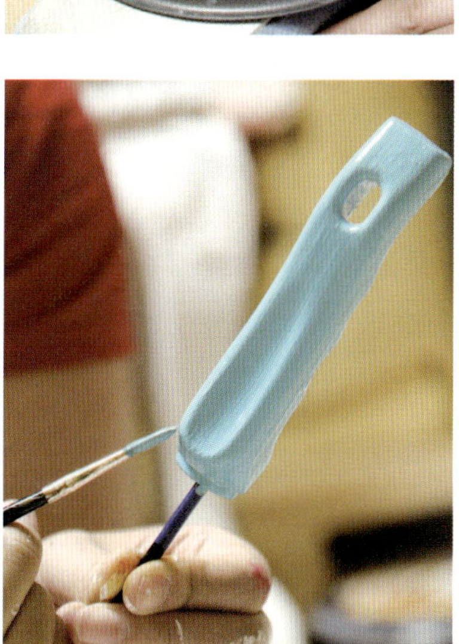

03

젯소가 마르면 페인트를 두
번 칠하고 말려요.

04

프라이팬 손잡이에 하늘색
페인트를 칠해요. 시곗바늘
을 꽂고 동그란 유리타일을
숫자판에 하나하나 글루건
으로 붙이고 리본으로 손잡
이를 장식한 뒤 벽에 걸어요.

TYPE **4** **타일** 트레이

인터넷에서 구입한 페인트가 작은 나무 상자에 담겨져
배송되었어요. 나무 상자를 버리기 아까워 나무 트레이로
멋지게 업그레이드시켰답니다. 벽에 시공하고 남은 타일을
트레이 안쪽에 붙였는데, 타일 작업을 하기 전 트레이를
페인트칠하고 말리세요. 모자이크 타일과 어울리는 컬러의
밀크 페인트를 약간 낡은 듯하게 칠해주면 된답니다.
이렇게 만든 트레이에 커피나 차를 내면 아주 예뻐요.
집에 온 손님들도 트레이의 고급스러운 질감을 무척이나
좋아했답니다. 가구나 조금 크다 싶은 소품을 타일로 리폼할
계획이라면 반드시 무게를 생각하세요.
타일과 백시멘트가 합쳐지면 무게가 꽤 나가거든요.

재료 모자이크 타일, 나무 상자, 밀크 페인트, 붓, 타일 본드

TYPE **5** **타일** 화분

사용하고 남은 자기타일로 벌꿀통을 리폼했어요.
자기타일이 청량하고 깨끗한 느낌을 주어 화초가
더욱 싱그러워 보인답니다. 자기타일은
큰 테이블이나 싱크대 상판 같은 곳에 시공해도 고급스러워요.
크기가 작으므로 타일칼을 쓸 필요 없이 가위로
필요한 양만큼 잘라 쓰면 되니 작업도 어렵지 않아요.

재료 자기타일, 벌꿀통, 가위, 타일 본드, 백시멘트, 걸레

LETE CARTOON

명품 보드 부럽지 않게
낡은 스노보드 리폼하기

지난겨울 오랜만에 스키장에 갈 기회가 생겼는데 핑테 님의 스노보드가
10년이나 된 것이라(핑테 님은 짠돌이 대마왕인지라 절대 새 거는 안 사요!)
조금 창피했어요. 스키나 스노보드는 한 시즌만 타도 상처투성이가 되고 유행도 금방금방 바뀌어
핑테 님이 자기만의 스타일로 리폼하더라고요. 세상에 안 되는 게 없는 리폼의 세계!
칠판 페인트와 크레파스를 이용해 낙서한 듯 자유분방한 느낌으로 바꿔보았어요.
설원에서 씽씽 달릴 나만의 스노보드 리폼으로 라이딩 실력도 업그레이드해볼까요?

 ### 만들기 전 보세요

한 시즌 특별하게 즐기기 위한 것으로 보드 상판만 리폼해보세요.
칠판 페인트, 코팅재는 각종 리폼 사이트 또는 나무와사람들 (www
.jeswood.com)에서 구입할 수 있어요.

 ### 재료를 준비해요

기본 재료 스크래퍼, 사포, 걸레, 롤러, 트레이
주재료 스노보드, 칠판 페인트, 크레파스,
바니시

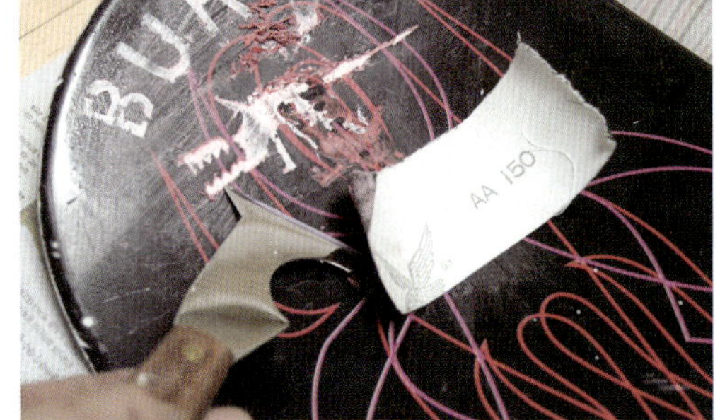

01

핑테 님의 10년 된 스노보드에 원래 있던 로고와 문양을 스
크래퍼로 제거했어요.

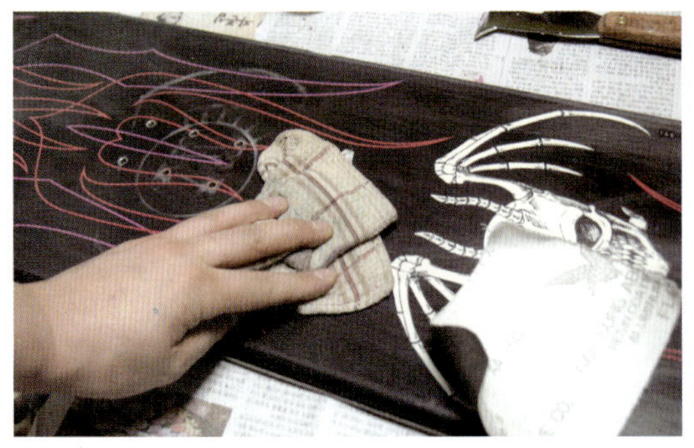

02

바인딩을 분리한 후 150 사포로 보드 상판 전체를 갈고 걸
레로 깨끗이 닦아내요.

03

칠판 페인트를 보드 상판에 뿌린 뒤 롤러로 얇게 칠해요.

04

전체적으로 칠한 후 마르면 고운 사포로 한 번 더 갈아낸 후 칠하고 말려요.

05

크레파스를 이용해 색색깔로 낙서하듯 그림을 그려요.

06

수성 유광 바니시를 2회 정도 칠해요.

07

하루 정도 충분히 말린 후 바인딩을 조립하면 끝!

PLUS TIP

또 다시 리폼한 스노보드

다음 시즌이 되자 리폼한 스노보드가 싫증 나서 또다시 새롭게 리폼했어요. 바닥의 에지 면만 건드리지 않고 상판만 리폼한다면 몇 번이고 계속 리폼해도 돼요.

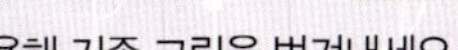

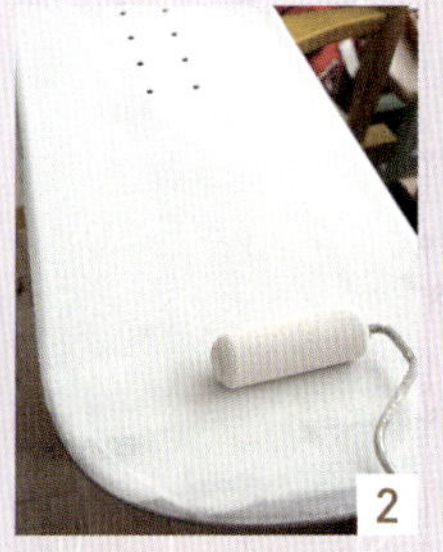

1 스크래퍼와 사포를 이용해 기존 그림을 벗겨내세요.
2 젯소를 2회 칠하고 말려요.
3 크레파스와 페인트로 그림을 그려요.
4 다양한 고양이의 모습을 그려 넣었어요. 멋진 일러스트 도안이나 다른 그림을 보고 참고해도 돼요.
5 페인트로 배경 색을 반만 칠했어요.
6 유광 바니시를 2회 정도 발라요.
7 바인딩을 조립하면 끝!

샘플 벽지로 크리스마스 소품 만들기

만들기 전 보세요

샘플 벽지는 인테리어 가게나 벽지 가게 등에서 철 지난 샘플 책을 얻어 사용하면 돼요.
구하기 어려우면 잡지책이나 포장지 등을 이용하세요.

1 TYPE 벽지 꽃 장식

샘플 벽지로 크리스마스 꽃 장식을 만들어볼 거예요.
화려한 패턴의 벽지는 크리스마스와 딱 맞아떨어지는
아이템이에요. 벽지로 화려한 꽃을 만들어
트리와 벽에 장식해보세요. 분위기가 확 살아난답니다.

재료 샘플 벽지, 테이프, 스테이플러, 글루건, 낚싯줄

01 벽지를 직사각형으로 잘라요. 크기는 원하는 대로!

02 1cm 정도 간격으로 부채 접듯이 끝까지 접어요.

03 전체를 반으로 접어요.

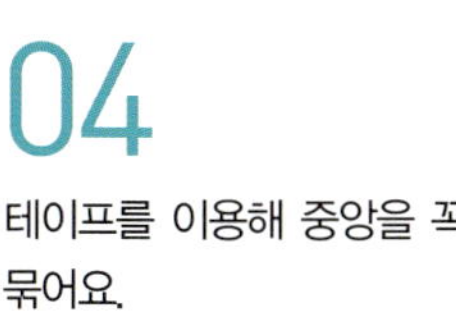

04 테이프를 이용해 중앙을 꼭 묶어요.

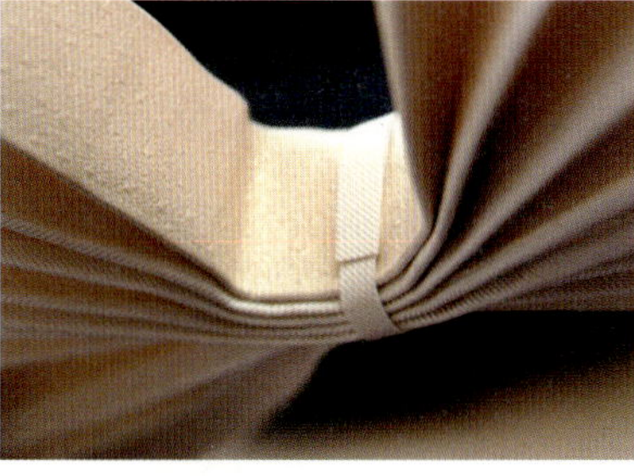

05 양쪽으로 짝 펴서 끝과 끝을 스테이플러로 콕콕 찍어요.

06 화려한 꽃 장식 완성! 글루건으로 벽에 붙이거나 트리에 장식하거나, 또는 낚싯줄로 묶어 장식해요.

2
TYPE

벽지로 만든 선물 양말

산타클로스가 선물을 가득 넣어줄 것만 같은 양말! 어렵게 생각하지 말고 벽지를 이용해 만들어 벽이나 콘솔, 트리에 걸어보세요. 만들기도 쉽고 축제 분위기를 내준답니다. 이 양말에 아이들 선물을 넣어두어도 좋아요!

재료 샘플 벽지, 연필, 가위, 스테이플러, 리본끈 또는 줄

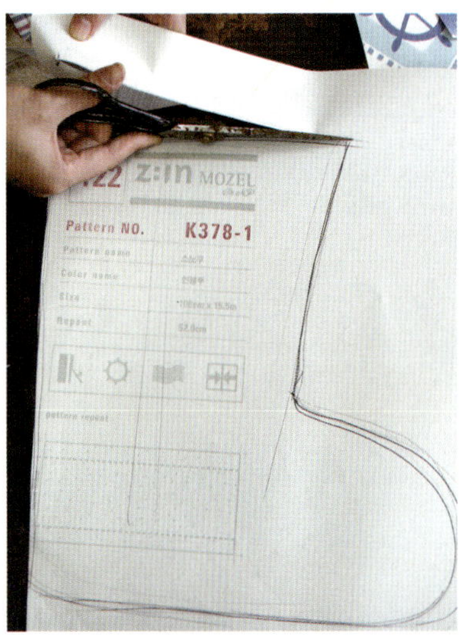

01

벽지 뒷면에 양말 모양을 그려요.

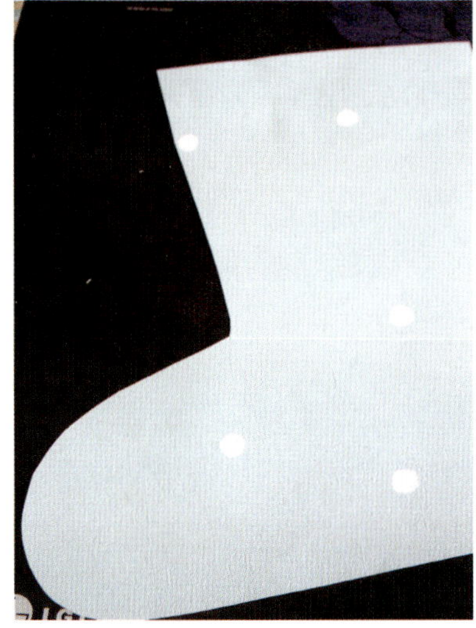

02

가위로 오리고 반대쪽 면도 똑같이 준비해요.

03

양말에 볼륨감을 주기 위해 남은 벽지를 둥글게 말아 넣어요.

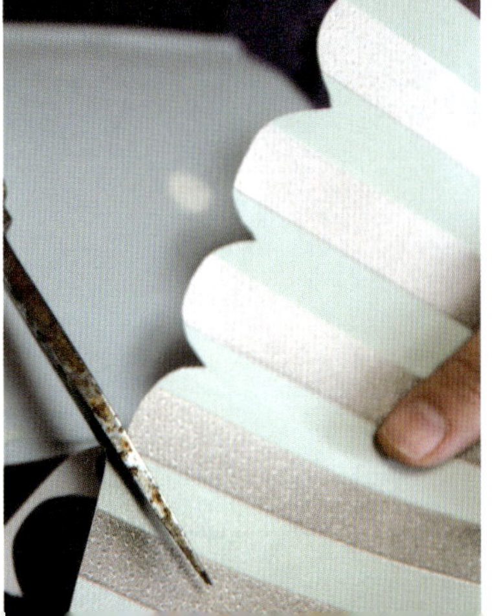

05

양말 윗부분에 붙일 다른 무늬의 벽지를 구름 모양으로 잘라요.

04

양말 외곽에 홈질하듯 스테이플러로 콕콕 찍어요.

06

구름 모양으로 자른 벽지를 붙이고 스테이플러로 리본 끈이나 줄을 양말 입구 쪽에 박아 걸면 끝!

남은 벽지로 만든 크리스마스카드

크리스마스카드엔 정성이 들어가야 제맛! 남은 벽지를
이용해 세상에 하나밖에 없는 나만의 카드를 만들어보세요.
벽지 특유의 질감이 카드와 잘 맞아떨어져 돈 주고
사는 카드보다 더 예뻐요. 지인에게 보내거나
사랑의 말을 담아 트리에 걸어두어도 멋지답니다.

재료 샘플 벽지, 자, 칼, 비즈 또는 반짝이, 테이프, 리본

01

벽지를 반으로 접어 원하는
크기로 잘라요.

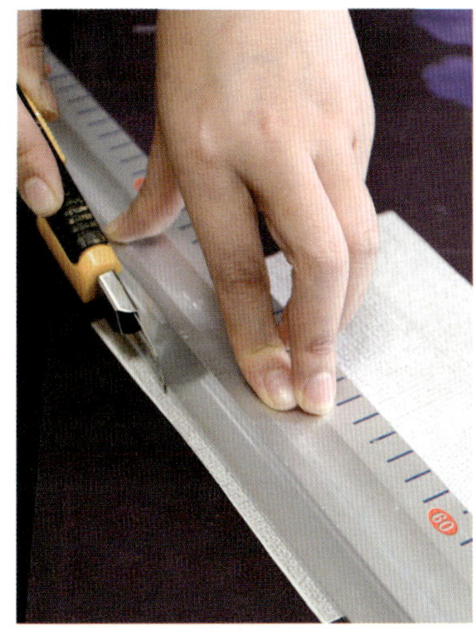

03

카드에 붙일 비즈나 반짝이
는 크리스마스용품에서 조
금 잘라내 사용하세요.

05

카드 안쪽에 예쁜 글을 적어
가족에게 건네보세요. 트리
에 걸어두어도 예쁘답니다.

02

카드 겉면엔 맘에 드는 문양
의 벽지를 오려 포인트로 붙
여요.

04

리본을 만들어 글루건으로
붙여요.

고깔모자와 선물 상자

남은 벽지로 크리스마스 고깔모자를 만들었어요. 간단하게 벽지를 말아 스테이플러로 고정하고 밑면을 똑바로 잘라주기만 하면 돼요. 무늬가 화려한 벽지는 장식 없이 그 자체로 세워두기만 해도 멋진 장식이 되지요. 여기에 비즈를 글루건으로 붙이면 독특한 소품으로 변신한답니다. 다양한 크기로 만들어 콘솔이나 테이블에 장식해보세요.
무늬 없는 벽지는 고급스러워 선물 포장하기에 그만이에요. 질감이 두껍고 컬러도 은은해서 비단 리본과 매치하면 화려한 선물 상자가 된답니다. 소중한 사람을 위한 값진 선물을 더욱 예쁘게포장하세요.

재료 샘플 벽지, 스테이플러, 비즈, 글루건, 비단 리본

크리스마스 캔들 장식

예쁜 트리가 완성되었다면 로맨틱한 촛대를 만들어 테이블이나 콘솔 위를 장식해보세요. 버리려 했던 플라스틱 컵으로 촛대를 만들었는데 훌륭한 크리스마스 소품으로 재탄생했답니다.
리본과 예쁜 조화를 붙이기만 하면 되는데요,
크리스마스 분위기가 물씬 나는 솔방울이나
트리 장식품을 붙여도 예뻐요.

재료 플라스틱 컵, 드릴 또는 못, 나사, 초, 리본, 글루건, 조화 꽃송이, 예쁜 방울 또는 꽃

01

플라스틱 컵 바닥에 드릴이
나 못을 이용해 구멍을 뚫어
요.

02

나사를 안에서 밖으로 박아
요.

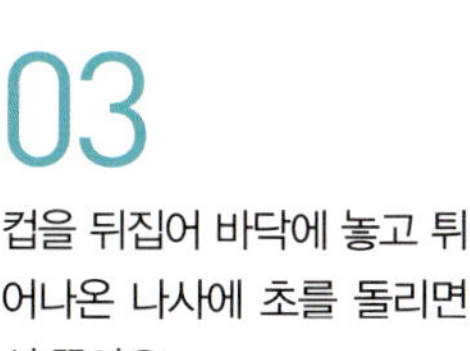

03

컵을 뒤집어 바닥에 놓고 튀
어나온 나사에 초를 돌리면
서 꽂아요.

04

리본을 컵 둘레에 원하는 모
양으로 두른 후 글루건으로
접착해요.

05

조화 꽃송이를 하나씩 떼어
내 리본에 글루건으로 붙여
요.

06

꽃송이를 보기 좋은 컬러 배
합으로 붙여나갑니다.

07

식탁이나 콘솔 위에 세워두
고 주변을 예쁜 방울이나 꽃
으로 장식하면 끝!

낡은 테이블
고풍스러운 무늬로 재탄생시키기

거실에 있던 낡은 테이블에 새로운 옷을 입혔어요. 돈 들이지 않고 산뜻한 느낌의
거실 테이블을 갖고 싶었거든요. 상판이 많이 더러워진 낡고 오래된 테이블을 크레파스와
페인트, 스펀지만을 이용해 완전 새로운 테이블로 재탄생시켰답니다.
크레파스로 라인을 그리고 스펀지로 무늬를 찍는 독특한 방법을 개발하기 위해 며칠을 고심했답니다.

DATA

SIZE 115cm×60cm
LEVEL ★★★
TIME 6~7시간
PRICE 0원

만들기 전 보세요

가구를 리폼할 땐 표면 광택이 없어질 정도로만 살짝 사포질하고 젯소(프라이머)를 칠해야 페인트가 잘 먹어요. 밀크 페인트를 칠할 경우엔 젯소 작업은 따로 안 해도 된답니다. 사포질할 때 공중에 물을 뿌려가며 작업하면 먼지가 날리는 걸 방지할 수 있어요.

재료를 준비해요

기본 재료 사포, 걸레, 붓, 롤러, 트레이, 연필, 자, 커터칼, 스펀지
주재료 밀크 페인트, 크레파스, 바니시

01

150 정도의 사포를 이용해 전체적으로 광택을 없애요.

03

테이블을 뒤집어 안 보이는 부분부터 꼼꼼히 페인트를 칠해요.

02

걸레로 먼지를 잘 닦아요.

04

다시 뒤집어 좁은 면은 붓으로, 넓은 면은 롤러로 칠해요.

05

페인트가 마르면 빈티지한 느낌을 내기 위해 상판은 흰색, 다리는 연두색으로 페인트칠을 한 번 더 해요.

06

상판에 연필과 자를 이용해 무늬의 밑그림을 그려요.

07

밑그림 위에 크레파스를 칠해요.

08

크레파스를 칠한 상판 위에 다른 컬러의 페인트를 칠하고 말려요.

09

사포를 이용해 크레파스 칠한 부분만 벗겨내요. 그렇게 하면 겉 페인트가 벗겨지면서 크레파스로 그린 라인이 나타나지요.

11

커터칼로 스펀지를 마름모꼴로 만들어요.

13

간격을 맞춰 힘을 조절해가며 무늬를 내요.

15

마지막 부분은 선 밖에까지 찍었어요.

10

다리 부분도 사포를 이용해 조금 벗겨내면 밑 색이 나타나서 빈티지한 느낌이 살아나요.

12

붓으로 스펀지에 페인트를 묻혀요.

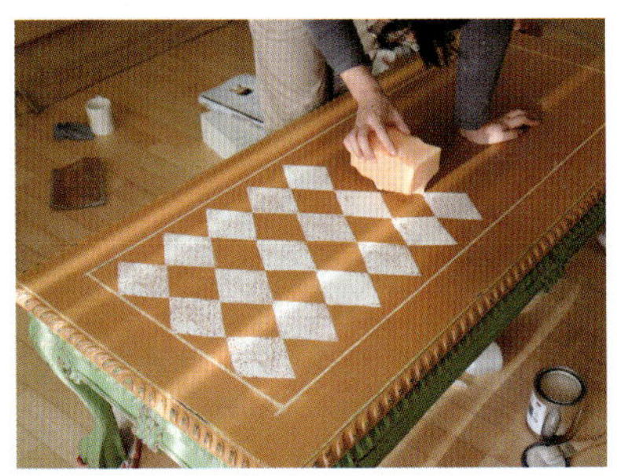

14

규칙적인 무늬를 낼 때는 줄이 흐트러지지 않도록 무늬를 맞춰가며 찍어요.

16

선 밖으로 나온 무늬는 걸레로 깨끗이 닦아내고 마르면 바니시로 마감해요.

PLUS TIP

크레파스로 무늬 내기 테스트

크레파스로 그림을 그린 후 페인트를 칠하고 말려 사포로 긁어내면 신기하게도 크레파스 밑그림이 나와요. 며칠 밤을 핑테 님과 고민하여 만들어낸 방법으로, 응용하면 여러 가지 재미있는 리폼을 할 수 있을 것 같아요. 크레파스와 페인트의 만남을 이용해 여러분도 독특한 무늬를 만들어보세요.

DATA

SIZE 스피커
LEVEL ★★★
TIME 3~4시간
PRICE 0원

LETE 나무 스피커 만들기

어느 날 핑테 님이 사용하지 않는 작은 스피커를 만지작거리며 마구 분해하기 시작했어요.
멀쩡한 스피커 하나 버리는구나 싶었는데 평소 레테가 갖고 싶어 하던 컨트리풍 스피커를 만들어주겠다고 하더라고요.
과학적으로 접근해서 만들 줄 알았는데 의외로 감성적인 디자인이 나와 깜짝 놀랐지요.
나무가 전해주는 달콤한 음악 소리…. 맘에 쏙 들게 뚝딱뚝딱 만들어줘서 레테는 감동했답니다.
MP3와 연결해 들으면 음질이 훨씬 좋아요! 핑테 님 킹왕짱!

나무 스피커 만들기

스피커 분해가 쉬운 편은 아니지만 섬세하게 작업하면 돼요. 니퍼와 드라이버를 이용해 분해하세요. 전기제품이라 회로를 망가뜨리지 않는 것이 중요해요. 또 스피커 종이 부분에 손상이 가면 소리가 나지 않을 수 있으니 주의하세요.

기본 재료 니퍼, 드라이버, 톱, 연필, 드릴, 나사, 접착제, 붓
주재료 스피커, 스피커틀용 자투리 나무, 앞·뒤판용 합판, 쫄대, 젯소, 페인트, 스테인

01 리폼할 스피커를 준비해요.

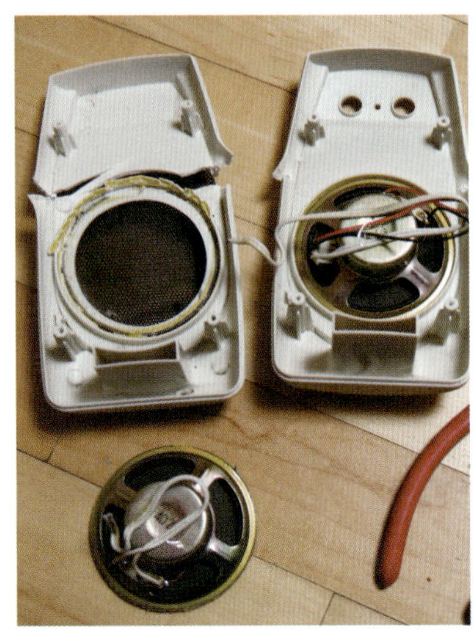

02 모든 나사를 푼 후 니퍼와 드라이버를 이용해 조심스럽게 분해해요.

03 필요 없는 플라스틱틀을 모두 제거하고 분리되어 있던 전선을 다시 연결해요.

04 스피커 크기에 맞게 자투리 나무로 사각틀을 만들었어요. 앞판과 뒤판이 될 합판을 잘라 준비해두세요.

05 앞판용 합판에 소리가 나올 부분을 연필로 표시하고 드릴로 여러 개의 구멍을 내요. 볼륨 조절 다이얼 구멍도 부속 크기에 맞게 구멍을 내세요.

06 앞·뒤판을 지지할 수 있도록 사각틀 안쪽에 접착제를 이용해 쫄대나무를 붙여요.

07

사각틀 몸체에는 젯소와 페인트를 칠해요.

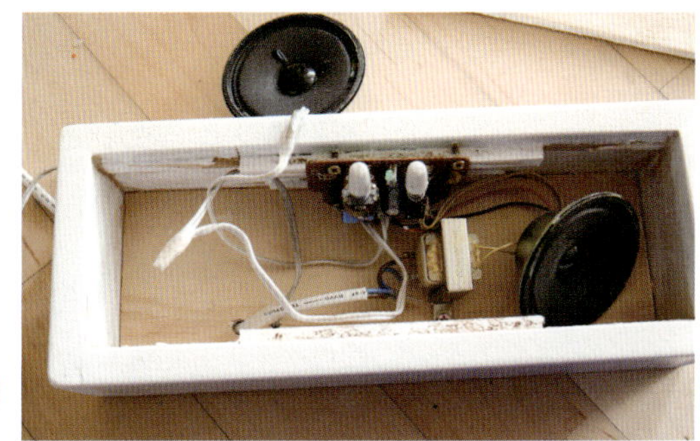

09

몸체에 나사로 스피커 회로를 고정해요.

11

최종 조립 전 작동 테스트를 해본 후 앞판과 뒤판에 접착제를 발라 조립해요.

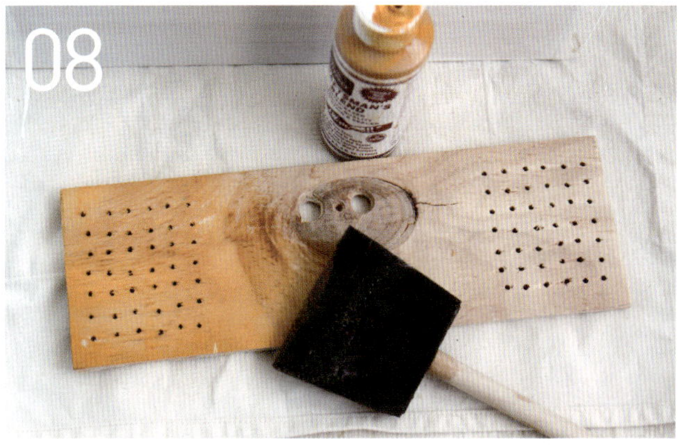

08

스피커 앞판은 나무 질감을 살릴 수 있게 스테인을 칠하고 말려요.

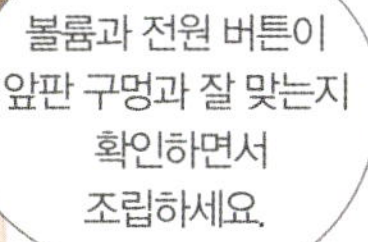

10

스피커를 구멍 뚫은 앞판 양쪽에 접착제로 붙여요.

얼마 후 이번에는 제대로 된 명품을 만들어보겠다며 잘 쓰던 스피커를 또 가져갔어요.
사실 이제 그만 만들어도 좋으련만, 몇 시간 만에 또 다른 나무 스피커를 만들어 오더라고요.
두 번째 작품이라 그런지 첫 번째 만든 것보다 훨씬 예쁘네요. 핑테 님의 끝없는 창작 욕구, 누가 좀 말려줘요!

1 스피커를 모두 분해한 후 각 부품을 앞판 나무에 배치하고 연필로 표시해요.

2 톱과 드릴을 이용해 앞판 나무에 스피커 부속을 조립할 수 있도록 준비해요.

3 모든 부속을 앞판 나무에 조립해요. 자투리 나무 준비 후 볼륨 조절 장치, 전원 스위치 등이 달려 있는 회로기 판을 접착제를 이용해 붙여요.

4 틀을 만든 후 앞판, 뒤판을 붙여요. 앞판과 뒤판은 분리가 가능하도록 나사로 조립해요.

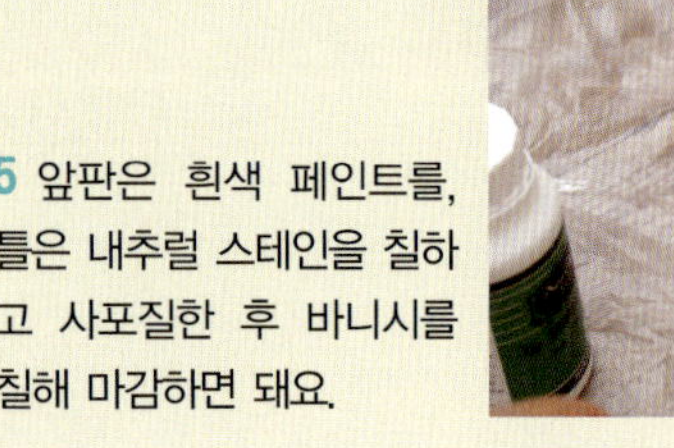

5 앞판은 흰색 페인트를, 틀은 내추럴 스테인을 칠하고 사포질한 후 바니시를 칠해 마감하면 돼요.

유서 깊은 레테의 부암동 집

7

D.I.Y.

초간단 키보드 받침 만들기

컴퓨터 책상 위를 예쁘게 꾸미고 사진을 찍으려다 보면 키보드와 마우스 등이 살짝 거슬려 뒤로 빼놓거나
가릴 때가 많았어요. 늘 사용하는 건데 말이죠. 그래서 키보드와 마우스를 쓰지 않을 때는 쏙 감춰서
책상을 보다 넓게 사용할 수 있는 키보드 받침을 만들었어요.

아주 간단한 작업이므로 초보자도 따라 할 수 있어요. 모니터를 올려놓아야 하니 15mm 정도 두께의 자투리 나무를 사용하세요.

재료를 준비해요

기본 재료 자, 드릴, 이중 드릴날, 나사, 메꾸미, 사포
주재료 자투리 나무, 스테인

01

키보드의 가로세로 길이를 잰 후 기본 형태의 크기를 정하세요.

02

자투리 나무를 크기에 맞게 재단해요.

03

이중 드릴날을 이용해 상판에 구멍을 뚫고 나사로 조립한 뒤 메꾸미로 나사 구멍을 메워요.

04

조립 후 거친 부분을 150 정도의 사포로 문질러요.

05

스테인을 얼룩지지 않게 칠하고 말리면 끝!

키보드에 먼지가 쌓이는 것을 방지할 수 있고 키보드가 모니터 아래에 쏙 감춰지니 일석이조예요.

DATA
SIZE 250cm×55cm×75cm
LEVEL ★★★
TIME 6~8시간
PRICE 18~25만원

긴 원목 수납 책상 만들기

서재가 생긴다면 긴 책상을 놓고 싶었어요. 재봉틀도 놓고 책꽂이도 놓고 수납도 할 수 있는 다기능 책상이 필요했지요.
하지만 그러기엔 너무 작은 서재. 기존의 컴퓨터 책상과도 어울리게 만들고 싶어
작은 방에 ㄱ자 형태로 책상을 배치했어요. 긴 나무판을 상판으로 얹고,
아래쪽 수납장은 다리 역할을 하는 일석이조의 기다란 책상이 완성됐답니다.

 ## 만들기 전 보세요

레테가 디자인하고 나무 재료 구입과 재단은 인터넷목공소 더디
아이와이(www.thediy.co.kr)에 의뢰해 집에서 조립했어요. 상판
이 두꺼우면 좋지만 가격이 비싸고 배송도 어려워 18mm짜리 집
성목을 썼어요. 18mm 스프러스 판재를 그냥 얹으면 두께가 얇아
휠 수 있으니 뒷면에 각목을 대주세요. 휨을 방지하는 동시에 상
판이 두꺼워 보이고 튼튼해진답니다. 나무 값도 절약되지요.

 ## 재료를 준비해요

기본 재료 목본드, 드릴, 나사, 수평계, 태커,
스테인, 롤러, 트레이
주재료 재단된 나무, 철망, 경첩,
바닥 긁힘 방지용 패드 또는 코르크 마개,
수성 스테인, 가구용 페인트, 손잡이, 바니시

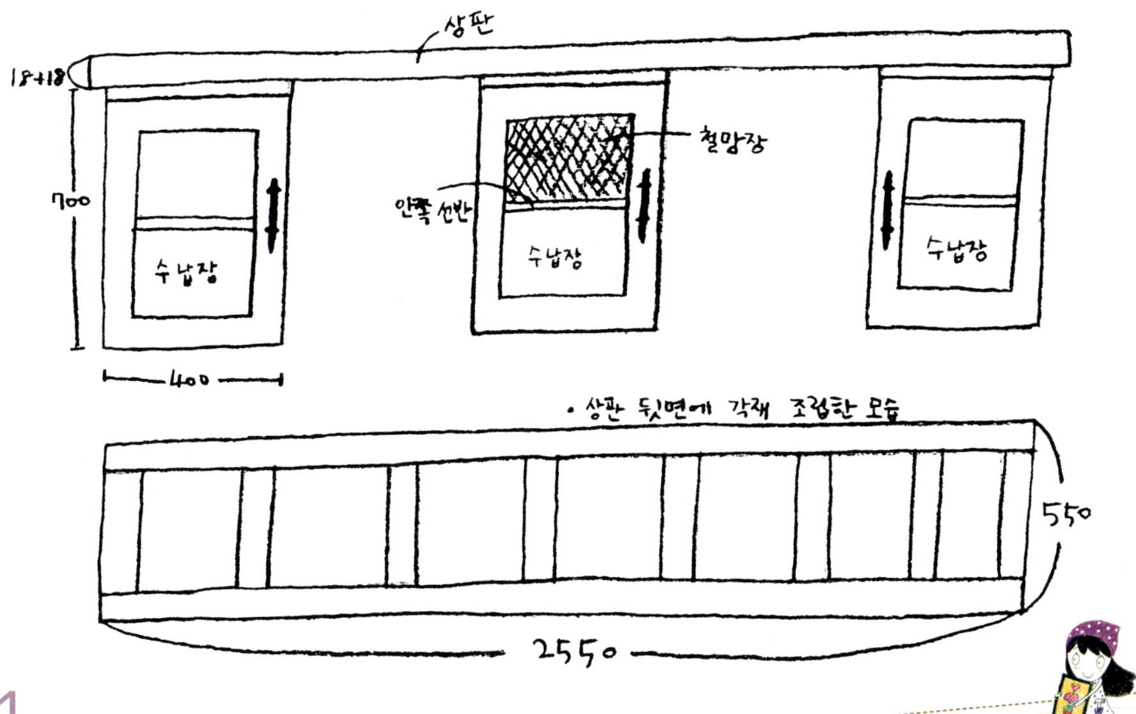

01

원하는 디자인의 책상을 그려 인터넷목공소에 재단까지 의뢰해 주문해요.

이렇게 주문했어요

- 서재에 들어갈 긴 책상입니다.
- 상판은 18mm 두께의 스프러스 판재를 사용해요. 상판엔 18mm 두께의 각재를 덧대어 두껍게 보이고 휘는 것을 방지 하려고 해요.
- 수납장 3개는 책상 다리 역할을 합니다.
- 수납장 문짝은 조립해서 보내주세요.
- 문짝 싱크 경첩 홈 파주시고, 싱크 경첩 6개 보내주세요.

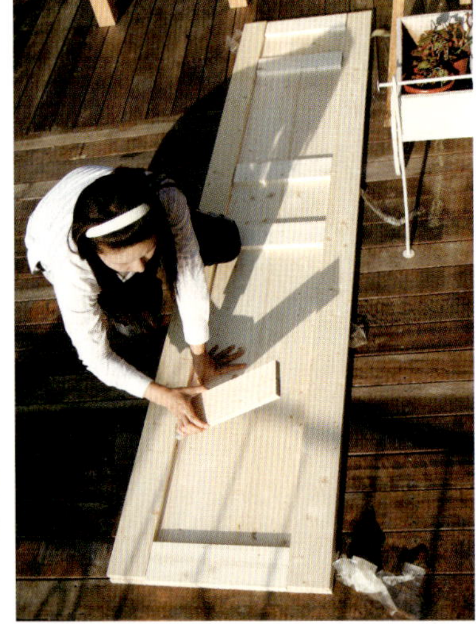

02

재단되어 온 상판을 바닥에
놓고 상판 아래쪽에 조립할
각재를 임시로 배치해놓아요.

03

상판에 임시로 배치한 각재에 목본드를 바르고 굳힌 다음 드릴과 나사를
이용해 상판과 조립해요.

04

조립이 완성된 상판 밑쪽이
에요.

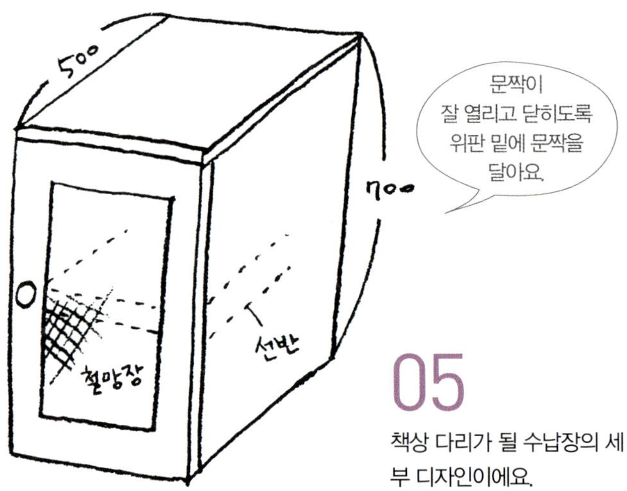

05

책상 다리가 될 수납장의 세
부 디자인이에요.

06

수납장이 될 옆판과 밑판을
ㄷ자 형태로 조립해요.

08

기본틀을 완성해요.

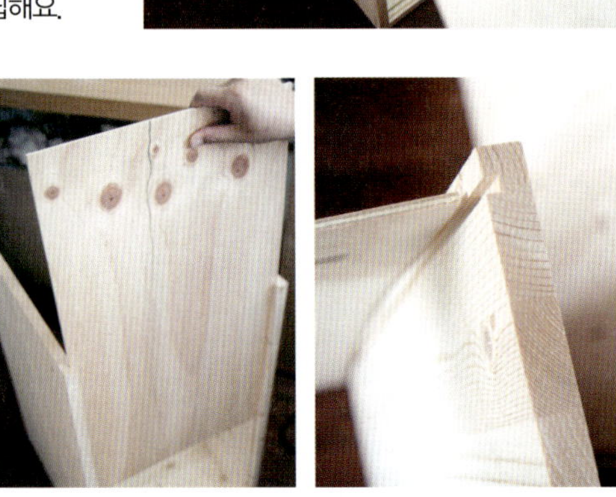

07

뒤판이 될 얇은 합판을 몸통 뒤쪽 홈을 판 곳에 끼워요.

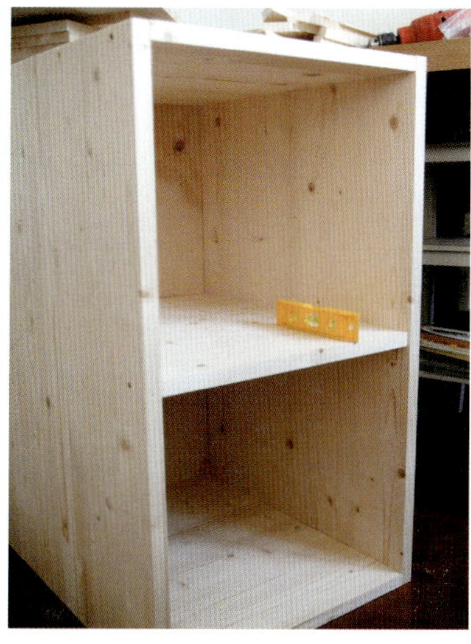

09

가운데 선반을 조립할 때는
수평계를 이용하세요.

10

문짝은 미리 조립되어 오기
도 하지만, 조립이 안 되어
있다면 나사를 이용해 ㅁ자
형태로 만들고 철망을 태커
로 둘러 박으세요.

11

경첩으로 문짝을 달아요.

12

수납장 밑판에 바닥 긁힘 방지용 패드를 붙여요. 레테는 코르크 마개를 잘
라 붙였어요.

13

나머지 수납장도 모두 만들어 배치해요.

14

수납장 위에 상판을 얹어요.

15

상판에 수성 스테인을 스펀
지로 칠하고 말려요.

16

수납장에 가구용 페인트를
롤러로 칠하고 말려요. 수납
장 3개를 각기 다른 색으로
칠해도 멋스러워요.

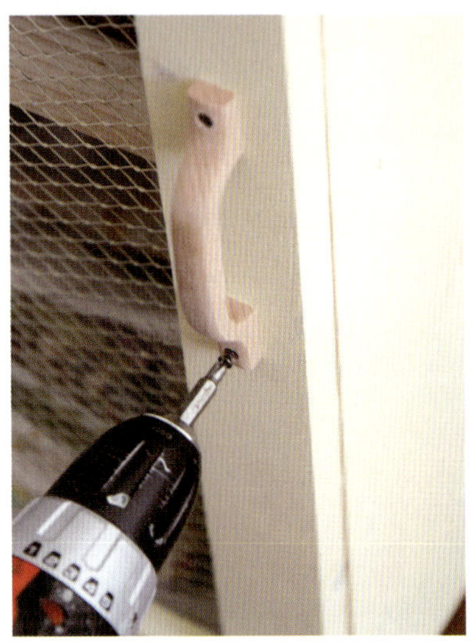

17

손잡이를 달아요.

18

전체적으로 바니시를 칠하고 말리면 끝!

철망 수납장의 새로운 쓰임새

철망 수납장은 원단을 보관하는 데 무척 편리해요.
책상이 아닌 다른 용도로 쓰려면 상판을 올리지 마세요. 수납장 3개를 각
기 다른 색으로 칠해 조르르 배치하면 멋진 장식장 느낌이 난답니다. 따로
콘솔을 만드는 대신 간편하게 박스형으로 제작해 여러 개를 함께 세워놓
아도 멋스러워요.

폭신폭신 소파 베드 만들기

거실에 소파와 1인용 암체어 외에 편하게 앉을 수 있는 소파 베드를 놓고 싶었어요.
시중에 나와 있는 소파 베드는 비싸기도 하고 덩치도 너무 커서 차라리 만들기로 결심했죠.
스펀지와 합판만 있으면 훌륭한 소파 베드를 만들 수 있답니다. 버리려던 이불을 사용했더니
모양도 예쁘고 정말 폭신해요. 또 이리저리 옮겨 사용할 수 있어서 쓸모가 많답니다.
핑테 님은 윙체어에 앉아 이 소파 베드에 다리를 쭉 뻗고 눕는 걸 너무도 좋아한답니다.

폭신폭신 소파 베드 만들기

 **만들기 전 보세요**

기본 소파틀이 되는 목재는 저렴한 합판이나 자투리 나무 등을 이용하세요. 재봉틀이 없다면 예쁜 패브릭을 잘 둘러 태커로 박아도 깔끔하답니다. 나무 다리 대신 플라스틱 싱크대 다리를 써도 괜찮고 편리한 이동을 위해 바퀴를 달아도 좋아요.

 **재료를 준비해요**

기본 재료 목본드, 전기 태커, 손태커, 드릴, 나사, 커터칼, 시침핀, 재봉틀
주재료 재단된 합판, 스펀지, 안 쓰는 이불, 두꺼운 원단
MDF 합판과 나무 다리 구입 더디아이와이 www.thediy.co.kr

01

인터넷 목공소에 원하는 디자인의 소파 베드를 그려 재단까지 의뢰해요.

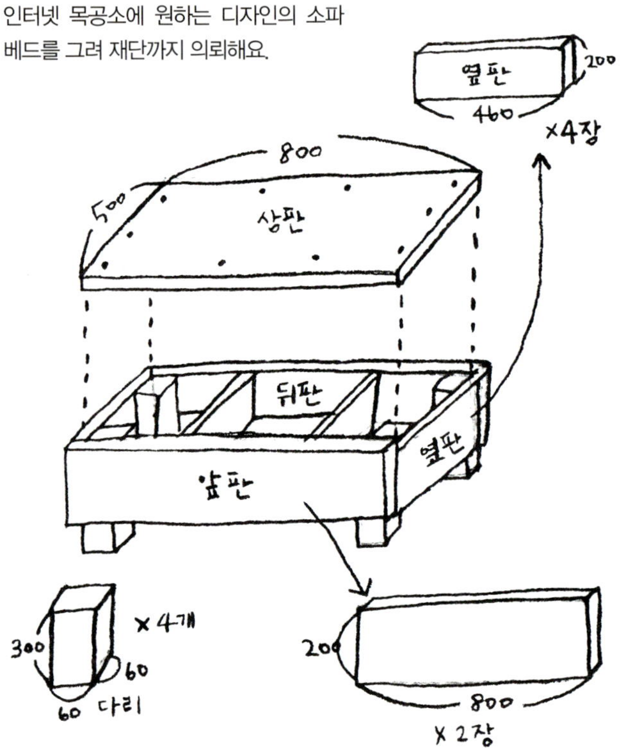

02

틀을 ㄷ자 모양으로 조립해요. 목본드를 바르고 태커로 고정한 후 나사로 조여야 튼튼하게 조립된답니다.

03

옆판을 간격에 맞게 조립하고 본드와 태커로 고정해요. 힘을 골고루 받도록 하기 위해서예요.

04

다리는 목본드를 바르고 나사로 조립해요.

05

기본틀이 완성된 모습입니다.

06

상판이 붙을 자리에 목본드
를 바릅니다.

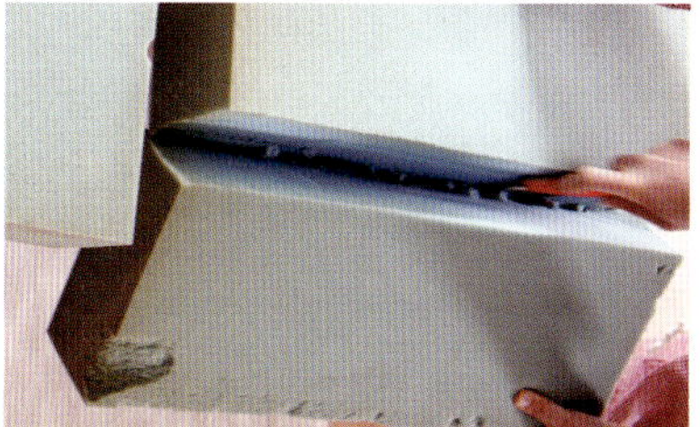

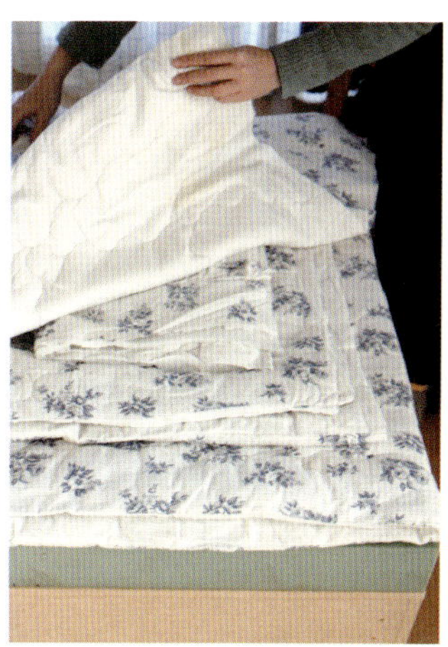

상판을 올리고 태커로 고정해요.

07

08

스펀지를 틀에 맞게 커터칼
로 잘라요.

09

쓰지 않는 이불을 가위로 잘라요. 가운데 부분을 볼록하게 하려면 이불을
층층이 쌓고 마지막에 상판 넓이만큼 자른 이불을 덮어요.

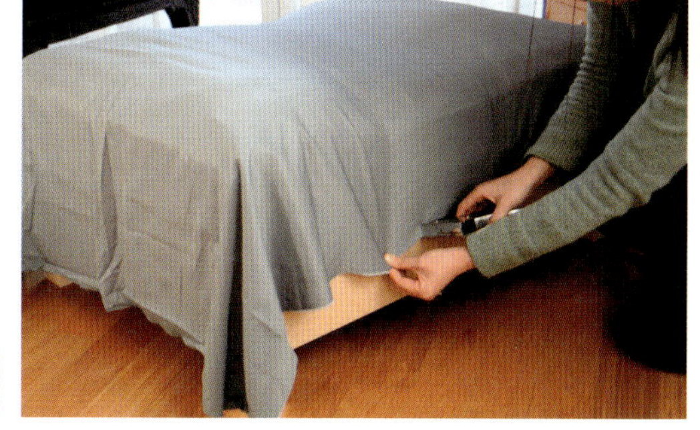

10

안 쓰는 천을 덮어 팽팽히 잡아당기면서 손태커를 이용해
틀에 박아요.

태커로 촘촘히 박아 전체적으로 팽팽하게 만들어요.

11

12

커버를 만들기 위해 두꺼운 원단을 잘라 시침핀으로 둘러
맞춰요.

13

시침핀으로 고정한 형태대로 재봉질하고 스커트를 달면 완성!

DATA
SIZE 113cm×40cm×90cm
LEVEL ★★★★
TIME 6〜7시간
PRICE 10〜12만원

 LETE 거실 수납 콘솔 만들기

거실로 들어서면 가장 잘 보이는 곳에 거울과 콘솔을 놓고 싶었어요.
콘솔은 수납이 잘되면서 거울과도 잘 어울리게 만들었지요.
디자인과 치수를 정해 인터넷 목공소에 의뢰하면 구조에 맞게 재단해 배송해주니 직접 힘들게 재단하는 것보다
인터넷목공소를 이용하는 게 편리해요. 럭셔리 가구점에서도 보기 힘든 나만의 맞춤형 콘솔이랍니다.

만들기 전 보세요

레테는 디자인한 후 리폼 재료 사이트 더디아이와이(www.thediy
.co.kr)에 나무 재단을 주문했어요. 가구의 구체적인 구조를 잘 모
르더라도 전체적인 크기와 치수를 정해 상의하면 그에 맞게 목재
를 재단해준답니다. 문짝과 서랍을 조립된 상태로 받으면 만드는
시간을 더 단축할 수 있어요.

 재료를 준비해요

기본 재료 드릴, 나사, 목본드, 전기 태커, 메꾸미,
사포, 붓, 롤러, 트레이
주재료 재단된 목재, 서랍 레일, 경첩,
스텐 자석, 가구용 페인트, 바니시

LETE'S TIP

조립할 때 드릴 두 개를 준비하여 한쪽에는 이중 드릴날, 또 한쪽에는
드라이버비트를 끼워 나사 구멍을 뚫고 바로 나사를 조립하면 시간을
단축할 수 있어 더욱 편리해요. (가구의 기초 조립 방법은 52쪽 참고)

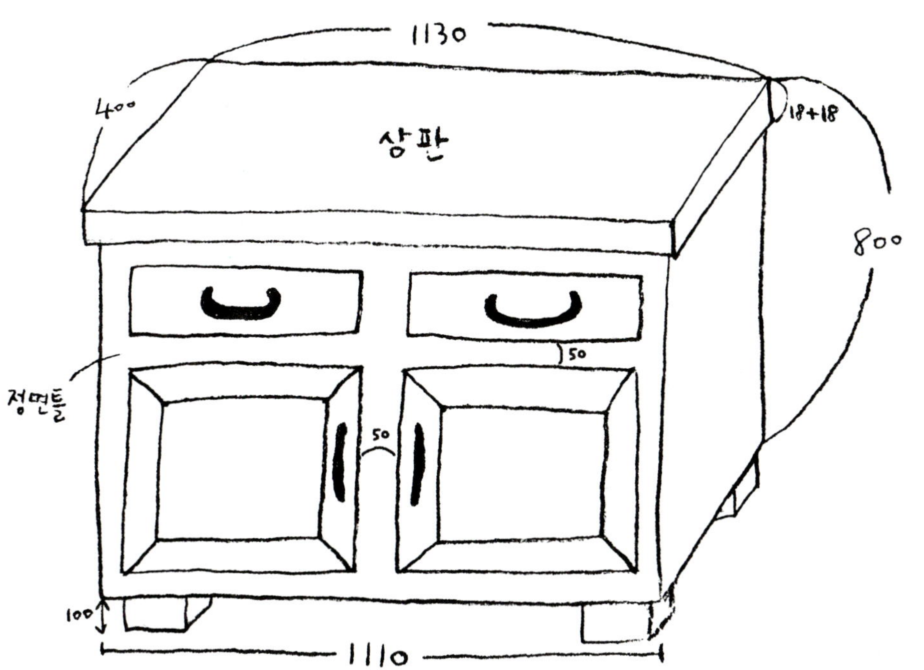

이렇게 주문했어요

- 거실에 놓을 수납형 콘솔이에요.
- 서랍은 3단 레일형으로 만들 거에요.
- 문짝은 조립해서 보내주세요.
- 상판은 18mm 두께의 스프러스 판재에,
  18mm 두께의 스프러스 각재를 둘러 두께감을
  주려 해요.
- 정면틀은 50mm 두께로 구성해주세요.
- 3단 서랍 레일 2세트, 우아미 경첩 4개를 보내
  주세요.

01

원하는 디자인의 콘솔을 스케치하여 인터
넷목공소에 재단 및 주문을 의뢰해요.

02

배송된 목재를 확인해요.

03

전체 틀이 되는 아래판과 양 옆판을 조립한 후 상판 지지대를 조립해요.

04

가운데 칸막이를 간격에 맞춰 조립하고 뒤판도 목본드와 드릴로 조립해요.

05

다리 4개를 틀 내부에서 나사로 조립해요.

06

서랍이 들어갈 위치에 맞춰 문짝과 서랍 경계 가로판을 조립해요.

07

서랍 레일을 달기 전 앞판 프레임 구조를 태커와 목본드를 이용해 조립해요.

08

서랍 레일용 보조목을 안쪽에 앞면 프레임 두께만큼 부착해요.

09

레일을 끝까지 잡아당긴 후 서랍 하단 양쪽에 레일을 조립해요.

10

레일을 조립한 서랍을 완전히 빼서 틀에 조립해요.

11

조립한 콘솔틀 앞면에 목본드를 바르고 앞면 프레임을 맞춘 후 전기 태커로 조립해요.

12

서랍 앞판을 프레임에 잘 맞춰 서랍에 조립해요.

13

미리 조립해둔 상판을 콘솔 위에 얹고 위에서 나사로 연결
해요.

14

문짝에 경첩을 단 후 앞면 프레임에 연결하고 가구 안쪽에 스텐 자석을 달
아요.

15

메꾸미로 틈을 메워 사포로 매끈하게 문질러요.

16

좁은 면은 붓으로, 넓은 면
은 롤러로 가구용 페인트를
2회 칠해요.

17

건조 후 220 사포로 부분부
분 빈티지한 느낌을 내주고
손잡이를 달아요.

18

바니시를 칠하고 말려요.

예쁘고 편리한 ^{LETE} 리모컨꽂이 만들기

거실에 들어서면 항상 리모컨을 찾아다니기 바빠요. 늘 같은 자리에 두는 것 같은데도
찾기 어려운 TV나 오디오 리모컨…. 테이블 위에 올려두면 지저분해 보이기 마련이에요.
작은 리모컨꽂이를 만들어 소파 뒷벽에 걸어놓고 리모컨을 꽂아두세요. 선물 상자로 리폼하거나
자투리 나무로 간단하게 만들 수 있어요. 이제 리모컨 때문에 소파 밑과 쿠션 아래를 들여다보는 일, 그만하세요.

DATA

SIZE 12.5cm×22cm×9.5cm
LEVEL ★★
TIME 1~2시간
PRICE 0원

스텐실로 글자를 새기기 어렵다면 예쁜 그림이나 글씨를 딱풀로 붙여도 돼요. 화방에서 파는 레터링지나 조그만 소품 등을 붙여도 멋스러워요.

기본 재료 톱, 목본드, 드릴, 나사, 메꾸미, 사포, 스펀지, 커터칼
주재료 나무판, 페인트, 알파벳 프린트지, 스탬프
강렬한 레드 컬러 페인트 구입 레테컬러 www.letecolor.com

01

리모컨이 들어갈 박스 형태를 만들기 위해 나무를 톱질 해요.

02

길이가 긴 뒤판 한 개, 양 옆판 두 개, 아래판, 앞판을 각각 잘라 준비해요.

03

부드러운 느낌을 주기 위해 뒤판의 양쪽 모서리를 톱으로 잘라요.

04

각 판이 서로 닿는 부분에 목본드를 발라요.

05

앞판에도 목본드를 바르고 20~30분 굳혀요.

06

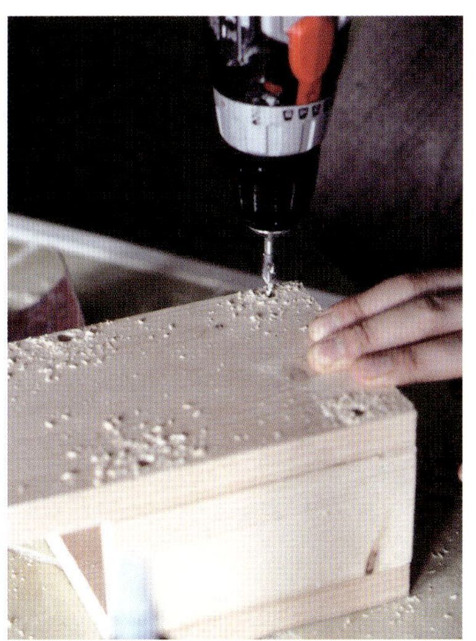

드릴로 나사 구멍을 뚫고 각 판을 나사로 조립해요.

07

나사 구멍은 메꾸미로 메우고
사포질하면 매끈해져요.

08

빨간색 페인트를 꼼꼼히 칠하고 말린 후 모서리 부분을 사
포로 갈아 깊이감을 줘요.

09

알파벳을 종이에 인쇄한 뒤 칼로 글자 부분을 오려내어 앞판에 대고 스펀
지에 다른 색 페인트를 묻혀 톡톡 찍어 글씨를 새겨요.

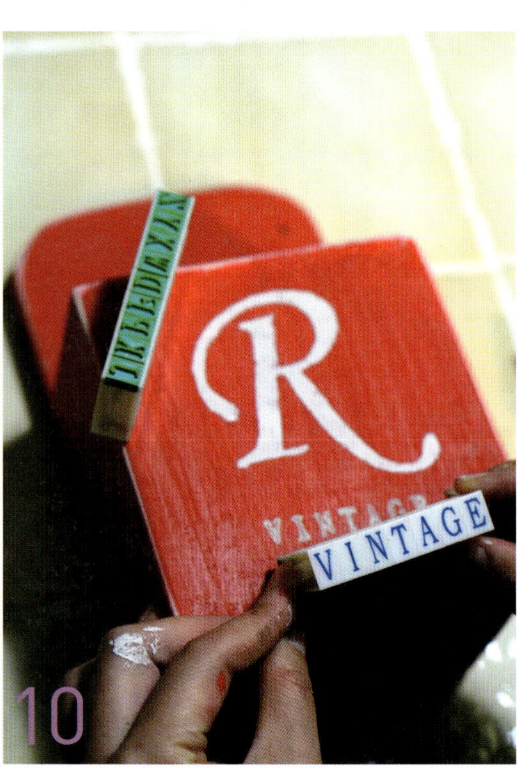

10

스탬프로 작은 글씨를 알파벳 아래에 찍어주면 끝!

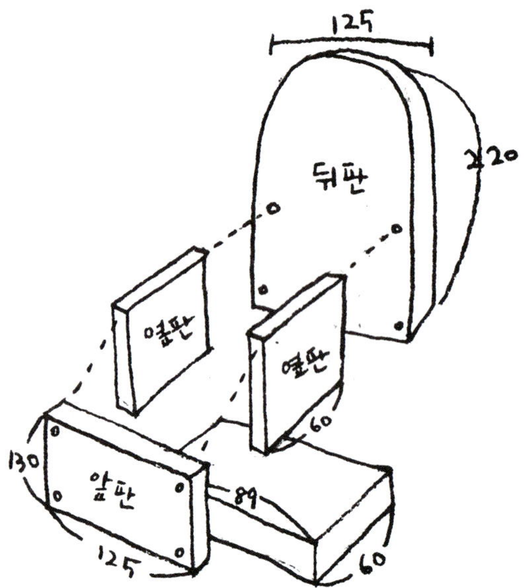

※ 18mm 두께의 스프러스 판재를 사용했어요.

LETE
CARTOON

우물이 있는 레테네 집

철거 공사 도중...
오잉?

저건
뭐지...

이런 데에
우물이 다 있고...
거 참,
신기하군

그러고 보니
거기 우물이
있었지...
그 후 잊고
지내던 어느 날

뭔가 느낌이
꺼림칙하던데...
설마 그 안에...

귀   신?

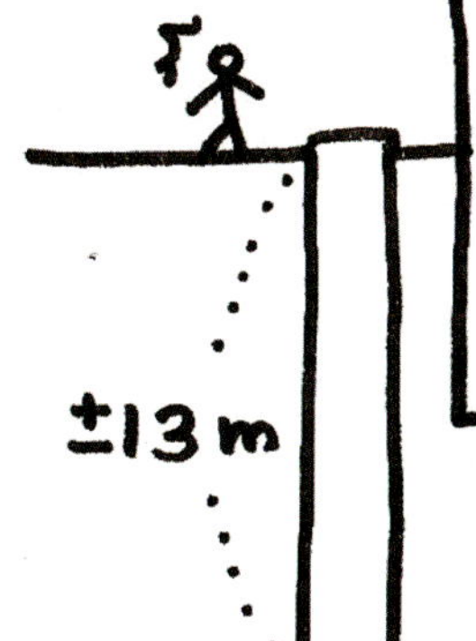

±13m
나중에 열어
보니, 깊이가
족히 13m는
될 것 같은
우물이었다

부암동에는 우물이 있는
집이 많아요. 하지만
너무 깊어 귀신이라도
올라오기는
힘들겠죠?
이...이봐...
좀 잡아줘...

날씨가 점점 따뜻해지면 두껍게 자리 잡고 있는 커튼을 떼어내고 싶죠.
답답한 커튼이 사라져 창문이 시원해 보이지만 왠지 허전하고 밋밋해 보일 수 있어요.
여름을 시원하게 나면서도 거추장스럽지 않은 창문 데코를 위해 레테는 밋밋한 창문에 포인트를 줄 수 있는
프로방스풍 멋내기 창문을 창틀에 달았어요. 선반도 만들어 예쁜 화분을 올려놓아요.
커튼 대신 각재를 이용해 예쁜 덧문을 만들어 포인트를 주세요. 재미없는 작은 새시창이나 아이 방에도 잘 어울려요.
자, 레테 따라 멋내기용 덧문과 초간단 선반을 만들어볼까요?

프로방스풍 창문 만들기

만들기 전 보세요

창문 만들기가 어려우면 작은 창 아래에 간단한 선반을 만들어 달고 예쁜 화분 하나만 올려놓아도 분위기 있는 내추럴한 창가를 만들 수 있답니다.

재료를 준비해요

기본 재료 사포, 목본드, 드릴, 나사, 붓 또는 스펀지
주재료 재단된 나무, 선반용 각재, 수성 스테인, 경첩, 손잡이
나무 구입 및 재단 더디아이와이 www.thediy.co.kr
스테인 구입 나무와사람들 www.jeswood.com

01

각재는 인터넷 DIY 쇼핑몰에서 창문 크기에 맞게 미리 재단까지 주문해요.

02

재단된 각재 표면을 고운 사포로 갈아요. 그래야 표면에 스테인이 잘 칠해진답니다.

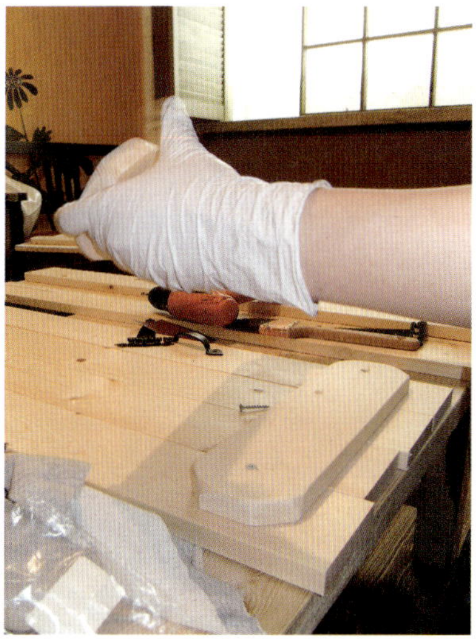

03

문짝이 될 긴 각재 4개를 간격에 맞춰 나란히 놓고 가로로 연결할 작은 각재는 위아래 간격을 맞춰놓아요.

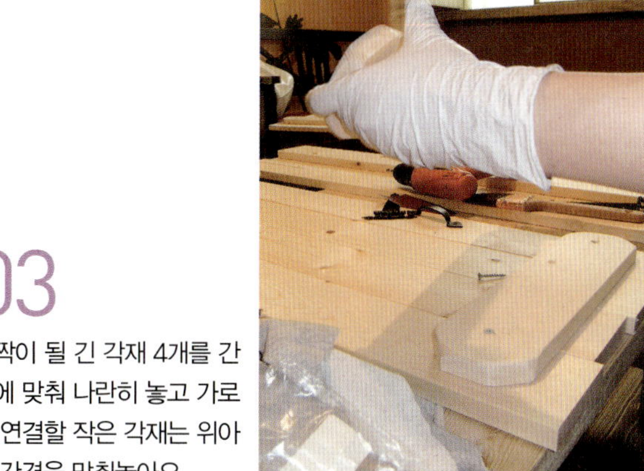

04

가로 각재 뒷면에 목본드를 발라요.

05

드릴을 이용해 나사 구멍을 뚫고 나사를 연결해요.

06

수성 스테인을 준비해요. 실내용으로는 무독성 수성 스테인을 사용해야 냄새도 없고 건강에도 좋아요.

07

붓이나 스펀지로 스테인을 칠해요.

08

모서리까지 전체적으로 얼룩 없이 칠해요.

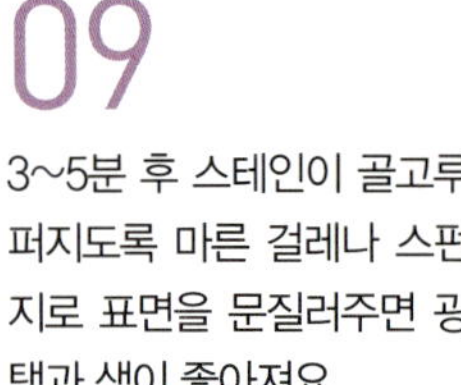

09

3~5분 후 스테인이 골고루 퍼지도록 마른 걸레나 스펀지로 표면을 문질러주면 광택과 색이 좋아져요.

10

멋내기용 경첩을 제 위치에 달아요. 장식을 위한 창문이므로 경첩 대신 나사를 이용해 벽면에 고정해도 예쁘답니다.

11

경첩으로 벽과 덧문을 연결
해요.

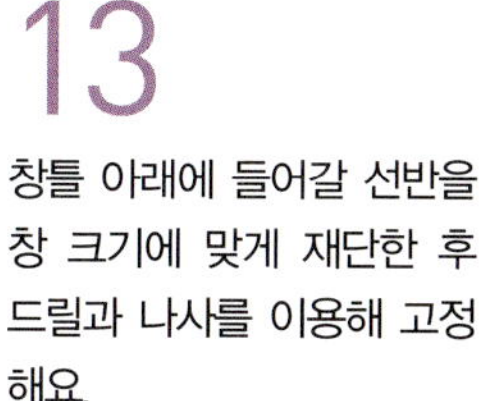

13

창틀 아래에 들어갈 선반을
창 크기에 맞게 재단한 후
드릴과 나사를 이용해 고정
해요.

12

선반에도 스테인을 잘 펴 발
라요.

14

드릴과 나사를 이용해 손잡이를 달면 끝!

각재와 몇 가지 재료만을 사용한 간단한 방법으로
카페 같은 창문을 만들었어요. 답답한 커튼을 걷어버리고
화사한 덧문을 달아주기만 해도 집 안 분위기가 확 바뀐답니다.
예쁜 창가에서 시원한 음료를 마시며 바깥 풍경을 바라보면 마음의 여유가 생길 것 같아요.

레테식 만능 수납 아일랜드 테이블 만들기

주방의 아일랜드 테이블은 주부들의 로망이지요! 간단한 식사도 할 수 있고
수납도 빵빵하게 되는 나만의 아일랜드 테이블을 만들어볼 거예요. 밥솥도 수납되고
토스트기도 숨겨지고 스툴도 쏙 들어가는 만능 수납 타일 상판 아일랜드 테이블이랍니다.
주방과 다이닝룸을 자연스럽게 구분해주는 역할도 해요. 냉장고 옆 벽면까지
같은 타일로 작업해 집 안 전체의 포인트 공간이 되도록 했어요.
비싼 가구 부럽지 않은 나만의 맞춤형 부엌 가구, 함께 만들어봐요.

DATA

SIZE 115cm×82.5cm×86cm
LEVEL ★★★★★
TIME 1~2일
PRICE 30만원 정도(타일 포함)

문짝 프레임은 직접 조립했는데 인터넷목공소에 의뢰할 때 문짝 조립과 싱크 경첩을 미리 뚫어달라고 하면 작업이 훨씬 수월해요. 아일랜드 테이블처럼 비교적 큰 가구를 조립할 때는 전기 태커로 임시 고정한 후 나사로 조립하면 훨씬 빠르게 조립할 수 있어요.

재료를 준비해요

기본 재료 드릴, 긴 나사, 목본드, 빗살 헤라, 타일 커팅기, 고무 헤라, 걸레, 못, 롤러, 트레이, 홀소날
주재료 재단된 나무 재료, 3단 서랍 레일, 싱크 경첩, 타일 본드, 타일, 백시멘트, 가구용 페인트, 손잡이
목재 재단, 경첩 및 서랍 레일 구입
더디아이와이 www.thediy.co.kr
타일 구입 www.ciaotoro.co.kr(타일명: 라콘티)
타일 커팅기 구입 철천지 www.77g.com

- 상판, 뒷판 등 보이지 않는 곳은 가벼운 합판으로, 보이는 부분의 목재는 14~18mm 두께의 스프러스 판재로 해주세요. (특히 상판은 위에 타일을 붙일 거라 무거워질 테니, 되도록 가벼운 재료를 쓰고 싶은데 어떤 나무가 좋을지 고민해주세요)
- 문짝은 모두 조립해서 보내주세요.
- 싱크 경첩 4개 보내주시되, 경첩이 조립될 문짝에 싱크 경첩 홈 파주세요.
- 3단 서랍 레일 6개 추가로 보내주세요.

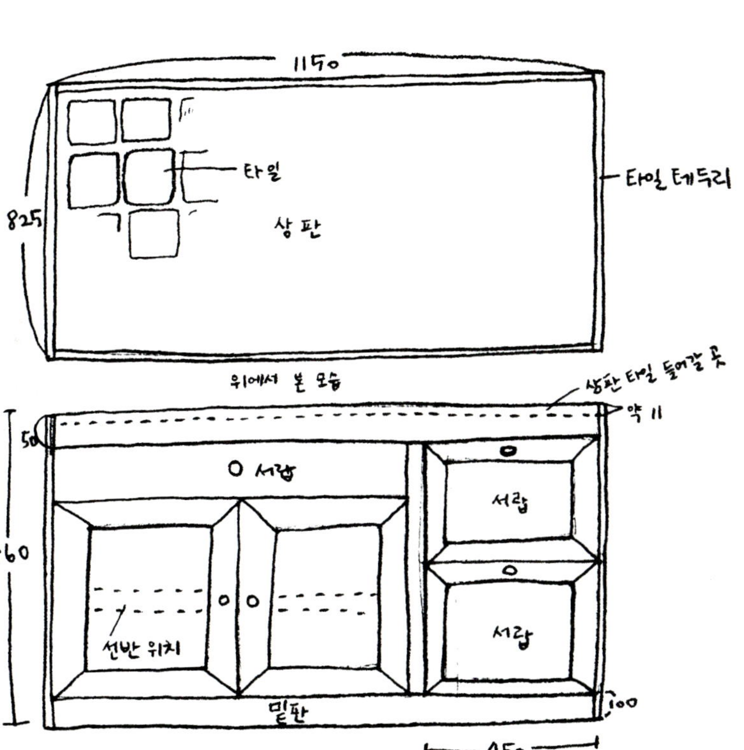

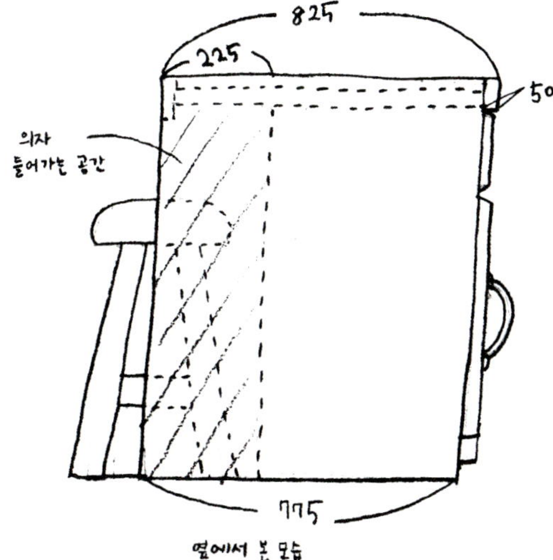

01

원하는 모양의 아일랜드 테이블을 디자인한 뒤 인터넷목공소에 재료와 재단을 의뢰해요.

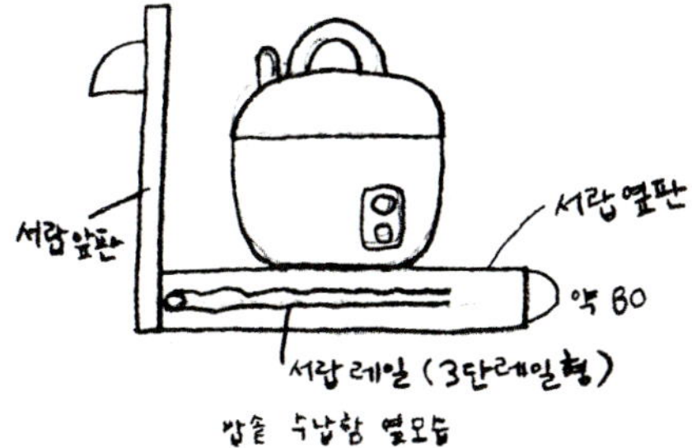

서랍 레일은 3단을 써야 부드럽게 끝까지 열린답니다.
집에 있는 가전제품 크기에 맞게 서랍 크기를 정하고 수납해야 할 물건을 미리 생각해두고 작업하세요.

02

문짝 프레임을 조립해요. 긴 나사로 각 연결 부분에 드릴을 이용해 구멍을 뚫고 나사를 박아요.

03

문짝 가운데 판(알판)을 목본드를 이용해 조립해요.

04

아일랜드 테이블의 기본틀을 조립해요. 뒷면과 옆면 두 장을 연결하고 상판 지지대도 연결해요.

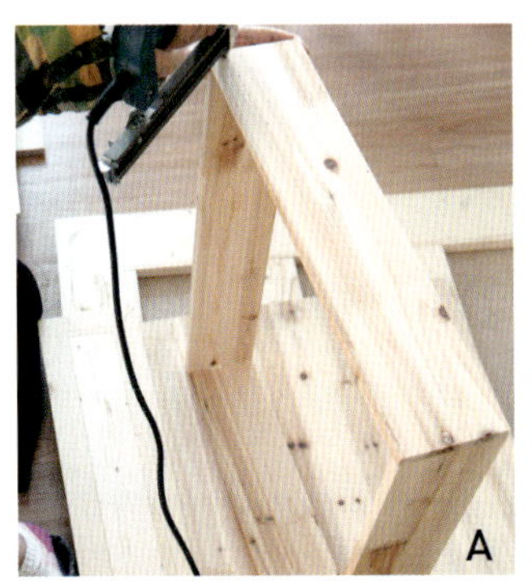
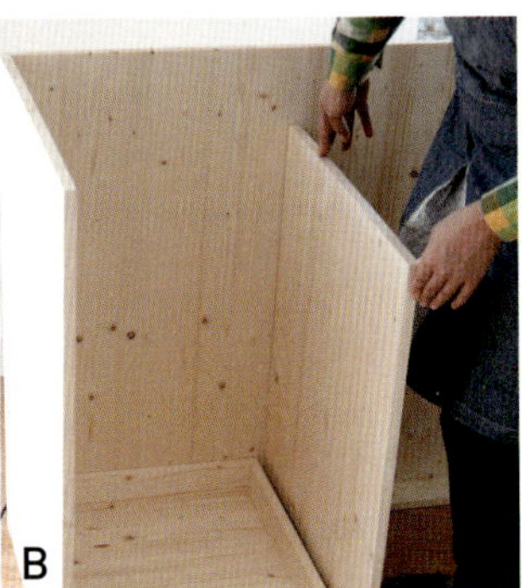

05

A 밥솥을 수납할 서랍을 미리 조립해요.
B 조립한 서랍에 양쪽 레일을 끼운 후 세로 지지대판을 조립해요.
C 가로 선반도 조립하고 뒤집어 바닥면을 대고 박아요.

06

서랍에 붙을 위치에 맞게 서랍 레일을 조립한 후 레일을 완전히 다 뺀 상태에서 몸체와 서랍판을 연결해요. 레일을 조립한 서랍에 앞판을 조립해요.

07

우측 서랍 두 개와 좌측 서랍 한 개를 모두 조립했어요.

08

몸체 양옆에 기본 측면보다 넓은 측판을 대고 목본드를 발라 조립해요. 스툴이 들어 갈 자리랍니다.

09

A 상판틀을 조립해요.
B 타일 두께만큼 내려간 위치에 합판 위치를 맞추고 외곽틀에 조립해요.
C 사진처럼 각재를 대주어야 휘지 않고 타일 무게를 견딜 수 있어요.

10

조립한 상판을 테이블 몸체 위에 얹어요. 상판엔 타일이 들어가 무거워지니 굳이 몸 체와 조립하지 않아도 돼요.

11

싱크 경첩을 문짝에 달고 몸체에 연결해요.

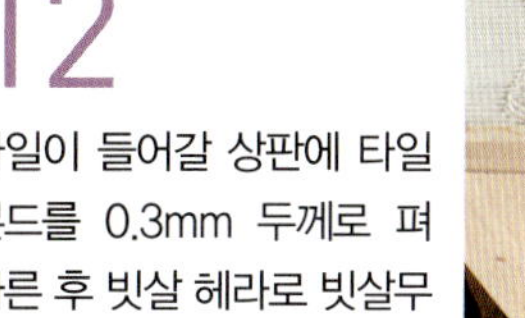

12

타일이 들어갈 상판에 타일 본드를 0.3mm 두께로 펴 바른 후 빗살 헤라로 빗살무 늬를 내요.

13

타일을 간격에 맞게 꾹꾹 눌 러 붙여요.

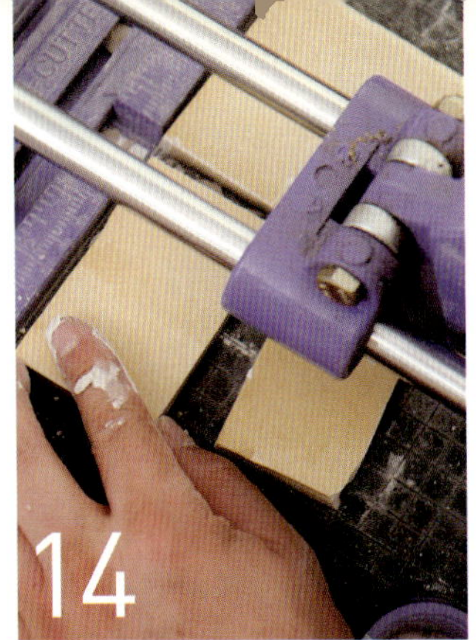

14

타일을 잘라야 할 경우엔 타일 커팅기를 이용하세요. 타일 커팅기가 없을 때는 미리 타일이 들어갈 개수만큼 면적을 계산해 테이블 크기를 정해요.

15

하루가 완전히 지난 후 백시멘트를 치약 농도로 개어 타일 사이사이에 넣어요.

16

고무 헤라로 백시멘트를 꼼꼼히 정리하고 어느 정도 굳으면 걸레로 타일 표면을 반짝반짝하게 닦아요.

17

벽면에 들어갈 타일도 같은 방식으로 하면 돼요. 타일 컬러를 섞어 붙여도 멋스러워요.

18

붓과 롤러를 이용해 가구용 페인트를 칠하고 말린 뒤 손잡이를 달아요.

19

밥솥과 미니 레인지가 들어가는 안쪽과 뒷면에 전기를 사용할 수 있도록 콘센트 구멍을 뚫어두는 게 좋아요. 홀소날로 구멍을 내세요.

20

밥솥을 수납했어요.

만들기는 어려웠지만 우리 집 공간에 딱 맞는 아일랜드 테이블을 찾기가 쉽지 않았던 터라 만들고 나니 정말 뿌듯했어요. 배관과 수도 공사가 되어 있다면 싱크 볼까지 있는 아일랜드 테이블에 도전해보세요.

LETE CARTOON

DATA

SIZE 65cm×18.5cm×25.6cm

LEVEL ★★★

TIME 2~3시간

PRICE 1~2만원

내추럴 수납 책꽂이 만들기

책상 위나 콘솔 위에 올려놓고 쓸 수 있는 원목 책꽂이를 만들어보았어요.
책상 한쪽에 놓고 자주 보는 책 위주로 꽂으면 찾기도 쉽고 수납도 되니 일석이조예요.
가구 만들고 남은 판재를 이용해 한 칸이나 두 칸으로 만들어도 좋아요.

만들기 전 보세요

얼마나 큰 책까지 수납할지를 고려해 책꽂이 폭을 정해야 돼요.
레테는 본인이 쓴 책 〈5만원 인테리어〉 크기로 정했더니 그보다
큰 일반 잡지는 안 맞아요. 바닥면은 합판으로 대주세요.

재료를 준비해요

기본 재료 직소기, 연필, 드릴, 나사, 목본드, 사포, 메꾸미
주재료 스프러스 판재(19×184×3600mm, 19×89×3600mm),
스테인, 네임 태그
스프러스 판재 구입 더디아이와이 www.thediy.co.kr
네임 태그 구입 손잡이닷컴 www.sonjabee.com

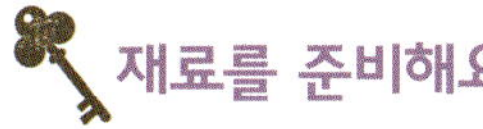

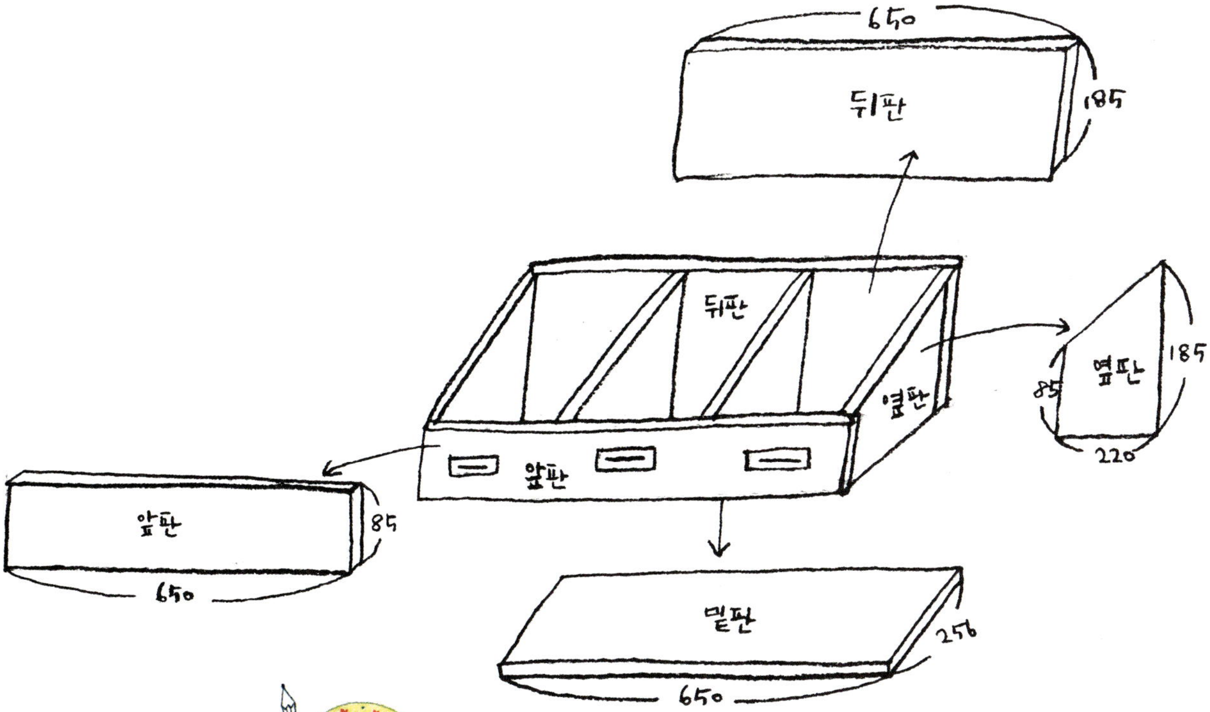

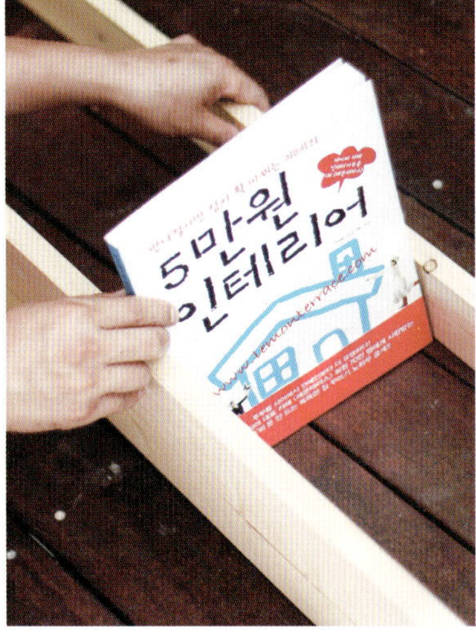

01

기준이 될 책을 준비하여 책꽂이 폭을 미리 정해요.

02

도면대로 나무에 연필로 선을 긋고 톱이나 직소기로 잘라요.

03

앞면, 측면, 뒷면의 나무판과 칸막이가 될 두 개의 판도 잘라 준비하세요. 밑판으로 쓸 넓은 스프러스 판재가 없을 경우 합판이나 MDF를 사용해도 좋아요.

04

사다리꼴의 세로판 나무를 뒤판에 대고 드릴과 나사를 이용해 조립해요.

05

같은 방식으로 뒤판과 세로 칸막이를 모두 조립해요.

06

앞판을 대고 조립해요.

07

바닥판 또한 목본드를 바르고 나사로 조립해요.

08

전체적으로 조립한 모습이에요. 모서리나 톱날 자국이 있는 면은 사포질해요.

09

메꾸미로 틈새를 메우고 굳힌 후 사포질해요.

10

스테인을 칠하고 말려요.

11

빈티지한 질감을 위해 옹이와 모서리 부분의 스테인을 사포로 벗겨내면 훨씬 멋스러워요.

12

앞면에 못으로 네임 태그를 박아주면 훨씬 멋져요.

쟈투리 나무로 여러 가지 액자 만들기

인테리어용품 가게를 다니면서 보았던 예쁜 벽 장식 소품에서 아이디어를 얻어 액자 거울과 칠판 등을 만들어보았어요.
돈 주고 예쁜 소품을 구입하는 것도 좋지만 남은 각목이나 합판, 와인 상자, 주워온 거울 같은 것으로도
충분히 만들 수 있지요. 이렇게 만든 다용도 액자를 모아 한꺼번에 걸어보세요.
내추럴한 벽 꾸밈이 한층 더 멋스러워요.

만들기 전 보세요

작은 와인 박스 등 나무로 된 다양한 선물 상자, 쟈투리 나무 등을 이용해보세요.
쓰지 않는 거울은 거울 틀과 분리해놓으세요.
무독성 접착제인 타이트 본드와 칠판 페인트, 스테인은 나무와사람들(www.jeswood.com)에서 구입했어요.

1 TYPE 안 쓰는 거울과 각목으로 거울 액자 만들기

기본 재료 사포, 톱, 양면테이프, 목본드, 망치, 못
주재료 거울, 합판, 각목, 스테인

DATA
SIZE 20cm×32cm
LEVEL ★
TIME 1~2시간
PRICE 0원

01
거울과 각목 테두리가 들어갈 만한 너비의 합판을 준비해요.

02
4면에 들어갈 각목을 잘라 놓아요.

03
거울을 합판 뒷면 중앙에 붙여요.

04
목본드로 합판에 테두리 각목을 붙여나가요.

05
뒷면을 못으로 단단히 박아요. 옆면도 각목과 각목이 연결되는 부분에 못을 박아요.

06
테두리에 스테인을 칠하면 끝!

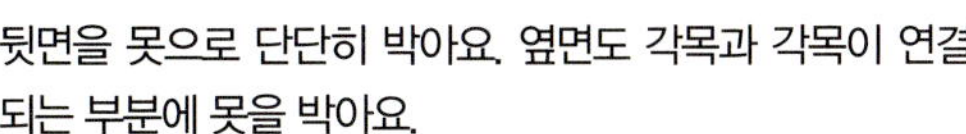

DATA
SIZE 와인 상자
LEVEL ★
TIME 1시간
PRICE 0원

2 TYPE 와인 상자로 칠판 벽걸이 액자 만들기

와인 상자는 가볍고 칠도 잘 먹어서 리폼에 많이 응용되는데요,
기본틀을 변형시키지 않고 칠판 페인트만 칠하는 간단한 방법으로 칠판 벽걸이 액자를 만들 수 있어요.

기본 재료 작은 톱, 사포, 붓, 마스킹 테이프
주재료 와인 상자, 칠판 페인트, 바니시

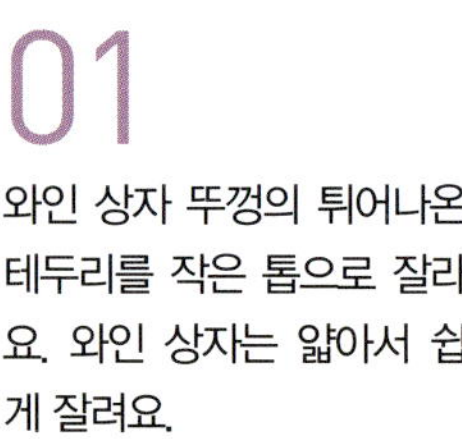

01

와인 상자 뚜껑의 튀어나온 테두리를 작은 톱으로 잘라요. 와인 상자는 얇아서 쉽게 잘려요.

02

울퉁불퉁한 단면을 거친 80 사포로 정돈해요.

03

마스킹 테이프를 상자 안쪽
에 칠판 페인트가 묻지 않도
록 붙여요.

04

칠판 페인트를 붓으로 곱게
칠해요.

05

칠판 페인트가 마르면 320
~400 고운 사포로 표면을
갈아내요.

06

두 번째 칠을 하고 5번 과정
을 되풀이해요.

07

마스킹 테이프를 제거해요.

08

외관과 테두리 안쪽에 스테인을 칠하고 바니시로 마무리해요.

09

칠판에 분필로 재미있는 낙서를 해보세요.

DATA
SIZE 18cm×18cm
LEVEL ★
TIME 1~2시간
PRICE 0원

3 TYPE 자투리 나무로 미니 칠판 만들기

두꺼운 MDF 자투리 판재가 남아 있어서
작은 미니 칠판을 또 만들었어요.
귀여운 미니 칠판은 화장실이나 아이 방 등의
자투리 공간에 걸어두면 다양한 역할을 해요.

기본 재료 목본드, 못, 망치, 메꾸미, 사포, 마스킹 테이프, 붓 또는 스펀지
주재료 자투리 MDF 판재, 각목, 칠판 페인트, 스테인

01 자투리 판재 크기에 맞게 각재를 잘라요.

02 목본드로 붙여요.

03 본드가 굳으면 못을 박아 조
립해요.

04 틀 안쪽에 마스킹 테이프를 붙인 후 그린색 칠판 페인트를
칠해요.

05 붓이나 스펀지로 스테인을
칠해요.

DATA

SIZE 48cm×15cm
LEVEL ★
TIME 1~2시간
PRICE 3~4천원

4 TYPE 자투리 원목으로 옷걸이 만들기

예쁜 손잡이나 고리 또는 나뭇가지 등을 응용하여 초간단 옷걸이 선반을 만들어보세요.
옷걸이마다 이름을 붙일 수 있도록 칠판 네임 태그도 달아주세요.

기본 재료 사포, 물, 망치, 작은 못, 드릴, 나사
주재료 자투리 나무, 칠판 페인트, 화이트 페인트, 옷걸이 부속

01

작은 자투리 나무를 잘라 칠판 페인트를 칠한 후 사포로 멋스럽게 테두리를 갈아요.

02

나무판에 화이트 페인트와 물을 섞어 발라 자연스러운 느낌을 내요.

03

뒤판에 칠판 네임 태그를 작은 못으로 고정해요.

04

드릴과 나사를 이용해 옷걸이 부속을 부착하면 끝! 벽에 걸 땐 나사나 못을 이용해 고정하고 칠판 네임 태그에 예쁜 이름을 적어 넣으세요.

LETE 내추럴 보조 세면대 만들기

욕실에 들어가지 않아도 거실에서 가볍게 손을 씻을 수 있는 세면대를 만들었어요.
세면대지만 가구처럼 보이게 만들고 싶었죠. 거실 콘솔 수납장과 어울리게 디자인해 나무로 세면대틀을 만들었어요.
외출해서 돌아와 바로 손을 씻을 수도 있고, 걸레도 빨 수 있어 편리하답니다.
물이 바닥에 튀는 불편함이 좀 있지만 거실에 세면대가 있으니 독특한 느낌이 들어 잘했다는 생각이 들어요.

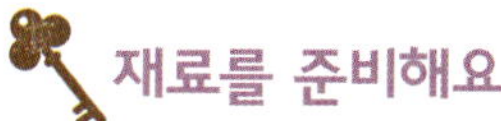
만들기 전 보세요

보조 세면대를 만들려면 기본적으로 수도와 배관 공사가 되어 있어야 해요. 레테는 화장실 배관 공사 때 미리 배관을 연결해놓았어요. 욕실에 목재 세면대를 만들 때는 습기에 강한 나무를 쓰거나 오일 스테인을 칠해야 돼요.

디자인은 레테가 직접 하고 나무 재단과 주문은 더디아이와이(www.thediy.co.kr)에서, 세면기와 수전 주문은 아메리칸 스탠다드(www.americanstandard.co.kr)에서 했어요.

재료를 준비해요

기본 재료 드릴, 나사, 목본드, 손태커, 직소기, 홀소날, 큰 펜치, 고무 헤라, 빗살 헤라, 걸레, 실리콘
주재료 재단된 목재, 세면대 재료, 모자이크 타일, 스텐 자석, 경첩, 타일 본드, 백시멘트, 유리, 손잡이

이렇게 주문했어요

- 거실에 둘 보조 세면대입니다.
- 문짝은 유리가 들어갈 예정이니 프레임만 짜주세요.
- 상판은 타일을 붙일것이니 합판이 좋을 듯해요.
- 수건걸이는 목봉으로 크기에 맞게 적당히 잘라 보내주세요.
- 스텐 자석 한 개 추가하고, 일반 경첩 두 개 보내주세요.

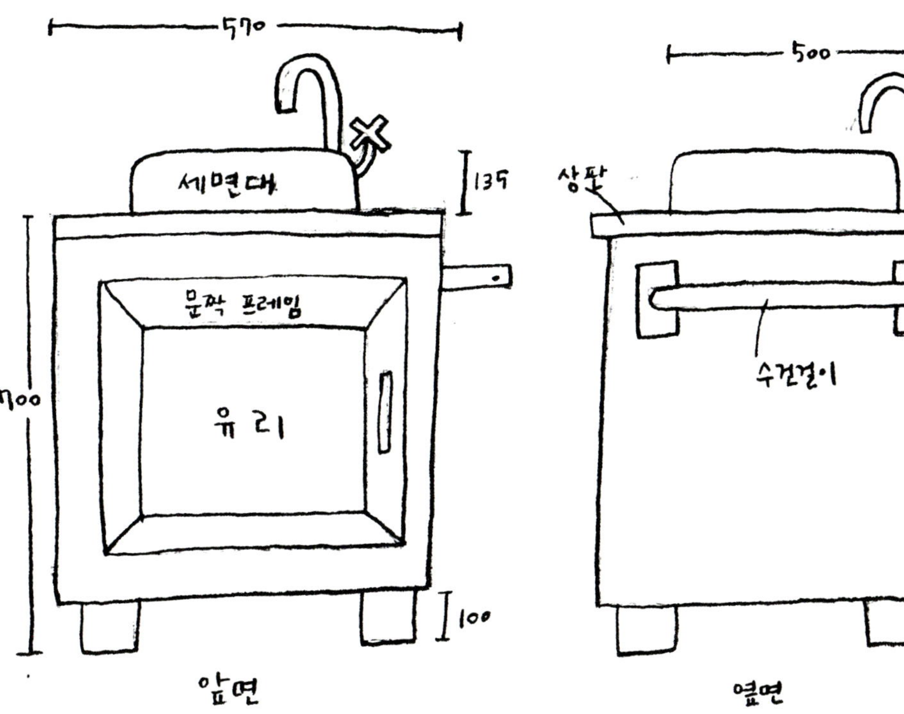

01 원하는 디자인의 보조 세면대를 스케치하여 인터넷목공소에 재단 및 주문을 의뢰해요.

02 재단되어 온 목재를 조립하기 전에 잘 맞춰요.

03 아래판과 양 옆판을 드릴과 나사로 조립해요.

04

상판 지지대를 조립해요.

05

다리 4개를 모두 조립하고 뒤판 합판도 조립해요.

06

목본드와 손태커를 이용해 앞면 프레임을 조립해요.

07

앞면 프레임을 몸체에 조립 해요.

08

문이 닫히는 위치에 맞춰 스텐 자석 높이를 정하고 나사로 고정한 뒤 문짝에 경첩을 조립해요.

09

목봉과 자투리 각재로 수건 걸이를 만들고 세면기와 수 전을 임시로 올려놓았어요.

10

가구용 페인트를 2~3회 칠 하고 마르면 바니시로 마무 리해요.

세면기 설치하기

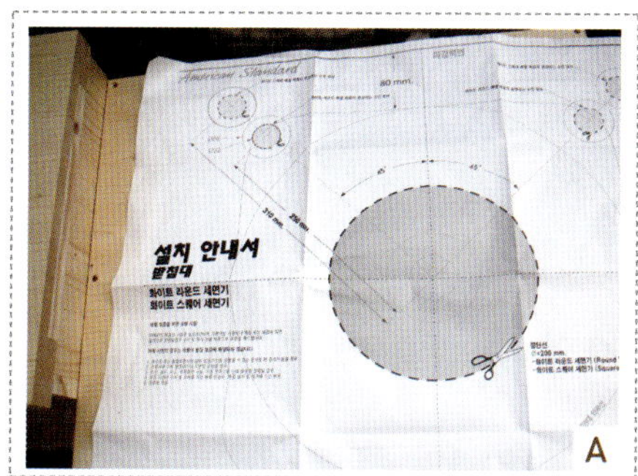

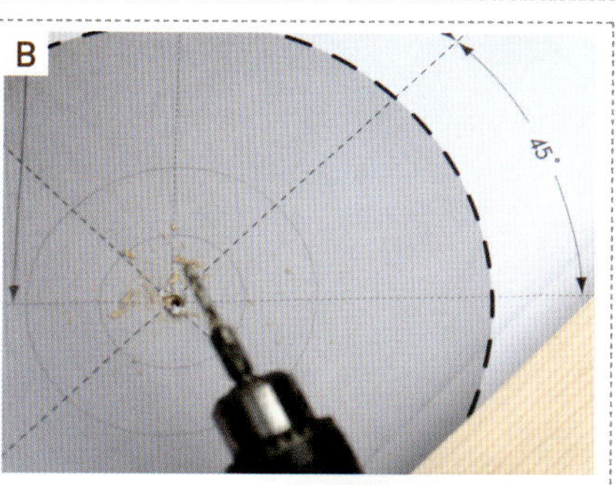

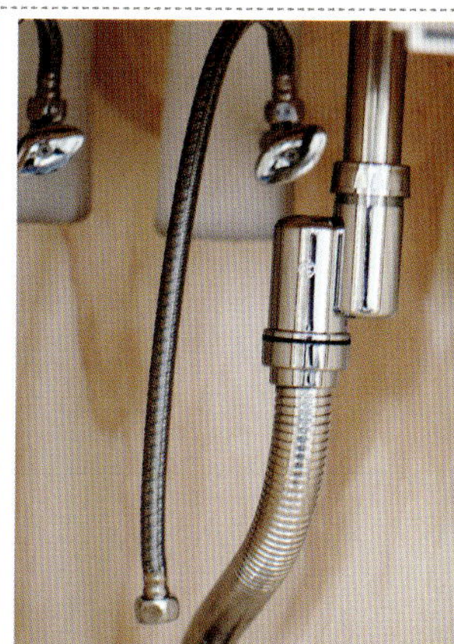

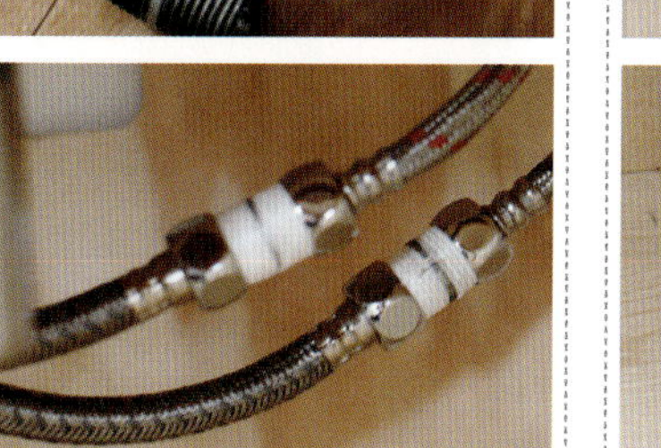

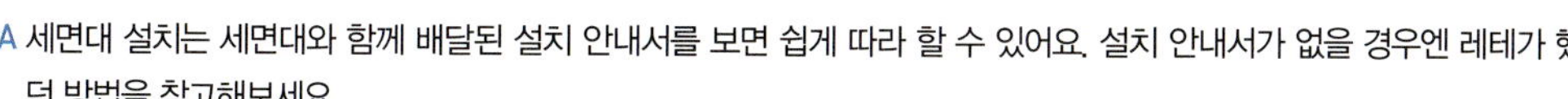

A 세면대 설치는 세면대와 함께 배달된 설치 안내서를 보면 쉽게 따라 할 수 있어요. 설치 안내서가 없을 경우엔 레테가 했던 방법을 참고해보세요.

B 상판 중심 쪽, 수전과 세면기 배수관이 연결될 자리에 구멍을 뚫어요. 드릴로 중심 구멍을 표시해두고 직소기로 둥글게 뚫어요. 수전이 들어갈 위치엔 홀소를 이용해 딱 맞게 뚫는 게 중요해요.

C 고무 패킹만 남기고 분리시킨 수전을 상판의 수전 구멍에 끼운 뒤 가구 내부에 넣고 조여요.

D 누르는 형식의 배수 캡의 고무와 나사를 풀어 세면기에 끼우고 세면대 안쪽에서 조립해요. 플라이어(큰 펜치)를 이용해 꽉 조이고 배수관과 냄새를 막아주는 트랩을 연결해요.

E 수전과 냉온 수도의 거리가 멀다면 연결 부속을 추가로 구입해야 돼요. 이 경우 테프론 테이프를 감고 펜치로 꽉 조여야 수압으로 물이 새는 일을 방지할 수 있답니다.

F 냉 · 온수 수도관과 배수관이 모두 연결된 모습이에요. 뒤판 수도관 연결 부분과 배수관 연결 부분의 바닥 나무는 사진처럼 미리 구멍을 뚫어놓으세요.

G 세면기와 수전이 모두 설치되었어요. 배수 캡이 잘 작동되는지, 물을 틀었을 때 새지는 않는지 확인하세요.

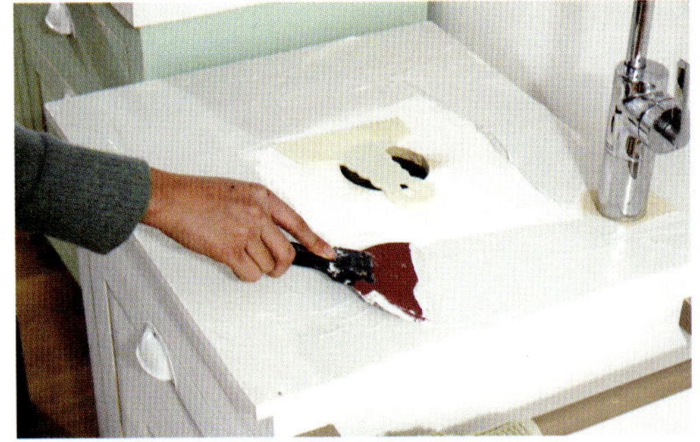

11 수전과 세면기 배수 구멍을 뚫은 상판에 타일 본드를 0.3cm 두께로 발라요.

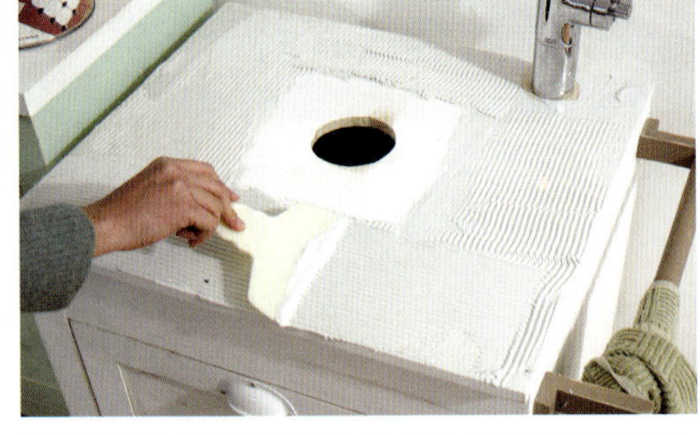

12 빗살 헤라를 이용해 빗살무늬를 내야 타일의 접착력이 높아져요.

13 모자이크 타일은 원하는 크기만큼 가위로 잘라 붙여요.

14 타일 위에 묻은 본드는 걸레로 깨끗이 닦아요.

15 하루 정도 건조한 후 타일 사이사이의 틈은 치약 농도로 반죽한 백시멘트를 고무 헤라를 이용해 메워요.

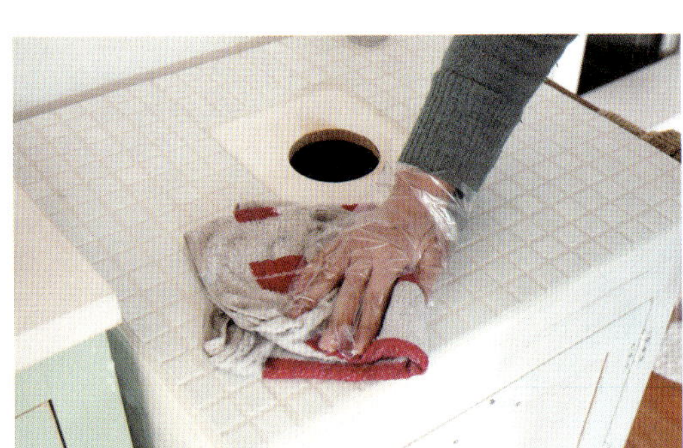

16 30분 정도 말리고 걸레로 깨끗이 닦아요.

17 동네 유리 집에서 잘라 온 유리를 문짝에 끼운 뒤 실리콘으로 접착하고 손잡이를 달아 완성해요.

액자 같은
인터폰 박스 만들기

셀프 인테리어를 하다 보면 콘센트나 인터폰 같은 것을
자꾸 가리고 싶어져요. 이럴 때 와인 상자나 자투리 나무 또는
버리는 서랍 등을 이용해 멋지게 변신시켜보세요.
인터폰과 스위치를 모두 가리고 액자처럼
포인트를 줄 수 있는 일석이조의 인터폰 박스 가리개랍니다.

만들기 전 보세요

문짝에 사용한 사각 프레임 나무와 합판은 자투리 나무를 이용해
서 조금 복잡해졌어요. 패브릭 대신 사진을 붙여도 되고 레터링지
를 이용해 글씨를 새겨도 멋스러워요.

재료를 준비해요

기본 재료 드릴, 나사, 태커, 목본드, 스펀지, 사포, 딱풀
주재료 나무판, 경첩, 스텐 자석, 손잡이용 자투리 나무, 페인트, 패브릭

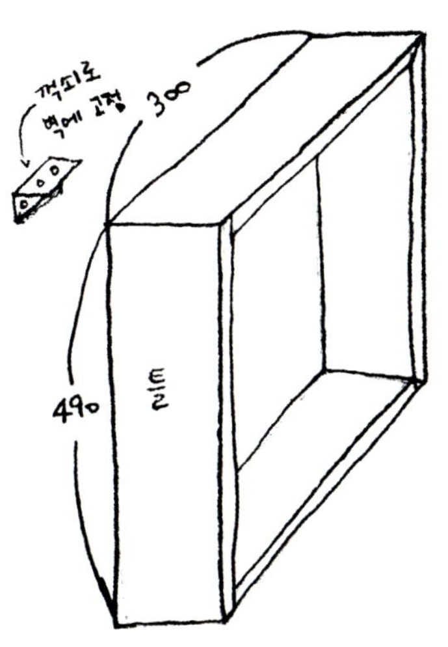

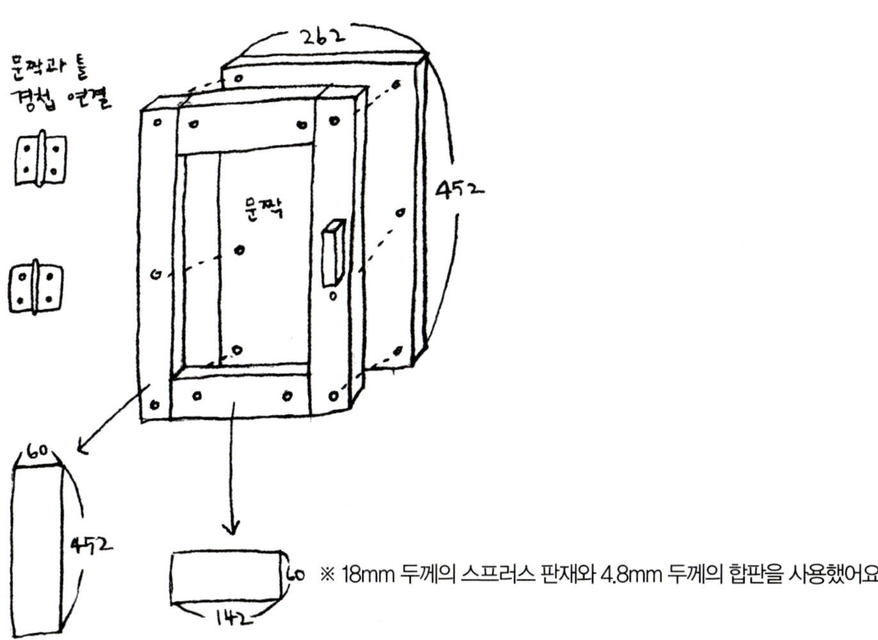

※ 18mm 두께의 스프러스 판재와 4.8mm 두께의 합판을 사용했어요.

01

인터폰 두께보다 좀 더 두꺼운 나무를 준비해 잘라서 사각 형태로 틀을 만들어 조립해요.

02

드릴이나 태커를 이용해 틀에 맞게 문짝 프레임을 만들어 조립해요.

03

목본드와 태커로 문짝 프레임에 합판을 고정해요.

04

경첩의 간격을 잘 맞추어 경첩과 문짝을 조립한 후 틀에 연결하고 스텐 자석을 나사로 조립해요. 자투리 나뭇조각을 잘라 손잡이를 만들어 붙이면 예뻐요.

05

스펀지로 페인트를 칠하고 마르면 빈티지한 느낌이 나도록 사포질해요.

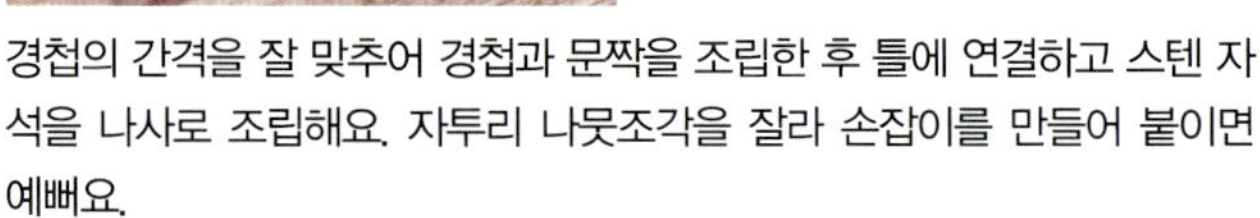

06

문짝에 딱풀을 바르고 예쁜 패브릭을 잘라 붙이면 끝!

패브릭으로 손쉽게 분위기를 바꿔요.

이사를 하면 싱크대는 꼭 내 손으로 만들고 싶었어요.
컨트리풍 레몬빛 원목 싱크대를 원했는데 기존 제품은 너무 비싸고
획일적인 디자인이 대부분이라 레테 마음에 들지 않았어요. 직접 디자인해 만든 덕분에
비용이 크게 절약되었고 내가 꿈꾸던 싱크대를 만들 수 있었어요. 내가 한 디자인에 맞게
재단되어 온 반제품으로 제작하기 때문에 만들기가 그렇게 어렵지는 않아요.
식탁이나 책상 정도 만들 수 있는 실력이면 충분히 가능한 작업이니 용기 내어 차근차근 도전해보세요.

전문가처럼 컨트리풍 싱크대 만들기

만들기 전 보세요

1 레테는 넉넉 잡고 일주일 정도 제작 기간을 두었어요.

2 싱크대 각 수납장은 싱크 볼과 가스 쿡탑 위치에 맞게 크기와 기능을 정해야 돼요. 미리 염두에 두고 디자인해야 나중에 불편함이 없어요.

3 싱크대 상판은 크기 때문에 택배로 배송 받기가 어려워요. 인터넷목공소에서 주문하면서 배송 문제를 상의하거나, 상판만 집 근처 목공소에서 따로 알아보는 방법으로 배송비를 절약하는 게 좋아요. 레테는 집 개조하면서, 데크 재료를 반입할 때 함께 들여왔어요. 상판을 대리석으로 할 경우 대리석을 따로 구입할 수 있는 곳을 인터넷에서 찾아보세요.

4 빌트인할 제품의 사이즈를 기록해두세요.
(냉장고, 가스레인지, 싱크 볼 및 서랍 내부 정리대 등의 사이즈)

5 싱크 볼과 가스레인지 위치가 너무 가까우면 조리할 때 불편한 점이 많답니다. 수도관과 배수구 위치, 도시가스 배관 위치 등을 공사 초기에 조정해야 돼요.

6 싱크대 가구 하나하나를 디자인 단계부터 확실히 정해두어야 해요. 서랍으로 할 건지 문짝으로 할 건지, 냄비를 수납할지 그릇을 수납할지…. 그래야 싱크대 수납장 하나하나의 크기를 산출할 수 있거든요. 수납장 내부에 레일이 들어갈 경우 서랍 크기 등 구조적으로 어렵게 느껴지는 치수는 인터넷목공소와 상의하세요.

7 대략의 디자인이 나왔으면 인터넷목공소와 세부적인 사항을 논의해 구조를 완성해요.

8 조립하기 힘든 문짝은 싱크 경첩 홈을 판 뒤 조립해서 보내달라고 요청하세요. 이때 서랍 레일, 싱크대 높이 조절 다리도 잊지 말고 함께 주문해요.

9 나무 재료가 많은 반제품을 주문할 때는 수납장별로 각각 따로 묶어서 보내달라고 요청하세요.

나무 재단 및 구입 더디아이와이 www.thediy.co.kr
가구용 무독성 페인트, 레몬 오일 구입 나무와사람들 www.jeswood.com
두꺼운 싱크대 상판 구입 타이거우드 www.tigerdiy.com
싱크대 서랍 내부의 다용도 수납 분리함과 3단 철제 바구니 구입 철천지 www.77g.com
싱크 볼 인터넷 검색

재료를 준비해요

기본 재료 목본드, 전기 태커, 못, 망치, 드릴, 나사, 수평계, 직소기, 홀소날, 실리콘, 커버링 테이프, 붓, 롤러, 스펀지, 앵커, 마스킹 테이프, 고무 헤라, 빗살 헤라

주재료 재단된 나무, 싱크 볼, 싱크 경첩, 서랍 레일, 3단 철제 바구니, 스텐 경첩, 싱크대용 수저 분리함, 싱크대 다리, 레몬 오일, 가스 쿡탑, 싱크볼, 싱크대 수전 재료, 가구용 페인트, 오일 스테인, 손잡이, 걸레받이, 바닥 고정용 고무 패킹, 와인 랙, 타일, 타일 본드

디자인과 재료 확인

싱크대 만드는 순서

싱크대 만들기⇨블록 배치 및 세팅하기⇨페인팅 및 손잡이·걸레받이 조립
⇨상부장 만들기⇨선반 만들기⇨부엌 타일 붙이기

배달된 싱크대 재료

섞이지 않게 수납장별로 개별 포장

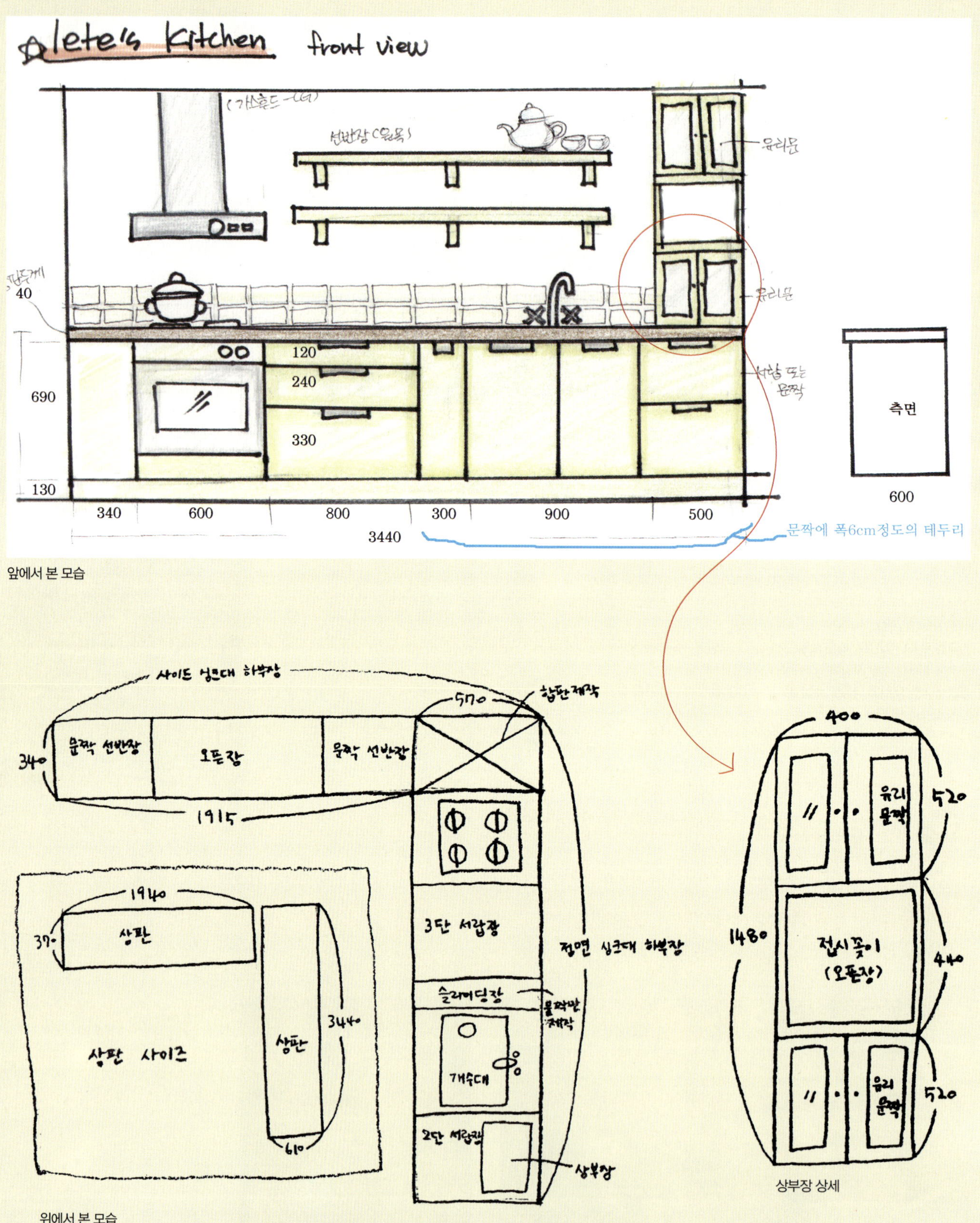

앞에서 본 모습

위에서 본 모습

레테의 부억 측면 디자인

옆에서 본 모습

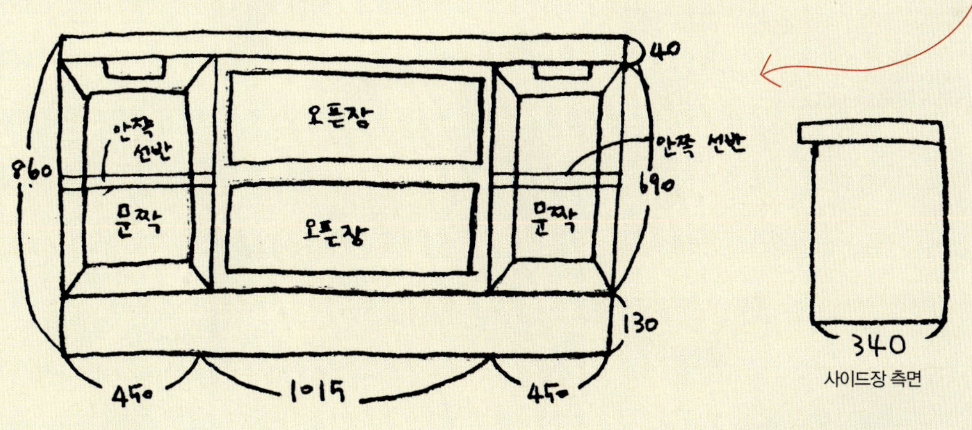

사이드장 상세

사이드장 측면

싱크대 만들기

STEP 1 싱크대 기본 형태 만들기

모든 싱크대 수납장의 조립 순서 중 몸통 조립 방법은
공통적이에요. 문짝형인지 서랍형인지,
위에 싱크 볼이 들어가는지, 가스레인지가 들어가는지에 따라
조금씩 달리 응용하면 되는데 수납장의 크기와 상관없이
작업 방법이 같아요. 그러므로 싱크대 기본 형태 만들기를
잘 익혀두어야 다음 작업으로 넘어가기가 쉽습니다.

01

먼저 문짝틀과 문짝 안쪽 판
을 목본드로 접착하고 위에
무거운 것을 올려둬요. 문짝
틀 조립은 까다롭기 때문에
조립된 문짝을 주문해서 가운
데 판만 붙였어요.

02

아래판과 옆판을 목본드와
전기 태커를 이용해 ㄱ자 형
태로 조립해요.

03

옆판을 조립해서 ㄷ자 형태
를 만들어요.

04

똑바로 세운 후 상판 지지대
두 개를 조립해요.

05 뒤판(합판)은 태커와 접착제로 조립해요.

06 모든 조립 부분을 나사로 한 번 더 조립해요.

2 STEP 개수대(싱크 볼) 수납장 만들기

개수대 수납장은 개수대 크기와 비슷하게 제작하면 돼요.
개수대가 수납장 상판 지지대에 걸쳐지는 구조랍니다. 상판에 구멍을 뚫어 개수대를 넣고,
수납장 아래쪽과 뒤판을 뚫어 수도 배관과 하수 배관을 얹으면 돼요.
이 작업은 상판을 얹은 뒤에 해도 되는 과정이라 싱크대 세팅 후에 설명할게요.

01 싱크 볼을 기본 형태의 수납
장에 얹어보았어요.

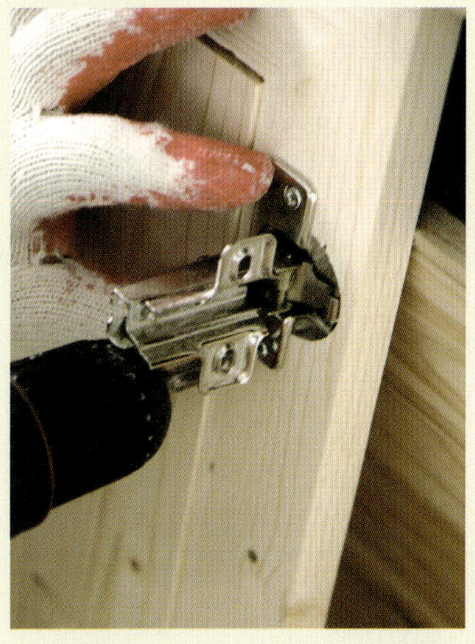

02 문짝 경첩 홈에 싱크 경첩을
조립해요.

03 경첩을 펼친 상태로 문짝과
수납장 틀을 연결해요. 문이
딱 맞게 잘 열리는지 확인해
가며 작업해야 돼요.

2단 서랍장 만들기

냄비와 큰 볼, 수납 용기 등을 넣을 수 있는 2단짜리 서랍장을 만들었어요.
서랍형은 문짝형보다 제작이 조금 까다롭지만 열고 닫기가 편리하고 수납도 체계적으로 되는 편이에요.
서랍장을 만들 때 공통적으로 사용하는 레테식 제작 방법을 소개할게요.

01

2단 서랍 몸체틀을 조립해요. 레일을 달아야 하니 뒤판은 나중에 조립하세요.

02

서랍을 조립하고 임시로 몸체에 끼워보아요. 아직 서랍 앞판은 조립하지 마세요.

03

서랍이 들어갈 틀 안쪽에 레일을 조립해요.

04

서랍을 뒤집어서 레일을 조립해요.

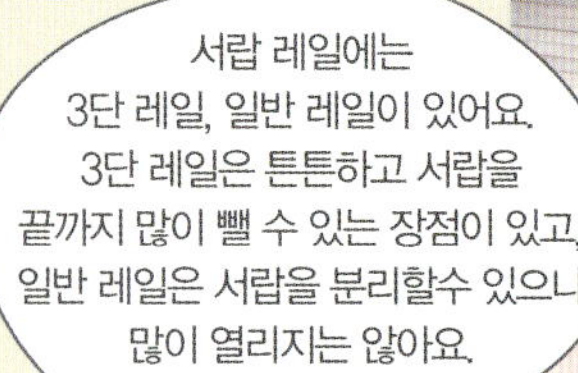

05

위아래 서랍을 끼워 잘 조립되었는지 확인해요.

06

미리 조립해놓은 앞판을 틀에 잘 맞추어 안쪽에서 서랍에 조립하면 끝!

서랍형 수납 바구니 만들기

싱크대를 서랍장과 수납장으로 디자인하다 보니
작은 공간이 남아 철제 바구니를 구입해
바구니형 수납장을 만들었어요. 작은 틈새까지 활용하면
수납을 완벽히 할 수 있어요. 커피 도구와 티, 음료 등을
보관하는 틈새 수납장이랍니다.

01

수납장 몸체를 조립해요.

02

3단 철제 바구니를 조립하고 레일을 틀에 조립해요.

03

레일 조립 후 문짝을 조립하면 돼요. 문짝을 열면 3단 수납장이 딸려 나오는 구조랍니다.

04

안쪽에 스텐 자석을 단 뒤 문이 잘 열리는지 확인해요.

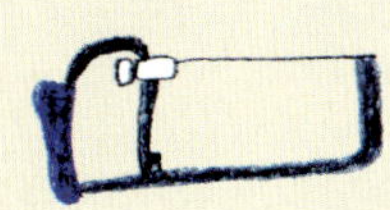 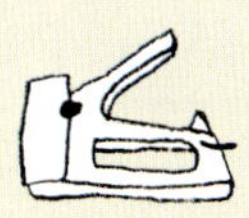 

3단 서랍장 만들기

가장 수납이 많이 되는 싱크대 서랍장이에요. 이곳에 각종 주방 집기와 그릇, 접시 등을 수납할 예정이라
서랍 크기를 다르게 정했어요. 레테는 냄비나 그릇도 서랍에 수납하는 것을 좋아해서 서랍을 많이 만들었지만,
각자의 기호 또는 수납할 물건에 따라 문짝과 서랍을 적절히 섞어서 구성하세요.

01

맨 위칸은 미리 구입해놓은 싱크대용 수저 분리함의 크기에 맞게 사이즈를 정했어요. 이곳엔 가위나 칼, 수저 및 기타 집기를 깔끔하게 정리할 수 있어 비싼 주방 가구를 갖춘 듯 폼이 난답니다.

02

3단 서랍장은 앞서 만들었던 2단 서랍장과 같은 방법으로 조립하면 돼요.

2단 선반장 만들기

원래는 가스오븐을 빌트인하려다가,
전기오븐을 이미 구비해 빌트인 가스 쿡탑만 설치하기로 하고
수납을 위해 2단 선반장으로 만들었어요.
상단 상판이 올라오면 구멍을 뚫어 가스 쿡탑을
설치하게 될 위치의 수납장이므로, 요리 도구와 양념 등을
손쉽게 꺼내 쓸 수 있도록 문짝형으로 제작했답니다.

오픈장 만들기

측면에 들어갈 수납장은 문짝이나 서랍 없이
오픈장으로 제작했어요. 바구니나 수납함을
예쁘게 배치하는 용도로 만들었는데 완성한 뒤
사용하다 보니 지저분한 게 많이 보이더라고요.
그래서 나중에 유리문을 달아 가려줬어요.

블록 배치 및 세팅하기

각각 용도에 맞는 수납장을 만들었다면 전체적으로 배치하고, 높이를 맞추고, 기타 철물을 달고, 배관 작업을 해야 돼요.
이미 수납장은 모두 만들어놓았으니 반은 완성한 셈이에요. 마음 편하게 한쪽 벽부터 차근차근 맞춰가도록 해요.

STEP 1 싱크대 다리 조립하기

01

싱크대 다리는 높이 조절이 가능한 것으로 선택해야 해요. 전체적으로 싱크대 높이를 동일하게 만들었더라도, 바닥면이 경사져 있거나 벽면의 수평, 수직이 안 맞을 경우 배치했을 때 높이 차이가 생길 수 있어요. 높이 조절이 되는 다리라면 조금씩 맞춰나갈 수 있어 편리해요.

02

싱크대 안쪽에서 나사 구멍을 뚫은 후 나사를 끼우고 싱크대 다리를 손으로 돌려가며 끼워요.

03

기본적으로 다리를 4개 달지만 넓은 것은 휨 방지를 위해 가운데 하나 더 달아요.

STEP 2 싱크대 배치하기

01

수평계를 이용해 수평이 맞는지 체크하며 한쪽 끝부터 싱크대를 배치해나가요.

02

수평계를 대고 잘 맞춰가며 수납장을 순서대로 배치해요. 기울거나 높이가 다르면 높이 조절 다리를 돌려가며 조절해요.

03

싱크대 상판을 조립하기 전 원목 보호를 위해 전체적으로 레몬 오일을 바르고, 상판을 올리기 전 수평을 모두 체크해요.

싱크대 상판 재단 및 조립

싱크대 상판 나무는 38mm 집성목을 사용했어요.
목조주택 자재점에서 주문하는데, 만약 두꺼운 게 없다면
상판 테두리에 두께감과 휨 방지를 위해 각재를 둘러줘도
돼요.

01

상판을 위치에 맞게 잘 얹어
놓아요.

02

싱크 볼과 빌트인 가스 쿡탑의 경우 제품 설명서에 상판을
재단하고 조립하는 방법이 나와 있으니 위치 및 크기를 연
필로 표시해두어요.

03

직소날이 들어갈 구멍을 뚫
은 후 재단해요. 상판이 두
껍기 때문에 천천히 잘라나
가야 해요.

04

싱크 볼과 가스 쿡탑이 들
어갈 상판 재단이 끝났어요.

05

도시가스관과 전기선이 통
과할 곳을 홀소날을 이용해
동그랗게 뚫어요.

06

가스 쿡탑과 싱크 볼을 설치
했어요. 싱크 볼은 조립한
후 실리콘으로 테두리를 막
아주어야 해요.

07

싱크대 상판은 싱크대 안쪽
상판 지지대에서 나사로 조
여 조립해요. 조립하지 않아
도 움직이지는 않아요.

수도 · 하수 배관 **연결**

싱크 볼이 들어간 수납장은 수도 배관과 하수 배관을 연결해주어요. 상판을 올리기 전 물이 안 새고 잘 나오는지,
배수가 잘되는지 테스트하고 작업해야 돼요. 싱크볼이나 수전 구입 시 함께 들어 있는
사용 설명서를 따라 하면 어렵지 않답니다. 가스 쿡탑 설치 후 콘센트는 싱크대 안쪽에 만들어야 깔끔하답니다.

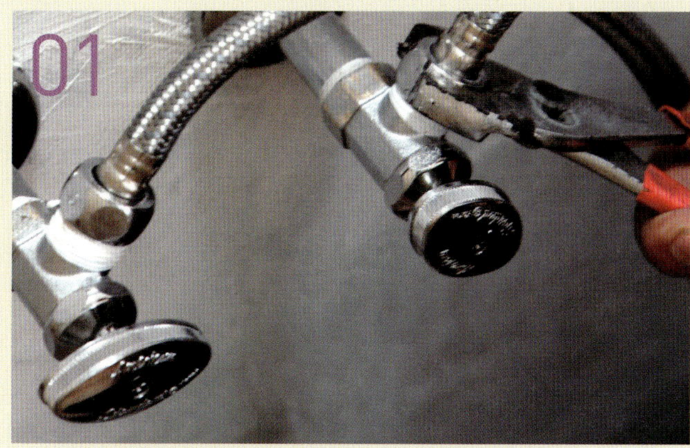

냉 · 온수 수도관에 중간 밸브와 싱크대 수전 부속을 연결해요.

중간 밸브가 싱크대 안쪽으로 들어올 수 있도록 직소기를
이용해 구멍을 내요.

싱크 볼에 있는 수전 구멍에
수전을 맞추고 끼워서 조립
해요.

싱크 볼 하수 캡과 하수 배
관도 연결해요.

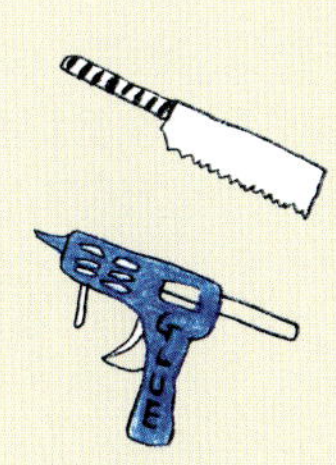

냉 · 온수 수도관을 수전 수도관과 연결해요.

페인팅 및 손잡이 · 걸레받이 조립

STEP 1 페인트칠하기

싱크대 안쪽은 페인트칠하지 않고 레몬 오일을 바르고, 문짝과 외부에만 가구용 페인트(반광)를 두 번씩 칠해요.
물을 많이 쓰는 상판 나무엔 오일 스테인 2회, 수성 스테인 1회 칠해요.
오일 스테인의 경우 독성과 냄새가 적은 것으로 선택해야 건강에 좋아요.

01

바닥에 페인트가 묻지 않도록 커버링 테이프로 보강 작업을 해요.

02

붓으로 구석진 곳부터 칠한 후 넓은 면은 롤러로 칠해요.

03

전체적으로 칠하고 말린 후 한 번 더 칠하면 완성이에요. 바니시를 한 번 더 칠하면 좋아요.

05

오일 스테인을 바른 후 고운 사포로 표면을 살짝 문질러 주면 질감이 매끄러워져요. 사포 작업 후 스테인을 한 번 더 칠해요.

04

싱크대 상판엔 오일 스테인을 스펀지나 천에 묻혀 칠해요. 2~3회 반복해요.

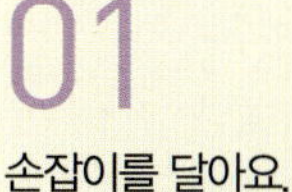

01

손잡이를 달아요.

02

싱크대 다리를 감추기 위해 걸레받이를 만들었어요. 1cm 두께의 합판을 잘라 바닥 고정용 고무 패킹을 끼워 넣고 싱크대 안쪽에서 나사로 고정하면 돼요. 바닥 고정용 고무 패킹이 없으면 생략해도 되고, 바닥 높이가 일정치 않을 경우 바닥과 싱크대 아래판의 간격 치수를 재어 합판을 재단해 끼우고 몸체에 나사로 연결해주면 틈 없이 잘 붙일 수 있답니다.

03

가스 후드를 설치하면 완성.

상부장 만들기

부엌 싱크대 위쪽 전면은 상부장 없이 선반을 설치하고 오른쪽 코너에 상부장을 두 개 만들어 걸었어요.
전체적으로 개나리 톤인 주방에 포인트를 주기 위해 옛날 사각 무늬 유리를 끼우고
상큼한 그린색 페인트를 칠했어요. 상부장 하단에는 싱크대 철거 때 분리하여 보관해두었던
라디오 겸용 시계를 부착했더니 부엌일하며 음악을 들을 수 있어 좋아요.

 ## 만들기 전 보세요

상부장 뒤판을 끼우는 방식이면 인터넷목공소에 주문할 때 홈을 파달라고 하세요.
이때 상부장을 벽에 걸기 위해서는 상부장 뒤 틀 안쪽에 딱 맞는 나무판 두 개도 함께 주문해야 돼요.
유리를 끼우는 문짝을 계획했다면 조립된 문짝과 동그란 싱크 경첩 홈을 파달라고 요청하세요.
유리는 동네 유리 집에서 크기에 맞게 재단해 오면 돼요.

01

상부장 몸체를 조립하고 뒤
판을 홈에 끼워요.

02

위아래 간격을 맞춘 후 가운
데 선반을 나사로 조립해요.

03

문짝 싱크 경첩 홈에 경첩을 끼워 조립한 후 경첩을 펴고 문짝을 틀에 맞춰 연결해요.

04

다른 문짝 한쪽도 같은 방식으로 조립해요.

06

문 안쪽 크기에 맞게 잘라 온 유리를 실리콘으로 붙여요.

05

붓으로 틈새와 구석을 칠하고 롤러로 넓은 면을 칠해요.

07

손잡이를 조립하면 끝!

상부장 벽에 거는 법

1 상부장을 벽면에 대고 수평에 맞춰 표시한 후 자투리 나무판을 대고 이중 드릴날로 뚫어요. 이때 이중 드릴날 끝이 벽면에 표시를 남겨두게 해요.
2 콘크리트날로 표시한 구멍을 뚫고 앵커(칼블럭)를 박아요.
3 자투리 나무판을 앵커를 박은 위치에 구멍을 맞추고 나사로 벽면에 고정해요.
4 상부장을 나무판에 걸고 안쪽에서 나사로 조립해요. 이때 안쪽에도 나무판을 하나 더 대주면 훨씬 튼튼해요.

나무판을 벽에 고정한 후 그 위에 상부장을 걸고, 자투리 나무판과 상부장의 뒤판을 조립하는 것이랍니다.

선반 만들기

아파트에 살 땐 싱크대 상부장이 있었는데
너무 높아 수납하기가 불편했어요.
수납이 꽤 많이 된다거나
효율적이라고 느껴지지 않아 상부장 대신
선반을 만들었어요.
자주 사용하는 접시나 그릇 등을 수납할 수 있게요.
이렇게 하니 예쁜 그릇만 쓰게 되고
지저분한 물건을 사지 않게 되어 참 좋아요.

만들기 전 보세요

선반 재료는 반제품 사이트에서 많이 팔아요. 레테는 크기에 맞는
판재 두 장과 삼각형으로 조립된 선반 다리 6개를 구입하여 조립
하고 페인트칠했어요. 비교적 쉬운 작업이랍니다.

재료 구입 더디아이와이 www.thediy.co.kr

01

선반 위에 삼각 선반 다리를 올려 간격을 맞추고 나사로
연결해요.

02

선반을 설치할 벽에 선반 받
침을 대고 수평계를 이용해
수평을 잡은 후 드릴로 구멍
을 뚫어요. 벽에 드릴날 표
시가 날 만큼 뚫으세요.

03

선반을 내리고 표시한 위치에 콘크리트날로 구멍을 뚫어요.

04

앵커(칼블럭)를 망치를 이용
해 구멍에 넣어요.

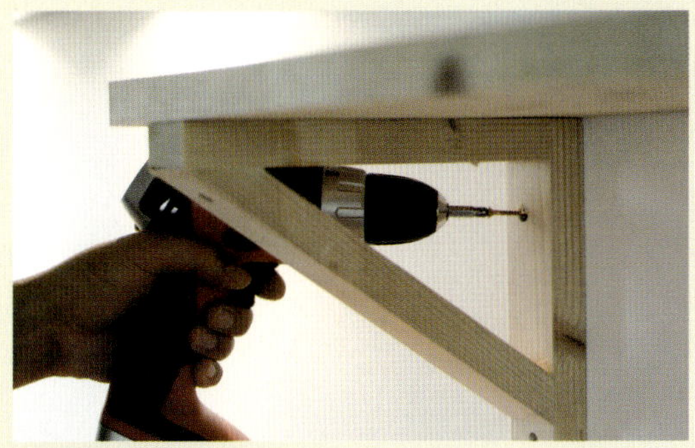

05

선반 위치를 잘 맞춘 후 나사를 조여요.

06

선반 다리 3개를 모두 같은 방식으로 벽면에 고정해요.

07

가구용(반광) 페인트를 칠해요. 레테는 벽에 고정한 후 칠했
지만, 벽과 선반 컬러가 다르다면 페인팅을 끝낸 후에 벽면
에 고정하세요.

08

전체적으로 마른 후 한 번 더 칠하고 말리면 끝이에요.

09

선반 하단에 와인 랙을 달아 와인 잔 수납도 가능하게 했어요.

벽면에 선반을 고정하려면 콘크리트날과
목재용 이중 드릴날 둘 다 필요해요.
인터넷 목공소에서 주문할 때 선반 다리에
나사 구멍을 뚫어달라고 요청하면 더 쉬워요.

부엌 타일 붙이기

보통 싱크대 타일은 벽면의 천장 끝까지 붙이거나 상부장 아래까지 붙이지만
좀 더 시원해 보이게 하기 위해 멋내기용으로 클래식한 화이트 자기타일을 하얀 회벽에 딱 두 줄만 붙였어요.
이 정도로만 타일을 붙여도 오염이 생기거나 다른 불편한 점이 별로 없어요.
타일로 깔끔한 부엌을 완성해보아요.

DATA

SIZE 벽 한 쪽
LEVEL ★★
TIME 1~2일
PRICE 3~4만원

만들기 전 보세요

큰 타일을 자를 때는 타일 커팅기가 반드시 필요해요.
아파트 관리 보수 팀이나 철물점에서 대여하거나 인터넷 사이트에서 구입할 수 있어요.
줄눈 작업을 맨손으로 하면 손이 많이 상하니 반드시 고무장갑을 끼고 하세요.
타일 구입 상아타일 www.ciaotoro.co.com

01

타일을 시공할 곳에 맞게 위쪽에는 마스킹 테이프를, 아래쪽에는 커버링 테이프를 붙여요.

02

고무 헤라로 타일 본드를 떠서 2~3mm 두께로 평평하게 바르고 빗살 헤라로 줄무늬 홈을 만들어요. 타일이 잘 붙도록 하기 위한 작업이에요.

03

자기 타일을 5mm 정도 간격으로 붙여요.

04

줄을 맞춰 계속해서 붙여나가요. 타일을 잘라야 하는 구석 부분은 타일칼로 잘라 붙여요.

05

타일을 다 붙였으면 하루 정도 말려요. 그래야 줄눈 작업 때 밀리지 않아요.

06

하루가 지난 뒤 백시멘트에 물을 조금씩 부어가며 치약 농도로 반죽해요.

07

손으로 타일 위에 백시멘트 반죽을 펴 발라요.

08

고무 헤라로 타일 줄눈 사이사이를 메우고 깨끗이 마무리해요.

09

10분 정도 건조한 후 젖은 스펀지로 닦아내고 마른걸레로 닦아요.

LETE 천장 조명등 내추럴하게 만들기

거실의 천장 조명등만큼은 예쁜 것을 구입해 설치하려고 조명 라인을 3개나 뽑아놓았어요.
그런데 막상 집 수리를 했더니 천장이 낮아져 계획했던 조명등을 설치할 수 없게 되었어요.
아무리 조명 가게를 찾아다녀도 마음에 드는 것이 없기에 직접 디자인해 내 손으로
만들어보기로 했어요. 전력 소모량이 적은 형광등 3개에 맞춰 나무와 아크릴판을 이용해 만들었는데
생각보다 아주 마음에 들어요. 만들기 어렵지 않은 내추럴 조명등을 레테와 함께 만들어보세요.

DATA

SIZE 29.5cm×29.5cm×9cm
LEVEL ★★★
TIME 4~5시간
PRICE 2~3만원

전기 작업 때는 장갑을 착용해야 안전해요. 전원은 반드시 끈 상태에서 작업해야 하고요. 형광등은 안정기를 연결해야 불이 들어오는데 둘의 W(와트)가 같아야 한답니다. 만약 형광등이 30W라면 안정기도 30W용으로 구입해야 하지요. 전기 재료상 또는 인터넷 사이트에서 쉽게 구입할 수 있어요. 안정기 일체형 형광등 제품은 많아요. 아크릴판은 투명한 것으로 선택해 얇은 한지를 붙이는 것이 반투명 아크릴판을 사용하는 것보다 더 밝아요. 아크릴판도 인터넷에서 주문 가능해요.

기본 재료 톱, 각도 톱질대, 목본드, 전기 태커, 드릴, 나사, 홀소날, 붓, 사포
주재료 목재, 형광등 3개, 안정기 3개, 형광등 고정용 끈, 밀크 페인트, 아크릴판, 절연 테이프

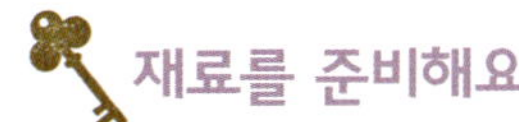

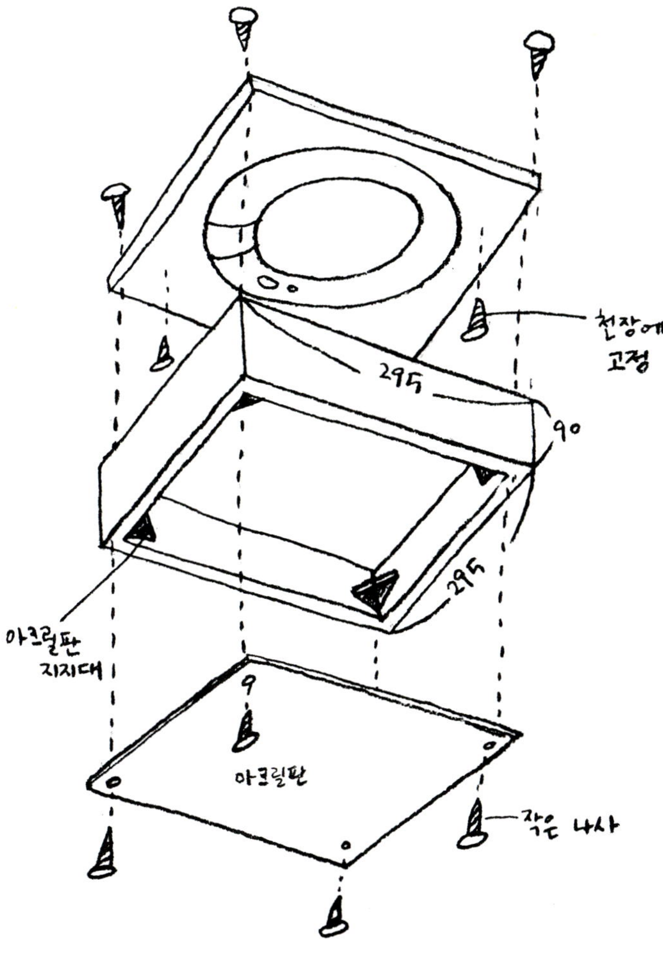

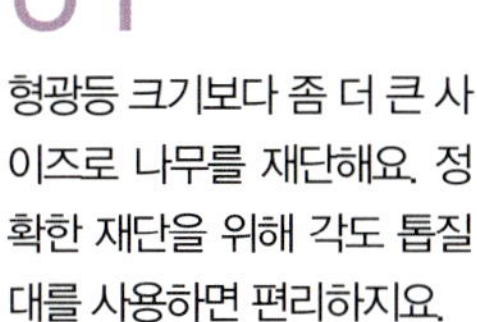

01

형광등 크기보다 좀 더 큰 사이즈로 나무를 재단해요. 정확한 재단을 위해 각도 톱질대를 사용하면 편리하지요.

02

각재를 모두 재단해요.

03

목본드와 전기 태커로 조명등틀을 조립하고 뒤판도 조립해요. 전기 태커가 없을 경우 드릴이나 일반 못을 사용해도 돼요.

04

자투리 합판을 잘라 작은 삼각형 12개를 만든 후 조명등틀의 사방 모서리 안쪽에 아크릴판 두께만큼 띄어 붙여요.

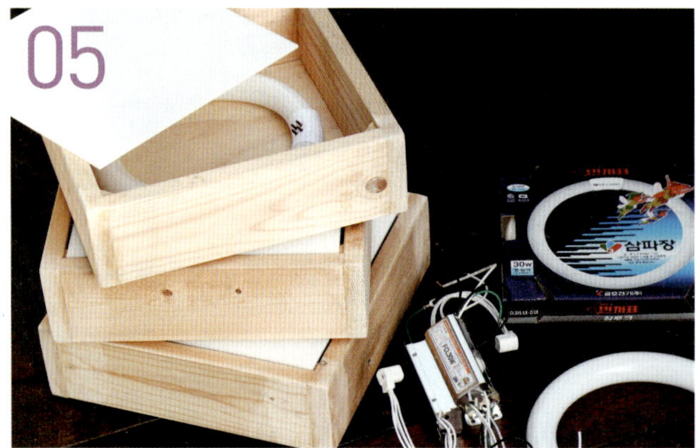

조명등틀 3개, 형광등 3개, 안정기 3개를 준비해요.

한쪽 면에 나사로 안정기를
연결해요.

3개의 조명등틀은 밀크 페인트를 이용해 빈티지한 느낌으로 칠했어요.

드릴과 홀소날을 이용해 뒤판 가운데에 구멍을 뚫어요.

형광등을 고정할 끈을 마름모꼴로 연결해요. 형광등 고정 연결핀이 있을
경우 이 과정은 생략해도 돼요. 레테는 작업 당시 고정 연결핀이 없어서 실
을 사용했어요.

빈티지한 질감이 더욱 살아나도록 사포질을 해요.

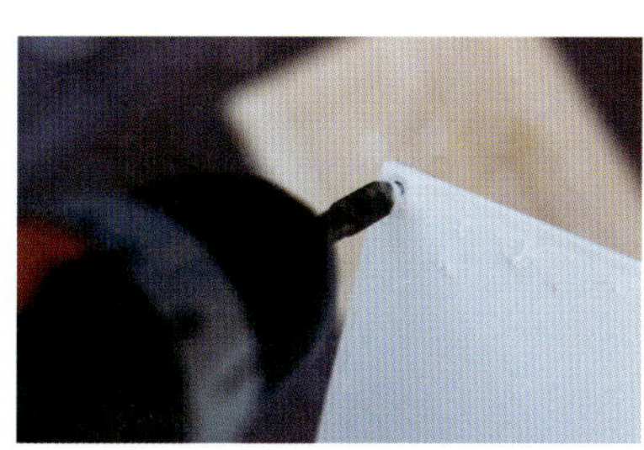

12

전기 스위치를 끈 후 전선과 안정기 선을 까만 절연 테이프로 연결해요.

11

완성된 조명등틀은 나사를 이용해 천장에 고정해요.

14

아크릴판의 사방 모서리에 드릴로 나사 구멍을 뚫고 나사로 조여요. 이때 아크릴판이 깨질 수 있으니 드릴을 천천히 돌리세요.

13

형광등을 넣고 안정기와 연결해요.

16

설치 완료 후 전기가 잘 들어오는지 확인하세요.

15

아크릴판의 비닐을 벗겨내면 끝!

LETE 방마다 문패 만들기

집을 새로 단장해야겠다고 마음먹었다면 가장 먼저 방문에 어울리는 문패를 다는 건 어떨까요?
시중에서 판매하는 문패도 다양하지만 내 손으로 직접 개성을 살려 만들어보세요.
아이들도 좋아하고 밋밋했던 방문이 한층 특별해진답니다.
자, 그럼 레테 따라 방마다 활기를 줄 수 있는 여러 가지 문패를 만들어보아요. 아자!

재미있는 아이 방 문패 만들기

아이들이 자신의 방을 좀 더 특별하게 생각할 수 있도록 문패를 만들어주었어요.
단순하게 이름만 적어주어도 좋지만 여러 가지 도형과 컬러로 특별함을 더했어요.
문패 아래 작은 나무에 아이의 프라이버시를 존중한다는 의미의 문구도 넣어주세요.
아이들은 문패로 인해 자기 방에 대한 애정과 책임감을 느낀답니다.

DATA
SIZE 40cm×15cm
LEVEL ★★
TIME 1~2시간
PRICE 1~2천원

 **만들기 전 보세요**

문패 재료로 천원숍에서 흔히 구할 수 있는 얇은 도마를 이용했어요. 띠톱으로 잘라야 하기 때문에 사과 상자 같은 패널보다 가볍고 얇은 와인 상자나 도마를 이용하는 것이 더 좋답니다. 페인트가 없을 땐 아크릴물감을 사용하세요.

 **재료를 준비해요**

기본 재료 톱, 요술톱, 연필, 사포, 스펀지, 붓, 목본드
주재료 도마, 페인트, 스텐실, 끈

01

직선으로 자를 땐 일반 톱을, 곡선으로 자를 땐 요술톱을 사용해요.

02

도마를 반으로 자르고 한쪽 나무판에 연필로 여러 가지 도형을 그려요.

03

요술톱으로 잘라주어요.

04

도형 3개를 모두 잘라요.

05

사포질해 도형 외곽을 부드럽게 만들어요.

06

문패 기본판은 노란색으로, 도형은 각기 다양한 색깔로 페인트칠해요. 젖은 스펀지나 붓으로 칠하면 돼요.

07

연필 끝에 페인트를 묻혀요.

08

페인트를 묻힌 연필로 도형과 바탕면에 점선을 그려 넣어요. 아래에 매달 나무 간판에도 색을 칠해요.

09

각각의 도형에 붓으로 아이 이름을 적어요. 미리 연필로 그려놓으면 쉽지요.

10

도형 뒷면에 목본드를 칠하고 나무판에 자유롭게 붙여요.

11

아래에 매달 나무판 앞면엔 OPEN, 뒷면엔 CLOSE라는 글자를 스텐실로 찍어요.

12

끈으로 두 개를 연결하고 방문에 걸면 끝!

카페 같은 주방 문패 만들기

주방이 일만 하는 공간이 아닌 커피숍처럼 편하게 쉴 수 있는 공간이 되기를 바라는 마음으로
커피숍 같은 예쁜 문패를 만들었어요.
문패 하나로 평범한 주방을 향기로운 커피 향의 여유로움이 느껴지는
특별한 공간으로 변신시켜보세요.

만들기 전 보세요

레터링지는 문구점이나 화방에서
구입할 수 있어요.

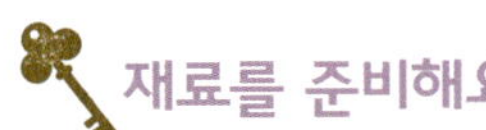

재료를 준비해요

기본 재료 붓, 사포, 요술톱
주재료 나무판, 페인트, 레터링지

DATA
SIZE 20cm×17cm
LEVEL ★
TIME 1~2시간
PRICE 1~2천원

적당한 크기의 나무판에 초콜릿색 페인트를 칠해요.

전체적으로 칠하고 말려요.

페인트가 마르면 포인트를 주듯 사포질해요.

나무판 앞면에도 사포로 문질러 빈티지한 느낌을 주세요.

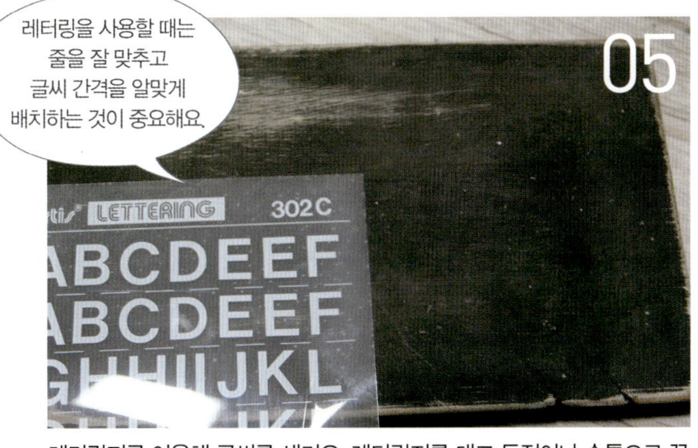

레터링지를 이용해 글씨를 새겨요. 레터링지를 대고 동전이나 손톱으로 꼼꼼히 문지르면 돼요.

요술톱으로 자른 커피 잔 모양의 나무 바탕에 화이트 페인트를 칠하고 그 위에 갈색으로 커피 잔을 그린 후 음영을 넣어요.

커피 잔 오너먼트를 문패 판에 붙이고 주방 벽면이나 포인트 벽에 걸면 끝.

3 TYPE 로맨틱한 욕실 문패 만들기

욕실 문에도 문패를 달아주세요. 핑크빛 문패가 분위기를 더욱 로맨틱하게 바꿔줄 거예요.
레터링지와 데코 시트를 이용해 아주 간단하게 만들 수 있어요.

DATA
SIZE 17cm×20cm
LEVEL ★
TIME 1시간 이내
PRICE 1~2천원

 **만들기 전 보세요**

레터링지는 문구점이나 화방에서 구입할 수 있어요.

 **재료를 준비해요**

기본 재료 연필, 드릴, 나사
주재료 나무판, 페인트, 레터링지, 벽지 또는 스티커, 바구니 또는 작은 수납함

나무판에 핑크색 페인트를 칠해요.

페인트가 마르면 연필로 레터링이 들어갈 자리를 표시해요.

레터링지를 줄에 잘 맞추어 글자 새길 곳에 고정하고 연필을 이용해 글씨를 문지르면 글씨가 새겨져요.

글씨를 새긴 후 꽃무늬 벽지나 스티커를 붙이면 한층 더 멋스러워요.

05

문패 아래에 바구니나 작은 수납함을 달고 핸드크림을 넣어두는 센스!

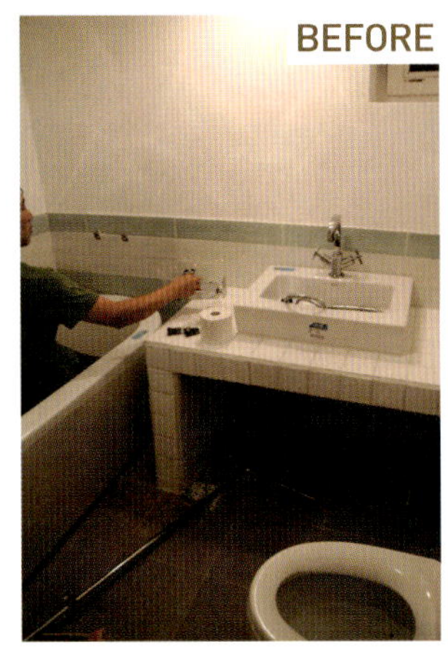

DATA

SIZE 110cm×46cm
LEVEL ★★★
TIME 2~3시간
PRICE 1~2만원

욕실 세면대 수납 문짝 만들기

욕실 세면 쪽은 시멘트로 틀을 만들고 타일만 붙였더니 수납공간이 마땅히 없어서
세면대 아래 공간에 선반을 만들었어요. 여기에 물건을 수납하니 지저분해 보여
문짝을 만들어 가려주었어요. 문짝 만들기는 생각보다 어렵지 않았어요.
완성해놓고 보니 고급 수납 가구처럼 보여 무척 만족스러워요.

 ## 만들기 전 보세요

물을 많이 사용하는 욕실에는 오일 스테인이나 외부용 친환경 수
성 스테인을 써야 방수가 돼요.

 ## 재료를 준비해요

기본 재료 스펀지, 드릴, 나사, 목본드, 사포
주재료 40×30㎝ 나왕 각재 두 개, 125×18㎝ 스프러스 판재 두 개,
38×19㎝ 스프러스 판재 한 개, 자투리 나무, 합판, 싱크대 높이 조절용 플라스틱 다리 5개,
외부용 수성 스테인, 경첩, ㄱ자 꺾쇠, 스텐 자석
스테인 구입 나무와사람들 www.jeswood.com
싱크대 높이 조절용 다리 구입 철천지 www.77g.com

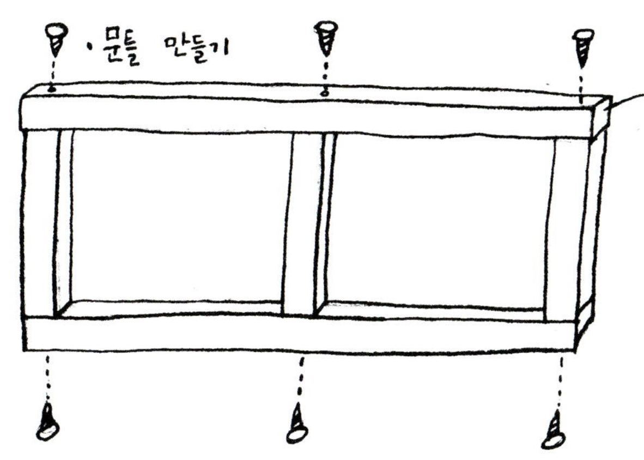

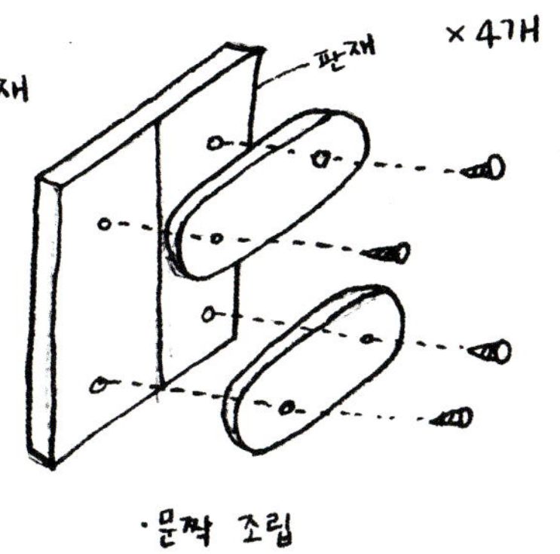

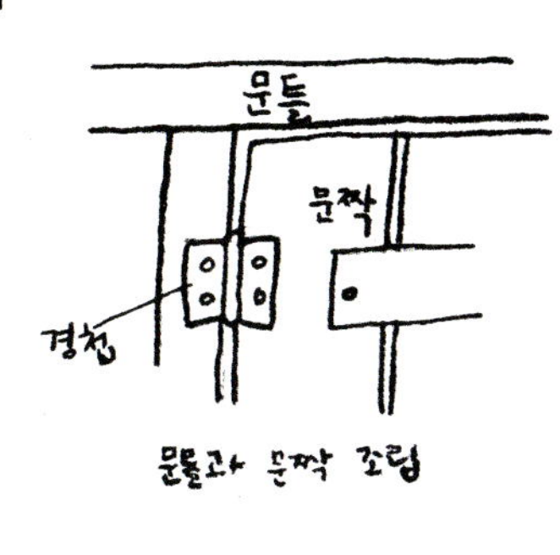

※ 사이즈는 문짝을 달 가구에 따라 다를 수 있으니 구조만 응용하세요.

01

세면대 안쪽에 맞는 합판을 준비하여 가로와 세로판을 조립하고 선반 하단에 싱크대 높이 조절용 플라스틱 다리 5개를 달아요.

02

스펀지를 이용해 안쪽까지 골고루 친환경 외부용 수성 스테인을 칠해요.

03

세면대 안쪽에 맞게 각재를 잘라 틀을 만들고 드릴과 나사로 조립해요.

04

틀 가운데에 세로 각재도 문짝 크기에 맞게 표시한 후 조립해요.

05

틀 크기에 맞게 원목 판재를 8장 잘라요.

06

판재 두 장을 연결할 각재를 잘라 목본드로 문짝 위아래에 붙여요.

07

같은 방법으로 문짝 4개에 모두 각재를 붙여요.

08

목본드가 굳으면 문짝 안쪽
에서 드릴로 나사를 박아요.

10

문짝을 틀에 맞추고 경첩 위
치를 잡은 후 문틀에 경첩을
미리 박아두어요.

12

짜놓은 문틀을 세면대에 맞
추고 드릴과 나사로 고정해
요. 위와 옆면을 ㄱ자 꺾쇠
로 모두 고정하세요.

14

문이 닫히는 지점에 스텐 자
석을 달아야 문이 잘 열리고
닫힌답니다.

09

사포로 모서리와 표면을 부
드럽게 갈아요.

11

문틀과 문짝에 외부용 스테
인을 칠해요. 스펀지로 칠하
면 편해요.

13

미리 박아놓은 경첩에 문짝
을 연결해요.

15

모두 완성되었어요.

화장실 분위기가 문짝 하나로 확 달라 보이지요?

나무 다리미판 만들기

앤티크한 물건을 보면 눈을 떼기가 힘들어요.
특히 나무로 된 다리미판은 그렇게 탐이 날 수가 없어요.
핑테 님이 최신식보다는 불편하겠지만
직접 만들어보겠다고 큰소리를 쳤어요.
사실 많이 기대하지 않았는데,
너무 예쁜 다리미판을 만들어 레테 품에 안겨주었어요.
새로 사려면 돈이 많이 드는 스탠드형 나무 다리미판!
각재와 이것저것 작업하고 남은 판재로
간단하게 만들어봐요.

 **만들기 전 보세요**

상판은 40mm 두께의 스프러스 판재, 다리는 가로 28mm×세로
28mm×길이2400mm의 나왕 각재 두 개를 사용했어요.
나왕 각재는 가볍고 단단해서 가는 다리가 필요한 작업에 좋답니다.

재료를 준비해요

기본 재료 목본드, 드릴, 나사, 이중 드릴날
주재료 두꺼운 판재, 나왕 각재, 경첩

사용하지 않을 때는 접
어서 보관할 수 있어 공
간 활용에도 좋아요.

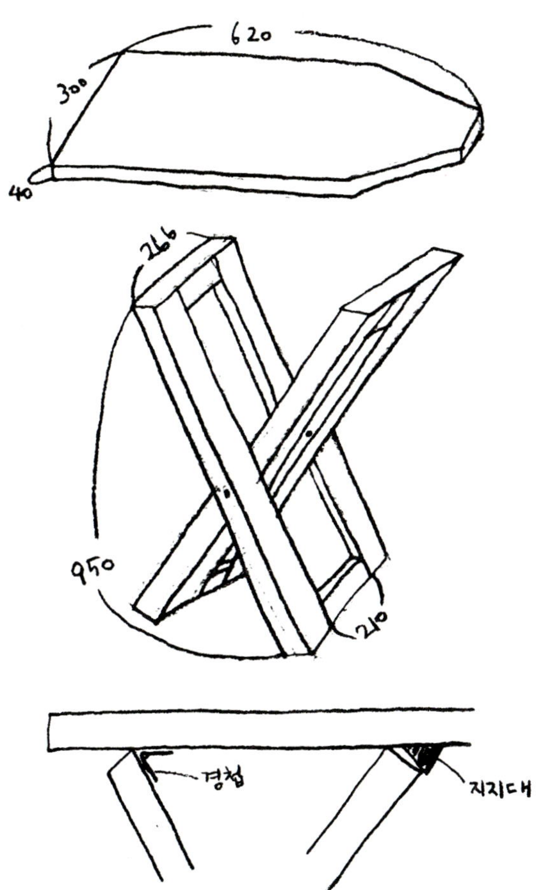

01

두꺼운 자투리 판재는 싱크대 상판을 작업하고 남은 집성목인데, 두께가 18mm 이상이면 충분해요.

02

각재를 적당한 길이로 잘라요. 두 개의 다리 중 하나는 길이는 같고 너비는 나머지 다리 안쪽에 들어가도록 작게 만들어야 해요.

03

목본드와 드릴을 이용해 직사각 형태로 조립해요.

04

다리 2개를 X자 형태로 겹친 후 겹쳐진 부분을 이중 드릴날로 뚫고 긴 나사로 조여요.

06

상판의 한쪽 모서리를 톱으로 잘라요.

05

다리 두 개를 펼친 모습이에요.

07

X자형 다리 중 넓은 쪽 다리를 경첩을 이용해서 상판과 연결해요.

08

상판 아랫부분에 나머지 다리 한쪽을 고정시키는 걸림나무(삼각형의 쪼가리 나무)를 목본드로 붙여요.

상판에 얇은 이불이나 두꺼운 수건 한장 깔고 다림질하면 돼요. 저렴하면서 실용적이고 예쁜 나무 다리미판을 만들어보세요.

네이버 메인페이지에 소개된 적이 있어요.

칠판 선반 만들기

칠판 선반 만들기

칠판 선반을 하나 사려고 했다가 비싼 가격에 망설였다면 칠판 페인트를 이용해 직접 만들어보세요.
아이 방이나 주방 벽에 걸어두고 분필로 메모할 수 있어 무척 편리해요.
자투리 나무나 버려진 서랍으로 간단히 리폼할 수 있어요.

 ## 만들기 전 보세요

선반 형태는 자유롭게 디자인하세요. 나무판에 상자를 붙여 만들어도 되고 사각형의 선반과 목심으로 작은 걸이를 만들어 행주나 소품들을 걸어두어도 예뻐요. MDF 조립 때 못은 임시 고정 역할을 할 뿐 실제 접착 역할은 목본드가 한답니다.

 ## 재료를 준비해요

기본 재료 목본드, 망치, 못, 연필, 사포, 붓, 드릴
주재료 12mm 두께의 MDF 합판, 칠판 페인트, 컬러 젯소, 끈, 목심
칠판 페인트 구입 나무와 사람들 www.jeswood.com

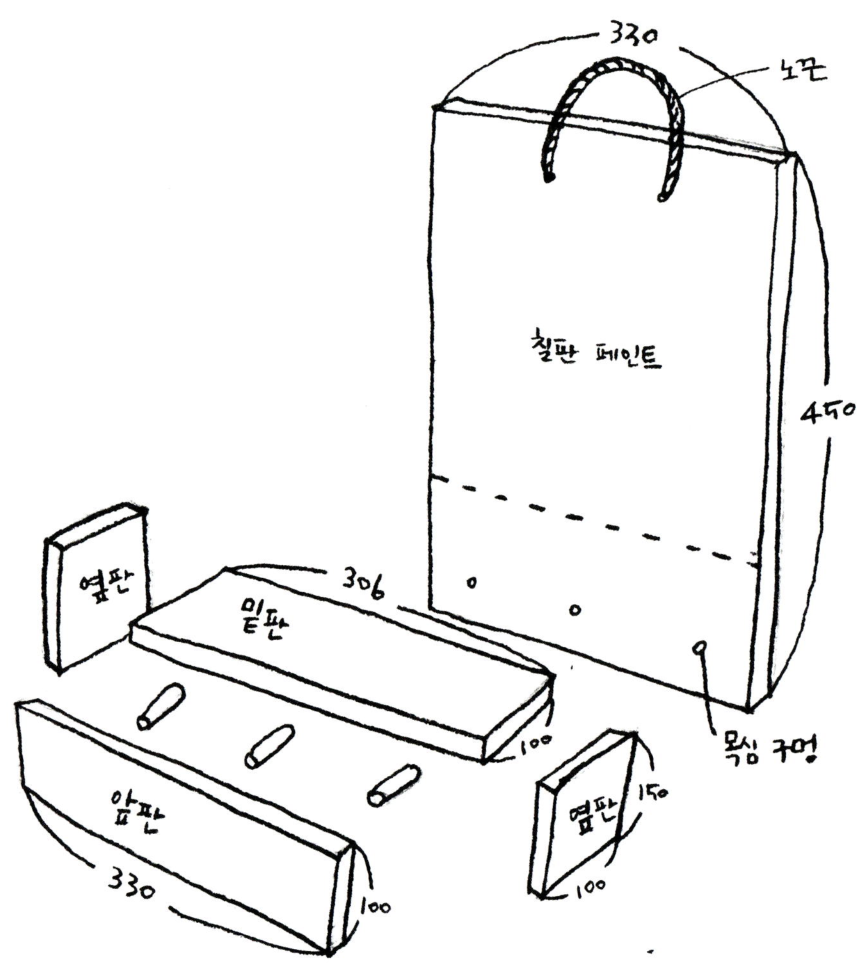

01

디자인한 후 집 근처 목공소에서 MDF를 재단해 왔어요. 사진은 가조립 상태예요.

02

칠판 아랫부분 선반을 조립해요. 목본드를 바르고 미리 반쯤 못을 박아놓은 위판을 올려 정확히 맞춘 후 못을 박아요.

03

ㅁ자 형태로 선반을 조립해요.

04

칠판 페인트 칠할 곳을 구분하기 위해 완성된 선반 나무를 대고 선을 표시해요.

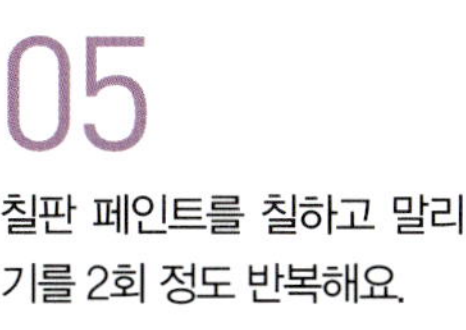

05

칠판 페인트를 칠하고 말리기를 2회 정도 반복해요.

06

아래 선반에 컬러 젯소를 칠하고 말려요.

07

젯소가 마르면 페인트를 칠
해요.

08

사포로 모서리 부분을 갈아내면 밑 색깔이 나오면서 빈티
지한 느낌이 든답니다.

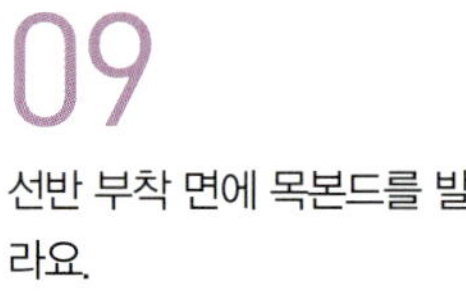

09

선반 부착 면에 목본드를 발
라요.

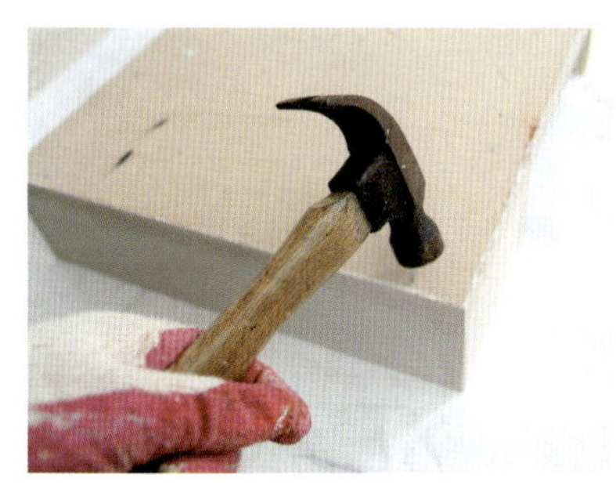

10

선반과 칠판을 뒷면에서 못
으로 박아요.

11

선반 위쪽에 드릴로 구멍을 내고 끈을 묶어 벽에 걸면 끝.

선반 모양을 다양하게 연출할 수 있어요.
자투리 나무와 고리를 이용해 더 멋진 선반을 만들어보세요!

편리한
세탁 싱크대 만들기

편리한 세탁 싱크대 만들기

레테의 집 드레스룸과 연결된 뒤꼍에 작은 자투리 공간이 숨어 있었어요.
여러 가지 잡동사니를 모아두고 대충 짐을 보관하는 곳으로 사용했는데,
이곳을 세탁실로 만들고 싶어 가구를 새롭게 설계했어요. 세탁기 옆에 손빨래를 할 수 있는
개수대가 꼭 필요하다고 생각했거든요. 싱크대처럼 수납이 잘되고 아기자기하게 보이도록
빈티지 핑크 컬러를 칠했어요. 부엌 쪽 싱크대 만들기랑 비슷하니 비교하며 만들어보세요.

만들기 전 보세요

싱크대는 디자인한 후 더디아이와이(www.thediy.co.kr)에서 주문했어요. 사이즈와 구조를 대충 그려 주문하면 돼요. 구조에 대해 잘 모르겠다면 문의해보세요. 빨래판 싱크 볼은 인터넷에서 '씽크볼'을 검색하면 찾을 수 있답니다. 기본적인 조립은 목본드와 전기 태커, 전동 드릴을 이용했어요.

재료를 준비해요

기본 재료 드릴, 나사, 목본드, 전기 태커, 직소기, 붓 또는 스펀지, 홀소날, 실리콘
주재료 재단된 나무, 빨래판 싱크 볼 재료, 서랍 레일, 경첩, 스테인, 바니시, 페인트, 손잡이, 패브릭, 압축봉, 라벨지, 딱풀

이렇게 주문했어요

- 기본 나무는 합판도 괜찮지만 앞판틀, 서랍, 문짝, 그림 좌측에 합판이라고 쓴 부분은 원목(집성목 또는 삼나무)으로 부탁해요. 특히 앞판틀은 두껍게 보이기 위해 50mm 두께의 나무로 주문해요.
- 서랍 크기(레일 두께 포함)는 가로 600mm×세로 220mm×깊이 500mm입니다.
- 문짝 크기는 가로 300mm×세로 710mm입니다.
- 3단 레일 6개와 50mm×50mm 각재로 만든 다리 6개를 보내주세요.

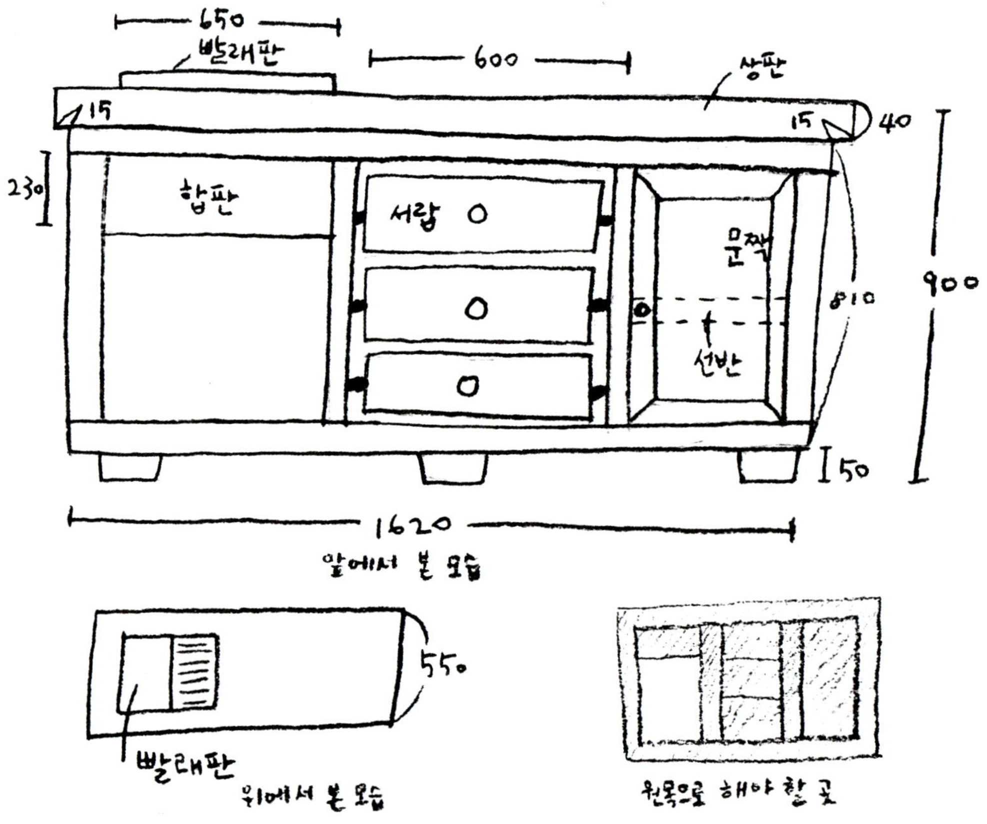

재단된 가구 재료입니다. 복잡해 보이지만 파트별로 묶었기 때문에 조립이
어렵지 않아요. 서랍이나 문짝 등을 먼저 조립하고 나서 전체 틀을 조립하
면 돼요.

03

문짝은 틀을 조립하고 틀 안쪽에 목본드를 바르고 앞판을 끼운 뒤 무거운
물체를 올려놓아요.

02

서랍은 목본드를 바르고 전기
태커로 조립해요. 옆판을 모
두 조립한 후 바닥판을 조립
하면 된답니다.

04

상판은 18mm 판재 테두리에 각재를 둘러요. 싱크 볼의 위치를
잡고 잘라낼 부분을 연필로 표시해요.

05

싱크 볼이 놓이는 부분의 안쪽 모서리를 드릴로 뚫고 직소기로 잘라내요.
상판에 붙일 각재도 조립해요.

06

싱크대 몸통을 조립해요. 양 옆판과 아래판을 조립한 후 상판 지지 각재 두 개를 조립해요.

07

몸체에 서랍과 레일, 문짝이 딱 맞게 세로판 간격을 맞춘 후 조립해요.

08

앞판틀을 몸통에 조립해요. 이렇게 하면 앞판 프레임이 두꺼워 보이는 효과가 있어요.

09

서랍에 레일을 달아 몸체에 조립해요. 서랍 양쪽 같은 높이에 3단 레일을 달고 서랍 사이 간격을 잘 맞춰 레일을 고정해요.

10

뒤판 합판을 조립하고 경첩을 이용해 문짝을 달아요.

11

바닥 커버링 작업 후 상판엔 스테인과 바니시를, 몸체엔 빈티지한 핑크색 페인트를 두 번 칠하고 말려요.

13

상판을 얹고 싱크 볼을 조립한 후 실리콘으로 싱크 볼 경계면을 깔끔하게 처리해요.

15

마지막으로 커튼을 만들어 압축봉에 끼우고 예쁜 라벨지를 인쇄하여 딱풀로 붙인 뒤 바니시로 마감하면 된답니다.

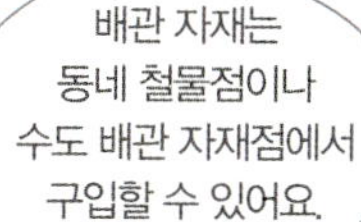

12

싱크 볼의 배관 부속을 조립한 후 홀소날을 이용해 가구 바닥에 구멍을 뚫어 배수관이 나갈 수 있게 해주어요. Y자 배관을 이용해 기존 세탁기 배관과 연결하면 된답니다.

손잡이를 달아요. 레테는 각재를 투박하게 잘라 손잡이를 만들었어요.

14

개수대 벽면엔 하늘색 유리타일을 붙였어요. 부엌 타일 붙이기는 350페이지를 참고하면 돼요. 반짝반짝 하늘색 유리타일이 빈티지 핑크와 어우러져 깨끗하고 로맨틱한 세탁실이 되었답니다. 유리타일은 기존 타일 위에 덧방해도 되니 폼 나게 리폼하고 싶은 벽면에 응용하세요.

초간단 로맨틱 전등갓 만들기

방송 촬영 때문에 방문하게 된 아이 방인데 천장 조명에 형광등만 있는 상태였어요.
밝기는 해도 노출된 형광등이 눈에 거슬리고 예쁘지 않았지요. 예쁜 전등을 사고 싶지만
비용도 걱정되고 전기 설치도 어려울 때 간단하면서 저렴한 방법으로 전등갓을 바꿔보세요.

 ## 만들기 전 보세요

전등갓 재료로 자투리 각목을 사용하거나 인터넷 리폼 사이트에서
판매하는 스프러스 각목을 이용하세요. 나무틀에 씌울 패브릭은 빛
을 잘 투과시키는 밝은 색 시폰 등의 소재가 좋아요.

 ## 재료를 준비해요

기본 재료 톱, 사포, 목본드, 드릴, 나사, 메꾸미, 붓, 글루건, 손태커
주재료 각목, 페인트, 조화, 패브릭, ㄱ자 꺾쇠 4개

01

형광등보다 약간 크게 나무 틀 크기를 정하고 톱으로 자른 후 사포질해요.

02

각목에 목본드를 바른 후 못이나 나사로 앞뒤, 좌우를 고정해요.

03

사각 형태로 조립해요.

틈새가 생긴 데는 메꾸미로 메워요.

04

06

조화의 꽃송이 부분을 따서 시폰 패브릭에 글루건으로 붙여요.

05

핑크색 페인트를 1~2회 칠하고 말려요.

08

천장에 붙을 부분 4군데에 ㄱ자 꺽쇠를 조립해요.

07

패브릭을 박스에 팽팽하게 두르고 손태커로 박아요. 천장에 붙는 쪽 천은 각목 안쪽으로 박아요.

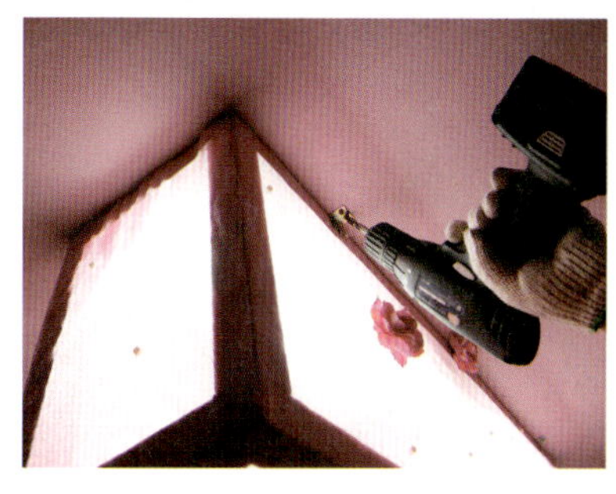

09

천장등과 간격을 잘 맞춘 후 나사로 천장에 고정해요.

DATA

SIZE 86,7cm×36,8cm×36,2cm
LEVEL ★★★
TIME 3〜4시간
PRICE 2〜3만원

귀여운 TV 받침대 만들기

디지털 시대에 아날로그 방식이 그리워지는 건 아마도 추억 때문일 거예요.
이사를 하면서 TV 장을 만들까 했는데 공간도 많이 차지하고 만드는 방법도 복잡할 것 같았죠.
예전에 만든 TV 커버와 어울리면서 비디오나 컨버터가 들어갈 공간도 있는 재미있는 TV 받침대를 만들었어요.

 ## 만들기 전 보세요

TV 받침대는 집에 있는 TV 크기에 맞춰 제작하세요. 레테는 32인치 TV에 맞는 크기로 만들었답니다. 비디오나 컨버터 크기에 맞춰 서랍장 크기를 정하는 것도 잊지 마세요. 레테는 비디오 기기가 없어서 서랍을 만들었어요. 비디오를 넣을 경우는 양쪽 다 서랍 대신 뚜껑만 만들고 경첩을 달아도 돼요.

 ## 재료를 준비해요

기본 재료 직소기 또는 톱, 사포, 목본드, 드릴, 이중 드릴날, 나사, 망치, 못, 홀소날 또는 요술톱, 붓 또는 스펀지
주재료 스프러스 판재, 자투리 판재, ㄱ자 꺾쇠 8개, 경첩 두 개, 손잡이
나무 및 손잡이 구입 더디아이와이 www.thediy.co.kr

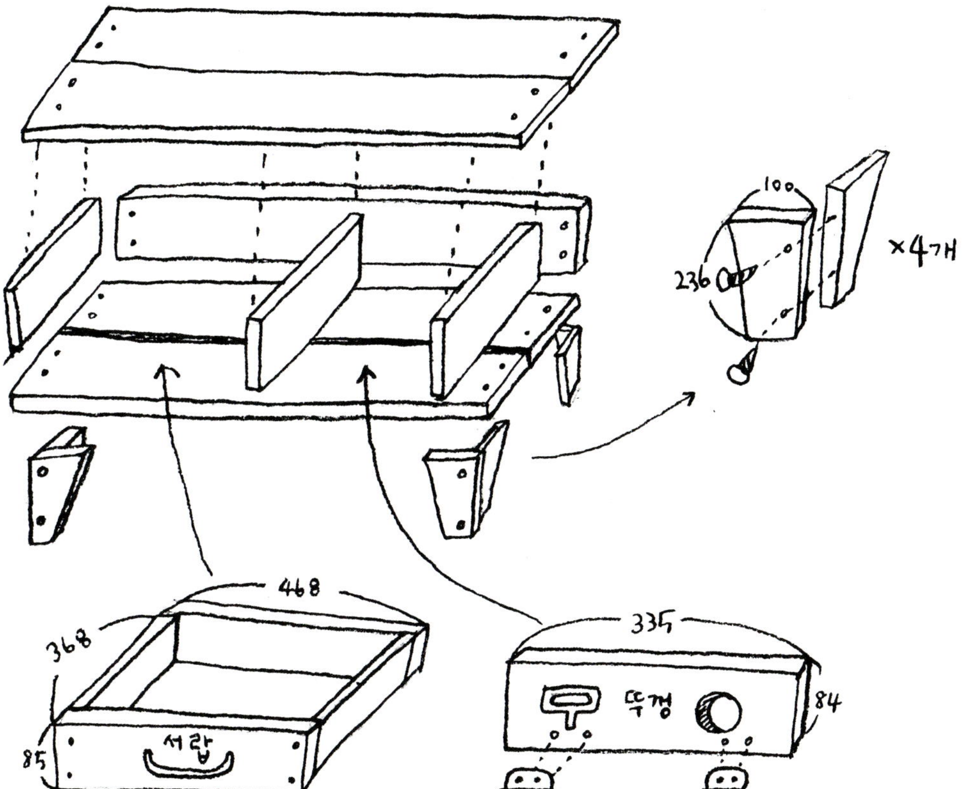

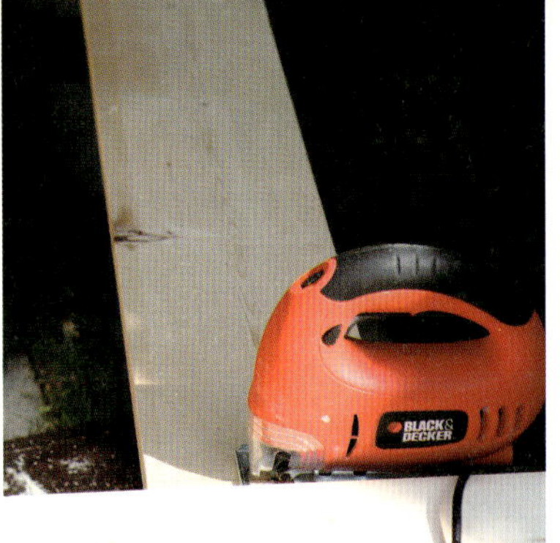

01

상판이 될 판재를 크기에 맞게 직소기나 톱으로 재단해요.

02

상판과 밑판이 될 판재와 뒤판 한 개, 옆판 3개, 다리 쪽 판재 8개를 재단하고 사포질해요.

03

옆판과 상판을 나사로 연결하기 전에 목본드를 바르고 접착해요.

04

중앙에 들어갈 세로판은 비디오나 컨버터 크기에 맞게 간격을 조정한 후 조립해요.

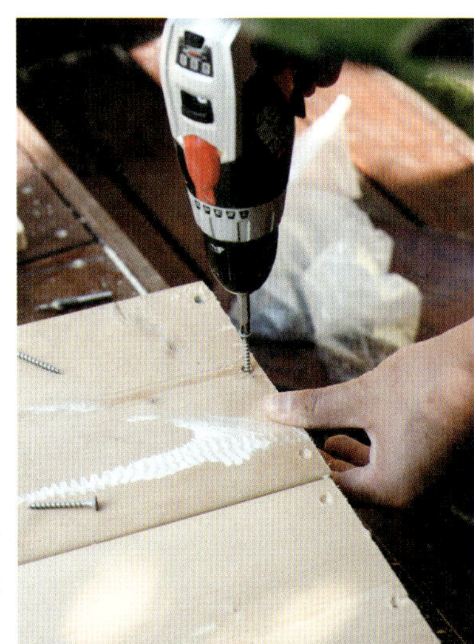

05

상판과 옆판에 이중 드릴날을 이용해 나사 구멍을 뚫고 나사로 조립해요.

06

뒤집어서 밑판도 목본드로 붙이고 조립해요.

08

서랍의 앞판은 서랍장 크기에 맞게 재단하고 못으로 박아요.

07

서랍 형태가 될 나무와 합판을 재단한 후 조립해요.

09

다리가 될 각재 8개를 크기에 맞게 연필로 표시해요.

10

톱이나 직소기로 다리가 될 각재 8개를 재단해요.

11

80 사포를 이용해 잘린 단면을 깨끗이 정리해요.

12

다리를 목본드와 나사로 조립해요.

13

서랍장 아래에 다리 4개를 목본드로 접착하고 ㄱ자 꺾쇠를 이용해 고정해요.

14

서랍이 들어가지 않는 쪽은 경첩을 이용해 미리 잘라둔 나무 커버를 조립해요.

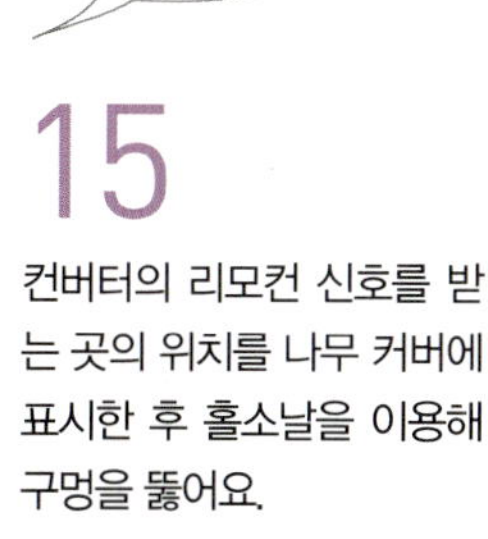

15

컨버터의 리모컨 신호를 받는 곳의 위치를 나무 커버에 표시한 후 홀소날을 이용해 구멍을 뚫어요.

16

붓이나 스펀지를 이용해 스테인을 칠하고 말려요.

17

양쪽에 손잡이를 달아주면 끝!

LETE 좁은 공간 활용한
아일랜드 테이블 만들기

오피스텔에 아일랜드 테이블이 있었는데 길이가 짧아 남는 공간이 많고 수납공간은 부족했어요.
간단하게 원목을 이용해 아일랜드 테이블을 만들어 붙여 길이가 긴 아일랜드 테이블로 만들었더니
공간 활용도가 확 높아졌어요. 화이트 대리석과 원목 테이블로 한층 분위기가 따뜻해졌고
충분한 수납공간 확보로 여러 가지 물건과 스툴까지 정리가 잘되니 일석이조의 테이블이에요.
이제 비싸고 덩치만 큰 가구는 가라! 우리 집에 딱 맞는 아일랜드 테이블, 레테 따라 직접 만들어보세요.

만들기 전 보세요

상판은 원목으로, 서랍과 몸체는 저렴한 합판으로 만들었어요. 상판은 집성목 두 장을 결을 엇갈려 목본드로 붙여 만들면 돼요. 정확하게 치수를 재고 나무판 크기를 계산한 후 가까운 목공소나 인터넷목공소에 재단을 의뢰하세요.

재료를 준비해요

기본 재료 목본드, 드릴, 나사, 붓, 메꾸미
주재료 재단된 나무, 젯소, 페인트, 손잡이, 수성 스테인, 커튼봉, 패브릭

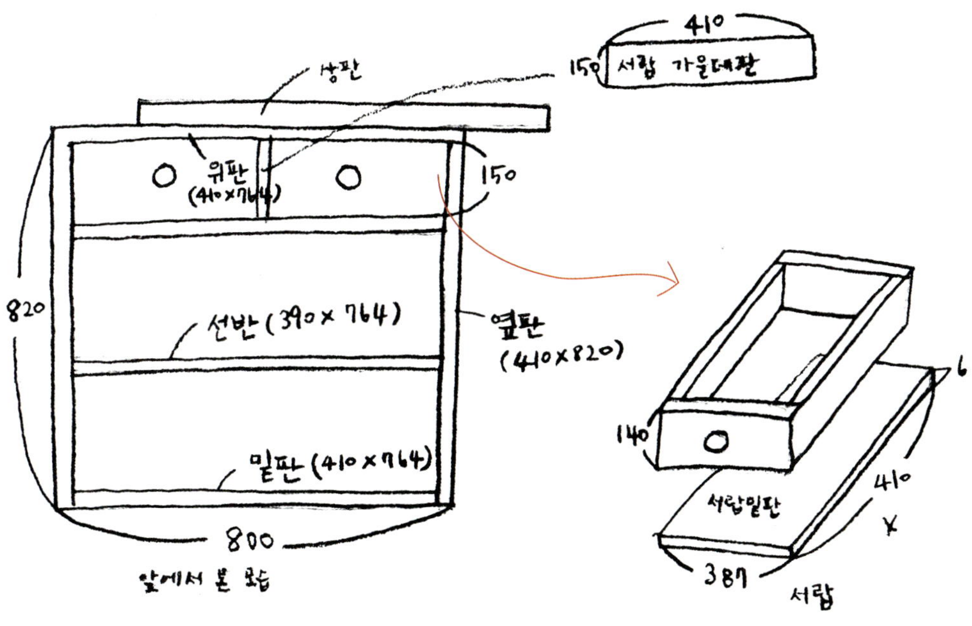

01

우리 집 주방에 어울리는 크기의 아일랜드 테이블을 디자인하고 치수를 계산해요.
18mm, 6mm 두께의 MDF 합판을 사용했어요.

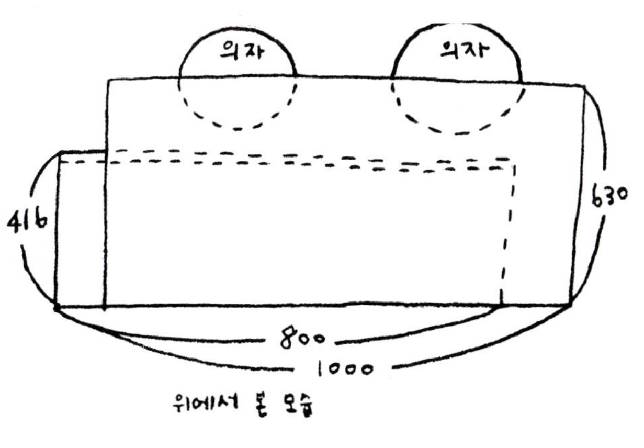

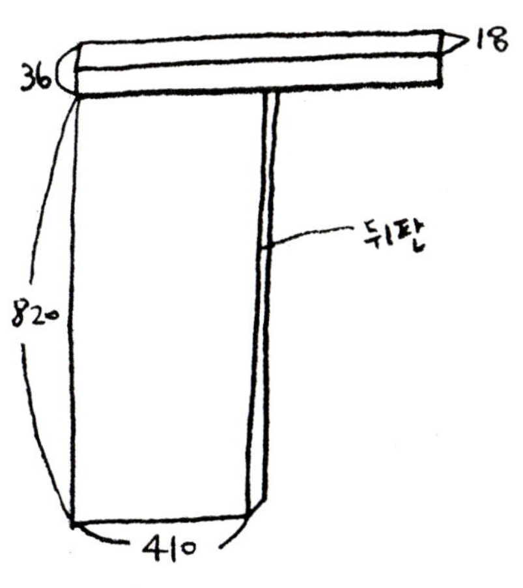

02

목본드를 접착 면에 바르고 드릴로 기본이 될 몸체를 사각으로 조립해요.

03

위칸에 들어갈 서랍 두 개를 조립해요.

04

서랍이 들어갈 위치를 정확히 표시한 후 중간판을 조립해요.

05

드릴과 목본드로 뒤판을 조립해요.

06

서랍을 두 개로 나눌 나무판도 조립해요. 레일 방식이 아닌 서랍은 2~3mm 여유를 두어 만들어야 열고 닫을 때 빡빡하지 않아요.

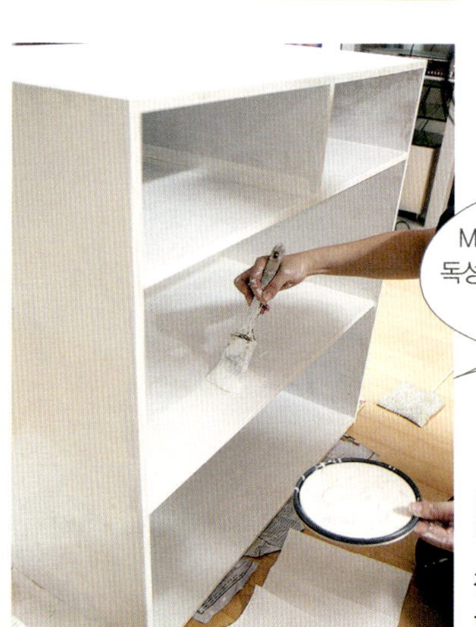

07

젯소를 칠하고 말린 후 흰색 페인트를 칠해요.

08

서랍에도 페인트를 칠하고
손잡이를 달아요.

09

상판을 조립하기 위해 몸체
윗부분에 목본드를 발라요.

10

상판을 기존 아일랜드 테이블에 맞춰 붙인 후 드릴로 몸체
와 상판을 연결해요. 나사 구멍은 메꾸미로 메우고 사포질
해요.

11

수성 투명 스테인을 칠해요.

12

서랍을 넣고 서랍 아래에 커튼봉을 달아 패브릭을 걸치면 멋스러워요.

예쁜 강아지 집 만들기

야외 사이딩(가벽) 공사 후 남은 사이딩 목재로 붐붐이와 꽃님이가 살 예쁜 강아지 집을 만들었어요.
비를 맞아도 괜찮은 사이딩 나무는 외부용 강아지 집 재료로 딱이에요! 일반 목재로 만든다면
외부용 스테인을 칠해주면 되고요. 톱질이 힘들었지만 주택으로 이사하면 가장 만들고 싶었던
아이템이었어요. 그런데 요 녀석들이 잠은 거실 소파 위에서 자네요.

DATA
SIZE 50cm×60cm×60cm
LEVEL ★★
TIME 4~5시간
PRICE 4~5만원

자투리 나무로 만들 때는 나무가 충분한지 예상해본 후 시작하세요. 사이딩 목재 대신 합판을 이용해도 돼요.

기본 재료 드릴, 나사, 목본드, 사포
주재료 합판, 각재, 사이딩 목재, 외부용 수성 페인트

01

기본 스케치 후 자투리 나무를 모으고 바닥이 될 합판을 준비해요.

02

바닥 합판을 자른 후 각재로 기둥을 세워요.

03

사이딩 목재를 몸체 옆면에 끼우고 나사와 목본드로 조립해요.

04

맞은편 옆판에도 똑같이 붙여요.

05

지붕틀이 될 각재를 지붕 모양으로 조립해 몸체 앞뒤면에 조립해요.

06

앞뒤 지붕틀 가로 지지대 3개도 조립해요.

07

사이딩 목재를 지붕 크기에
맞게 잘라 목본드와 나사를
이용해 조립해요.

09

앞면엔 강아지가 드나들 수
있을 크기의 입구를 정하고
문틀을 만들어 조립해요.

11

몸체에 노란색 페인트를 칠
해요. 외부용 수성 페인트를
사용해요.

08

집 뒤편도 사이딩 목재로 막
아줘요.

10

비를 막기 위해 입구에 작은
처마도 만들었답니다.

12

지붕틀은 그레이 톤으로, 지붕은 강렬한 오렌지색으로 칠
했어요.

13

입구 처마에 포인트 컬러를
칠하면 더 귀여워요.

14

문패에 강아지 이름을 써주
었어요. 볼펜에 페인트를 묻
혀 쓰면 더 잘 써진답니다.

15

사포로 모서리 부분을 갈아내 약간 빈티지한 느낌을 내면 완
성이에요.

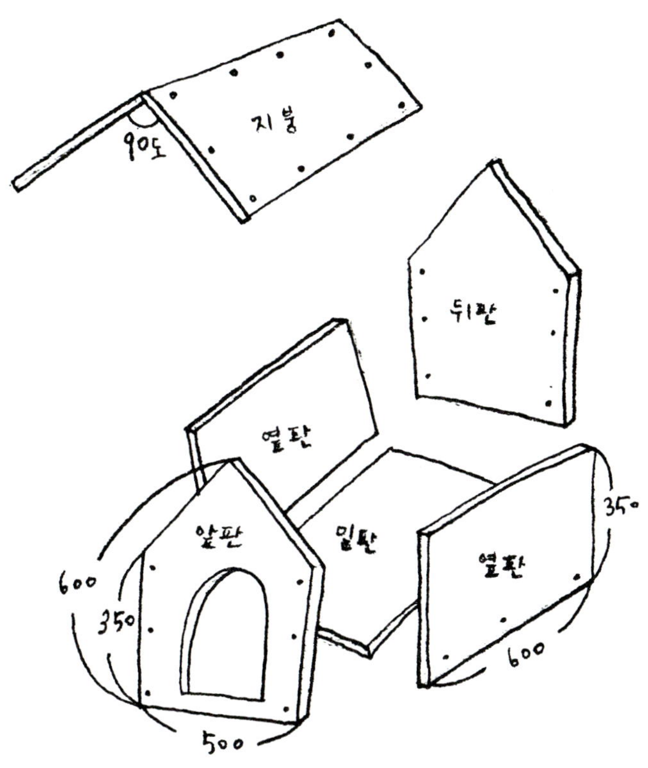

레테는 자투리 나무로 만들었더니 방법이 복잡해졌어요. 다음의 그림처럼
판재로 만들면 훨씬 간단해요.

붐붐이와 꽃님이 이야기

페키니즈인 붐붐이는 식탐이 강하지만 애교가 많아 핑테 님의 사랑을 독차지해요. 퍼그인
꽃님이는 정이 무척 많고 똑똑한 녀석이에요. 마당에 예쁜 보금자리를 마련해주고 싶어 다
른 일 제쳐두고 열심히 만들었건만 잘 때는 도통 강아지 집은 쳐다도 안 보고 소파나 침대
에서만 자려고 하니 무척이나 서운해요. 하지만 현관 옆, 예쁘게 만든 강아지 집을 볼 때마
다 뿌듯하답니다.

DATA
SIZE 55cm×42cm×16cm
LEVEL ★★
TIME 4~5시간
PRICE 1~2만원

빈티지 트렁크 수납함 만들기

만들기 전 보세요

합판을 이용해도 되지만 버려진 서랍 2개를 이용해 리폼하면 훨씬
더 쉽고 비용도 적게 들어요. 가죽끈은 안 쓰는 가죽 벨트로 리폼
했어요. 라벨은 레몬테라스 카페(www.cafe.naver.com/remonterrace)
에서 '라벨'이라는 단어를 검색하면 많은 이미지가 나오니 미리 프
린트해두세요.

재료를 준비해요

기본 재료 연필, 목본드, 드릴, 나사, 목심, 톱, 롤러, 트레이, 사포, 망치, 못, 태커,
가위, 딱풀
주재료 MDF 합판, 경첩, 젯소, 페인트, 건빵 고리, 가죽끈, 라벨 이미지, 바니시
재단된 나무나 고리, 경첩 등의 구입 철천지 www.77g.com

01

원하는 사이즈의 트렁크 디자인을 스케치해요.

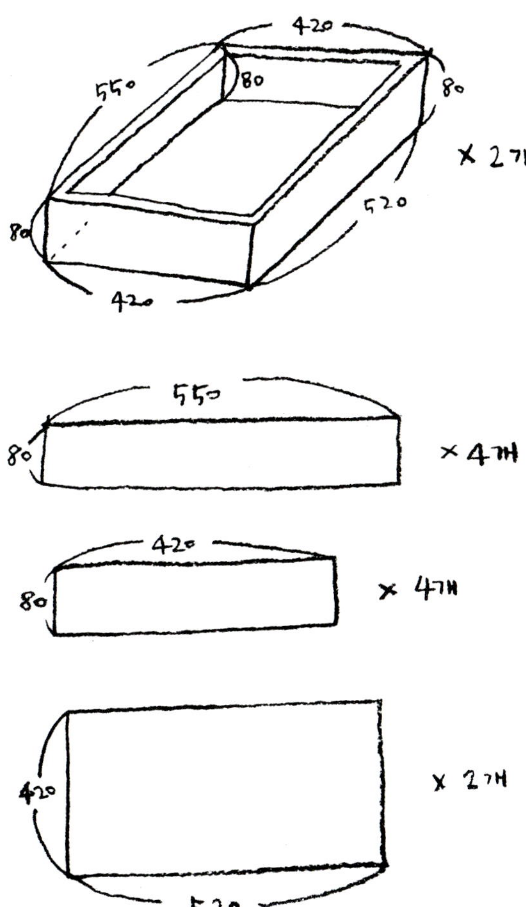

02

재단된 MDF 합판을 서랍
형태로 배치해요.

03

목본드로 접착한 후 드릴로
나사 구멍을 뚫고 나사로 조
립해요.

04

한쪽 판을 모두 목본드와 나사로 연결해요.

05

반대쪽 박스도 똑같이 조립한 후 박스 두 개를 맞춰보세요.

06

나사 구멍은 목심을 넣고 막은 후 톱으로 잘라내고 경첩으로 박스 두 개를 연결해요.

07

트렁크 안쪽에 젯소를 칠하고 말려요.

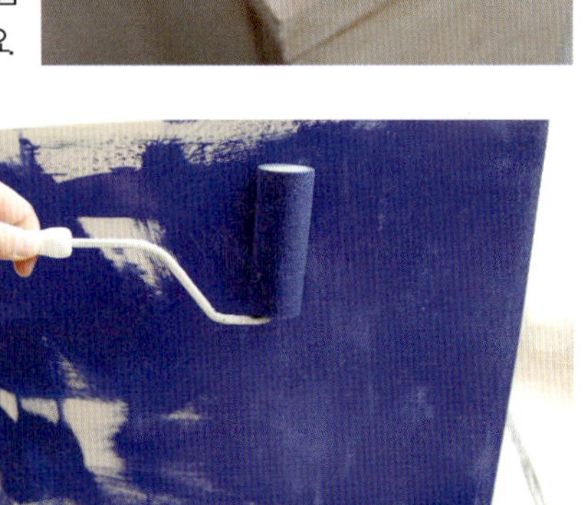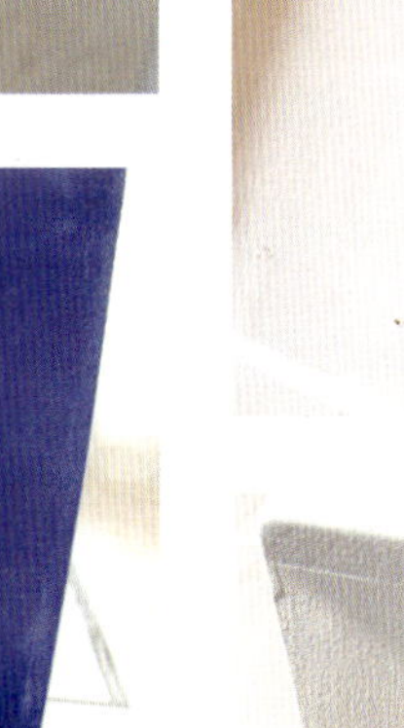

08

롤러로 페인트를 칠하고 마르면 한 번 더 칠하고 말려요.

09

트렁크 겉면도 젯소를 칠하고 말려요.

10

페인트가 마르면 사포로 갈아내 빈티지한 느낌을 살려주세요.

11

자물쇠 역할을 할 건빵 고리
를 트렁크 입구 부분에 못으
로 달아요.

12

가죽끈 끝을 한 번 접어 태커로 임시 고정해놓고 나사가 들
어갈 부분에 드릴로 나사 구멍을 뚫어요.

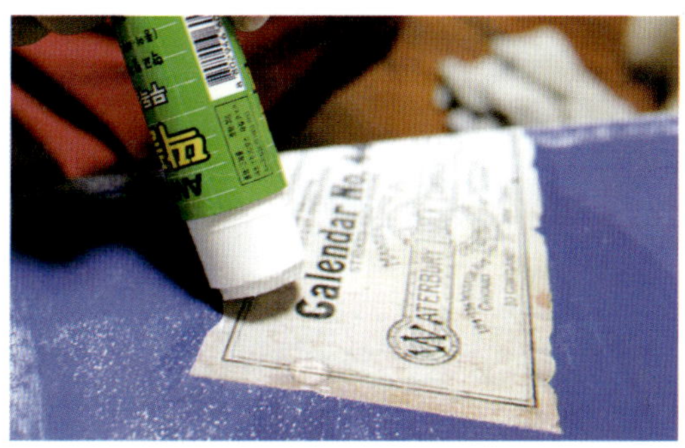

13

나사를 양쪽에 두 개씩 튼튼하게 박아요.

14

라벨 이미지를 프린트해 오려두고 트렁크 겉면에 자유롭게
배치해봐요.

15

라벨을 딱풀로 트렁크에 붙인 후 라벨 겉면에도 딱풀을 발
라요. 그래야 바니시를 칠해도 인쇄 면이 번지지 않거든요.

16

바니시를 칠하고 말리면 끝이랍니다.

핑테 님 작품 소개

〈레테야 레테야 헌집줄게 새집다오〉에 아쉽게도 수록하지 못한 핑테 님의 많은 작품들을 소개합니다.
자투리 나무만 보면 '뭘 만들까?' 고민하는 핑테 님의 작품들을 구경해보세요.

각재로 만든 거울

각재로 만든 시계

자투리 나무로 만든 휴대폰 고리

도마로 만든 컨트리 병따개

작은 도마로 만든 연습장 보드

원목으로 만든 나무 그네

나무로 만든 자동차 모양 연필꽂이

나무로 만든 집 모양 연필꽂이

자투리 나무로 만든 집 모양 전등

나무로 만든 작은 집들

자투리 나무로 만든 서랍장

레테를 만들어준 정든 집을 떠나며

올봄에는 내게 무척이나 큰 변화가 있었다.

느닷없이 예정에도 없던 이사를 했다. 새집에 들어가기에 앞서 공사가 필요해서 이삿짐을 보관하고 큰언니집에 한 달이나 얹혀 살아야 했다. 새로 이사 갈 집에 대한 공상이 머릿속에 가득 차 4년여를 공들인 집이 아깝다는 생각은 들지 않았다. 그런데 막상 이삿짐을 쌀 때가 되니 새삼스레 감회가 밀려왔다.

우리가 손수 꾸민 첫 보금자리인 이 아파트에서 레몬테라스와 5만원 인테리어가 탄생했고, 그로 인해 내 꿈과 진로가 바뀌었기 때문이다.

짐이 빠지고 나니 우리가 그동안 얼마나 많은 일을 했는지 실감할 수 있었다. 안방과 서재의 바닥재인 강화마루는 건축박람회장을 두루 돌아다니면서 힘들게 구한 것이었다. 내가 직접 디자인하고 공사한 침실의 중문은 레몬테라스 초창기 시절, 회원들의 많은 관심을 끌었다. 3일을 꼬박 투자하여 만든 패널 벽과 새시 리폼은 시공이 힘들었던 만큼 지금 봐도 뿌듯하고 예뻐보인다.

철마다 벽지를 뜯어내고 페인트칠한 것도 모자라 문짝까지 갈아치운 생각을 하면 아찔하기까지 하다. 밤새 톱질하다 아래윗집에서 항의가 들어온 적도 있었다. 새가슴인 나는 그 후로 며칠 동안 작업을 하지 못했었다. (새로 지은 아파트라 방음이 잘 될 거라 착각했다)

나 혼자라면 절대 해낼 수 없었을 것이다. 남편의 열정과 힘이 있었기에 가능한 일이었다. 또한 우리 둘 다 힘든 게 아니라 즐거운 일이라 여겼기 때문이기도 하다.

직접 디자인해 만든 벽난로형 콘솔과 자투리 공간에 만든 와인 랙, 그리고 수납 선반 등은 이사 올 사람을 위해 남겨두었다. 그 공간에 딱 맞게 만들어 새집에는 어울리지도 않을 뿐 아니라 다른 무언가를 새로 만들 생각에 들떠 있었기에 전혀 아깝지 않았다. 화단에 심었던 아이비와 화초들도 두고 나왔다.(부디 잘 자라길)

이삿짐을 보관창고로 보내고 큰언니네 집에서 얹혀사는 생활이 시작된 후에는 아침 7시에 눈을 떠 부암동 집으로 출근해서 공사를 하다가 밤 7시가 넘어서야 먼지를 뒤집어쓴 채 귀가하는 생활이 반복되었다. 처음 해보는 경험이라 무척 힘들었지만 결코 후회는 없었다. 내 손으로 인테리어하면서 주택에 살고 싶은 오래된 꿈을 이루었고 처음 셀프 인테리어를 시작했을 때의 열정을 되찾았기 때문에…

발행일 초판 1쇄 2010년 1월 4일
　　　　17쇄 2014년 12월 24일

지은이 레테(황혜경)

발행인 노재현
편집장 이정아
책임편집 손영미
마케팅 김동현 김용호 이진규
제작 김훈일

사진 핑테(김경희)
표지 사진 Studio707 류창현 실장, 전재천(02-3444-7095)
진행 안지용
일러스트 최제희
카툰 유혜리
교정·교열 한정아
디자인 Design group All(02-776-9862)
출력 트리콤
인쇄 미래프린팅

발행처 중앙북스(주)
등록 2007년 2월 13일 제2-4561호
주소 (100-814)서울시 중구 서소문로 100 (서소문동) J빌딩 3층
내용문의 02-2031-1366
구입문의 02-2031-1303
팩스 (02)2031-1398
홈페이지 www.joongangbooks.co.kr

ⓒ황혜경 2010

ISBN 978-89-6188-995-7　13590